风景园林师考试培训教材

园林植物与生态

（第二版）

重庆市园林事业管理局
重庆市风景园林学会　编著

U0284712

中国建筑工业出版社

图书在版编目（CIP）数据

园林植物与生态/重庆市园林事业管理局，重庆市
风景园林学会编著. —2版. —北京：中国建筑工业出
版社，2016.11
风景园林师考试培训教材
ISBN 978-7-112-20069-6

Ⅰ.①园… Ⅱ.①重… ②重… Ⅲ.①园林植物-资
格考试-教材 Ⅳ.①S68

中国版本图书馆 CIP 数据核字（2016）第 266157 号

本书内容包括园林植物基础知识、城市环境与生态、园林植物栽培
与养护管理，还从植物造景设计的基本原则、常见形式、设计要点、意
境营造等角度讲述了与园林植物造景设计有关的基本概念、基本原理与
基本方法。

本书可作为园林景观规划设计师培训教材、高等院校风景园林专业
及相关专业的教学参考书，也可供城市园林绿化管理和科技人员使用。

责任编辑：陈　桦　杨　琪
责任校对：王宇枢　李欣慰

风景园林师考试培训教材
园林植物与生态
（第二版）
重庆市园林事业管理局
重庆市风景园林学会　编著

*

中国建筑工业出版社出版、发行（北京西郊百万庄）
各地新华书店、建筑书店经销
北京佳捷真科技发展有限公司制版
北京君升印刷有限公司印刷

*

开本：787×1092毫米　1/16　印张：12½　字数：309千字
2016年11月第二版　2016年11月第五次印刷
定价：**39.00**元
ISBN 978-7-112-20069-6
（29492）

风景园林师考试培训教材
修编委员会

主　　任：马　川

副主任：石继渝

编　　委：（按姓氏笔画排列）

王　强　　毛华松　　孙立平　　刘　骏

刘奕清　　张建林　　杜春兰　　郑　军

周志钦　　周智勇　　秦　华　　黄　建

黄　耘　　廖聪全

本书编委会

主　　编：王海洋

副 主 编：熊运海　李先源

编修人员：（按姓氏笔画排列）

王海洋　况　平　周　进　李　莉

李先源　陈　林　易小林　熊运海

审 稿 人：况　平　李名扬

编 写 说 明

随着生态文明建设和风景园林事业快速发展，为适应园林行业新型人才发展的需要，搞好风景园林师的培训考试工作，本书在2007年由中国建筑工业出版社出版发行的园林景观规划设计师（风景园林师）培训考试教材（试用）《园林植物与生态》的基础上进行了修订编写。

《园林植物与生态》（第二版）由重庆市园林事业管理局、重庆市风景园林学会组织，西南大学园艺园林学院、重庆文理学院负责修编。

前　言

本书与《园林植物与生态》（2007年版）比较，主要增加了生态园林、园林植物分类形态术语方面的内容，调整了关于城市环境、景观生态学与景观生态规划、园林植物繁殖等方面的部分内容。

全书共四章，第一章是园林植物基础知识部分，阐述了园林植物生长发育的基本规律、植物分类基础知识、园林植物与主要生态因子的关系，讲述了有代表性的种子植物分科特征，并介绍了120种重庆地区常见园林植物的分类与分布特点、生态习性及其园林用途。第二章是城市环境与生态部分，从城市环境、城市植被、城市生态系统等方面阐述了城市生态学的基础知识，并介绍了景观生态学的基础知识与景观生态规划的应用案例。第三章为园林植物栽培与养护管理，主要介绍了园林植物繁殖、施工栽植、养护管理等方面的基本概念、基本原理与基本方法。第四章从植物造景设计的基本原则、常见形式、设计要点、意境营造等角度讲述了与园林植物造景设计有关的基本概念、基本原理与基本方法。

本书可作为园林景观规划设计师培训教材、高等院校风景园林专业及相关专业的教学参考书，也可供城市园林绿化管理和科技人员使用。

目　录

第一章 园林植物基础知识

第一节 园林植物的生长发育

植物生长是指植物体积的增大与质量的增加，发育是指植物器官和机能的形成与完善，表现为有顺序的质变过程。不同植物有不同的生长发育特性，完成生长发育所要求的环境条件也各不相同，只有了解每种植物的生长发育特点和所需要的环境条件，才能达到预期的生产与应用目的。

一、园林植物生长发育的三个阶段

园林植物个体生长发育过程可分为三个阶段：种子及种子萌发时期、营养生长和生殖生长。这里的园林植物范畴是指种子植物类，通过营养繁殖的种子植物及孢子植物类群不经过种子时期。

（1）种子及种子萌发时期。从卵细胞受精开始到种子萌发以前的时期。受精以后，受精卵发育为胚胎，胚珠发育为种子，种子经过休眠以后，在适宜的环境（水分、温度、氧气等）条件下萌发成幼苗，即转入营养生长。由于园林植物种类繁多，原产地的生态环境复杂，其休眠期的长短与萌发的具体外界条件各不相同。

（2）营养生长。从幼苗生长开始到花芽分化以前的时期。种子萌发后形成具有根、茎、叶的幼苗，初期生长量小，但生长速度快，对土壤水分和养分吸收的绝对量不多，但要求严格。随着幼苗逐渐长大，便进入根、茎、叶的旺盛生长期。

（3）生殖生长。从花芽分化开始到种子形成的时期。经过一段时期的营养生长以后，由于受内部因素（如激素）的影响和外界环境（如温度、光照）的诱导，植物体茎尖的分生组织开始形成花芽，经过开花、传粉和受精作用的完成，产生新一代的种子。

二、园林植物生长发育的规律性

园林植物同其他植物一样，由于受遗传因素的制约和环境条件的影响，其生长发育过程遵循一定的规律性。在一生中既有生命周期的变化，又有年周期的变化，其生长速度，不论是器官或是整体植株，在年周期或整个生命周期过程中，都表现"慢—快—慢"的生长特点即"S"形曲线规律变化。但不同"园林"植物的生命周期长短差距甚大，一般来说，园林树木的生命周期长，从几年到数百年；草本花卉的生命周期较短，从几十天、一年、两年到几年。

园林植物的年周期表现最明显的是生长期和休眠期有规律性的变化，但不同植物的年周期的情况也变化多样。一年生花卉春天萌发后，当年开花结实而后死亡，年周期即为生命周期；二年生花卉秋播后，以幼苗越冬休眠或半休眠；多年生宿根和球根花卉则在开花结实后，地上部分枯死，地下贮藏器官进入休眠；而园林树木则多以冬芽休眠。

三、园林植物生长的相关性

1. 地下部分与地上部分的相关

植物地下部分和地上部分的生长是相互依赖的。植物地下部分的生命活动必须依赖于地上部分的光合产物和生理活性物质，而地下部分吸收的水分、矿质元素以及合成的细胞分裂素等运往地上部分供其生活。它们相互促进，共同发展，俗话中的"根深叶茂"、"本固枝荣"就是对这种依赖关系的具体写照。

地下部分和地上部分的生长也存在相互制约的一面，主要表现在对水分和营养等的争夺上。例如，当土壤缺乏水分时，地下部分一般不易发生水分亏缺而照常生长，而地上部分因水分的不足，其生长受到一定程度的抑制；相反，当土壤水分较多时，由于土壤通气性差，根的生长受到不同程度的抑制，但地上部分因水分供应充足而保持旺盛的生长。"旱长根、水长苗"，就是这个道理。

2. 营养器官和生殖器官的相关

营养器官和生殖器官之间的相互关系表现为既相互依赖，又相互制约。营养生长是生殖生长的基础，只有在根、茎、叶营养器官健壮生长的基础上，才能为花、果实、种子的生殖生长创造良好的条件；而果实和种子的良好发育则又为新一代的营养器官的生长奠定了物质基础。营养器官与生殖器官的相互制约亦表现在对营养物质的争夺上。如果营养物质过多地消耗在营养器官的生长上，营养生长过旺，就会推迟生殖生长或使生殖器官发育不良。但如果营养物质过多地消耗在生殖器官的生长上，生殖生长过旺，反之也会导致营养器官生长势和生长量的下降，甚至导致植株的过早衰老和死亡。

3. 顶端优势

一般来说，植物的顶芽生长较快，而侧芽的生长则受到不同程度的抑制；主根和侧根之间也有类似的现象。如果将植物的顶芽或根尖的先端除掉，侧枝和侧根就会迅速长出。这种顶端生长占优势的现象叫做顶端优势。顶端优势的强弱，与植物种类有关。松、杉、柏等裸子植物的顶端优势强，近顶端侧枝生长缓慢，远离顶端的侧枝生长较快，因而树冠成宝塔形。

利用顶端优势，生产上可根据需要来调节植物的株形。对于松、杉等用材树种需要高大笔直的茎干，要保持其顶端优势；雪松具明显的顶端优势，形成典型的塔形树冠，雄伟挺拔，姿态优美，故为优美的观赏树种；对于以观花为目的的观赏植物，则需要消除顶端优势，以促进侧枝的生长，多开花多结果。

第二节　园林植物的分类

一、植物分类学基础知识

1. 植物分类的方法

由于人们对植物界的认识有一发展过程，同时在进行分类时所遵循的依据和目的不同，因而对植物的分类出现了不同的分类方法。

1）自然分类法

自然分类法是以植物彼此间亲缘关系的远近程度作为分类标准，能客观地反映出植物的亲缘关系和系统发育的分类方法。它以达尔文的进化理论为指导，综合了形态学、细胞学、遗传学、生物化学、生态学、古生物学等多方面的依据，特别是最能反映亲缘关系和系统进化的主要性状，来对植物进行分类，因而符合植物界的自然发生和发展规律。按自然分类法建立的系统称自然分类系统，目前我国较常用的被子植物分类系统有如下三个：

恩格勒（H. G. A. Engler）分类系统：1892 年最早提出，1964 年修订的恩格勒系统把被子植物分为 2 纲、62 目、344 科。该系统是以假花学说为依据而建立的，对植物的全部科都有检索与描述，它的实用价值大于理论价值。它虽然存在着严重的缺点，但使用方便，仍为世界各国广泛使用。《中国植物志》、《中国高等植物图鉴》等许多专著，以及多数植物标本室采用该系统。

哈钦松（J. Hutchinson）分类系统：该系统是以真花学说为依据建立的，认为多心皮植物为被子植物的原始类群，该系统将木本和草本作为重要区分标准，适合于树木学教学和研究，但分类方法受到质疑。于 1973 年修订的哈钦松系统，把被子植物分为 2 纲、111 目、411 科。我国广东、云南的一些植物标本室及一些教科书采用哈钦松系统。

克朗奎斯特（A. Cronquist）分类系统：采用真花学说及单元起源的观点，认为有花植物起源于已灭绝的种子蕨，木兰目是被子植物的原始类型，柔荑花序类各自起源于金缕梅目，单子叶植物起源于类似现代睡莲目的祖先。1981 年修订的分类系统，将被子植物分为木兰纲和百合纲，前者包括 6 亚纲、64 目、318 科，后者包括 5 亚纲、19 目、65 科，合计 11 亚纲、83 目、383 科。近年出版的《中国高等植物》及《Flora of China》等专著中，被子植物各科排列多采用该系统。

2）人为分类法

人为分类法是以植物系统分类法中的"种"为基础，根据园林植物的生长习性、观赏特性、园林用途等方面的差异及其综合特性，将各种园林植物主观地划归不同的大类。由于分类的出发点不同，便有各种不同的人为分类方法，每种方法所体现的意义也各有侧重。例如：按照生长习性的分类，突出了观赏植物自身的生长发育特点，对观赏植物的培育与应用有指导意义；按照观赏特性的分类，则突出了观赏植物的美化特性，对观赏植物的配置有较大帮助等。同时，因各地环境条件，特别是气候条件，栽培应用的目的不同，会导致同一树种在生长特性、应用方式等方面的变化；而且，同一植物的观赏特性、用途等表现也是多样的。例如，北方冬季落叶的树种，在南方可能四季常绿；彩叶桃既可赏花，又可观叶；榕树除可用作行道树、庭荫树，也可用于制作盆景等，很难确认它们只属于某一类园林植物。

因此，与植物自然分类法相比，人为分类法受人的主观划定标准和环境因素影响很大，园林植物在人为分类上并非是固定不变的，造成了人为分类法的多样性与复杂性。这就要求我们必须因地制宜，视具体情况、类型，灵活区别处理。此外，虽然人为分类法是以植物系统分类法中的"种"为基础，但各种人为分类法中的植物种类，并非完全按照植物系统分类法中的等级顺序排列。显然，它不能反映植物的进化情况及其相互间的亲缘关系，在理论研究上有其局限性，但人为分类法具有简单明了，操作和实用性强等优点，不失对园林植物的繁殖、栽培管理及应用有重要指导作用，在园林实践上得以普遍采用。

2. 植物的分类单位

为了便于分门别类，根据不同植物之间相同或相异的程度和亲缘关系的远近，将植物划分为不同等级的若干类群，这些不同的分类等级称为分类阶元或分类单位。植物分类的基本单位有 6 个：门、纲、目、科、属、种，具体分类实践中最常用的单位有 3 个：科、属、种。

"种"是生物分类的基本单位，也是各级分类单位的起点。按现代通常的解释，"种"是有一定的形态结构和生理特征，个体间能产生能育的后代，有一定地理分布区的植物类群。既有相对稳定的形态特征，又是在不断地发展演化。如果在种内的某些个体之间，又有显著的差异时，可视差异的大小，分为亚种、变种、变型等。

在园林植物分类实践中，还有品种、品系两个常用单位。品种是指通过自然变异和人工选择所获得的栽培植物群体；品系是源于同一祖先，与原品种或亲本性状有一定差异，但尚未正式鉴定命名为品种的过渡性变异类型，它不是品种的构成单位，而是品种形成的过渡类型。所以，品种、品系不存在于野生植物。

3. 植物的命名

种的学名采用双名法。双名法规定，每种植物的学名由两个拉丁文单词组成，第一个单词是属名，为名词，第一个字母要大写；第二个单词为种加词，为形容词。完整的学名在种加词后附上命名人的姓氏或其缩写。如苏铁的学名为：*Cycas revoluta* Thunb.

亚种、变种、变型的学名采用三名法。即在种的学名之后分别写上 subsp. 或 var. 或 f. 等缩写，再加上亚种或变种或变型的拉丁名称及定名人姓氏。如柳杉是日本柳杉（*Cryptomeria japonica*（Thunb. ex L. f.）D. Don）的变种，其学名表示为：

柳杉：*Cryptomeria japonica*（Thunb. ex L. f.）D. Don **var.** *sinensis* Miq. 。

品种的学名：在原种的学名之后加上''，并将品种名置于''之中。如夹竹桃（*Nerium oleander* Linn.）的白花品种的学名表示为：

'白花'夹竹桃：*Nerium oleander* Linn. 'Paihua'。

4. 植物检索表

检索表（key）是鉴定植物的有效工具，是根据法国博物学家拉马克（Lamarck，1744～1829 年）非此即彼的二歧分类原理编制而成。即用一对相对的特征把植物分成两组，每一组再用相对的特征分成两组，如此继续下去，直至区分到科、属或种的名称为止。用以区分科的称分科检索表，每个科下有分属检索表，每个属下有分种检索表。

常用的检索表有两种形式：定距式检索表和平行式检索表。现举一抽象而通用的实例说明如下：

定距式检索表：每一对相对特征写在左边等同的位置，并编以相同的序号，依次出现的序号比先出现的序号退后一格。

1. 木本植物
  2. 单叶
    3. 羽状叶脉 ……………………………………………………………… A 种
    3. 掌状叶脉 ……………………………………………………………… B 种
  2. 复叶
    4. 奇数羽状复叶 ………………………………………………………… C 种

  4. 偶数羽状复叶 ·· D 种

 1. 草本植物

  5. 叶对生

   6. 四强雄蕊 ·· E 种

   6. 二强雄蕊 ·· F 种

  5. 叶互生 ·· G 种

平行式检索表：每一对相对特征紧接写在左边并编以相同的序号，依次出现的序号不退格。

 1. 木本植物 ··· 2

 1. 草本植物 ··· 5

 2. 单叶 ·· 3

 2. 复叶 ·· 4

 3. 羽状叶脉 ··· A 种

 3. 掌状叶脉 ··· B 种

 4. 奇数羽状复叶 ··· C 种

 4. 偶数羽状复叶 ··· D 种

 5. 叶对生 ·· 6

 5. 叶互生 ·· G 种

 6. 四强雄蕊 ··· E 种

 6. 二强雄蕊 ··· F 种

检索表最常用的有分科、分属、分种检索表，鉴定植物时，可根据需要，选择不同级别的检索表，但应该注意以下事项：①熟悉形态术语，掌握植物解剖技能，特别是心皮数目、子房位置及室数、胎座类型等的判断。②尽可能地收集植物的全部特征资料。③选择地方植物志中的检索表，提高工作效率。④从头检索，一对条款的两项都应细读，判断孰是孰非。⑤检索出的结果，应该利用工具书上该植物的全文描述、插图或相关标本加以核对。

二、植物分类形态术语

1. 根

根一般是植物体生长在地下部分的营养器官。根无节与节间，其上不生叶和芽，很容易从外部形态上与某些植物所具有的地下茎相区别。

1）根及根系的类型

主根：种子植物的第一条根，是由种子中的胚根发育而成。

侧根：从主根上产生的各级分支称为侧根。

主根和侧根均从植物体的固定部位发育而来，称为定根。一些植物还可从茎、叶、老根或胚轴上产生根，统称为不定根。

直根系：凡主根发达，主根、侧根有明显区别的根系称为直根系。裸子植物和绝大多数双子叶植物的根系属于此种类型。

须根系：如果主根只生长很短的时间便停止生长，并由胚轴或茎的基部长出许多不定根，所有的根粗细相近而无明显的主根，这类根系称为须根系。蕨类植物和绝大多数单子叶植物和部分依靠根状茎、匍匐茎、块茎、鳞茎或块根等繁殖的双子叶植物的根系属于此种类型。

2）根的变态类型

肉质直根：由主根发育而成，外形肥大肉质，用于贮藏营养物质的根。如观赏植物中的红叶甜菜和蔬菜中的萝卜、胡萝卜等。

块根：由不定根或侧根膨大形成，外形肥大肉质，用于贮藏营养物质的根。如大丽花、花毛茛、甘薯等。

支持根：是植物茎上产生的不定根，可伸入土壤中起支持作用。如榕树、印度榕、露兜树。

攀缘根：有些藤本植物，从茎上产生许多不定根，用以攀缘于其他物体表面，称为攀缘根。如常春藤、绿萝、薜荔等。

呼吸根：有些水生植物，由于长期生活在水中或沼泽地带，呼吸困难，而形成的露在空气中的根。如水松、池杉、落羽杉等。

寄生根：生于寄主植物组织中的根。如菟丝子、桑寄生等。

2. 茎

茎通常是植物地上部分联系根和叶的营养器官，其上着生有叶和芽，与根在外形上有明显的区别。着生叶和芽的茎称为枝条。

1）枝条外形

节：枝条上着生叶的部位。

节间：相邻两个节之间的部分。

长枝：具明显节与节间的枝条。

短枝：节间极度缩短的枝条。

叶痕：多年生木本植物叶片脱落后，在节上留下的痕迹。

芽鳞痕：顶芽开放时，芽鳞片脱落后在枝条上留下的痕迹。

皮孔：遍布于老茎节间表面的许多稍稍隆起的微小疤痕状结构。它是与周皮同时形成的通气结构。

2）茎的基本类型

茎按其生长方向可分为以下基本类型：

直立茎：茎垂直于地面。绝大多数植物属于此类型。如玉兰、雪松。

平卧茎：茎平卧地上。如地锦草。

匍匐茎：茎平卧地上，节上生根。如吊兰、虎耳草、甘薯等。

攀缘茎：茎不能直立，借助各种器官攀缘他物上升。如常春藤、葡萄。

缠绕茎：茎不能直立，靠茎本身缠绕他物上升。如牵牛、紫藤。

3）茎的变态类型

（1）地上茎的变态

肉质茎：植物茎肥大多汁，常为绿色，既贮藏水分和养料，也可以进行光合作用。许多仙人掌科的植物具有这种变态茎。

茎卷须：有些藤本植物的一部分枝变为卷曲的细丝，用以缠绕其他物体，使植物体得以攀缘生长，称为茎卷须，如南瓜和葡萄等。

茎刺：有些植物，如柑橘、山楂、皂荚的枝变态为刺，常位于叶腋，由叶芽发育而成，不易剥落，具有保护作用，称为茎刺。蔷薇和月季等茎上的刺，是茎表皮的突出物，称为皮刺。皂荚的刺是由小枝发育而来，称为枝刺。

叶状茎：有些植物，如假叶树、竹节蓼和文竹等的叶完全退化或不发达，茎变为扁平、绿色的叶状体，代叶进行光合作用，这种茎称为叶状茎。

（2）地下茎的变态

块茎：马铃薯的薯块是最常见的一种块茎，块茎顶端有一个顶芽，四周有许多凹陷的芽眼，呈螺旋状分布在块茎上，芽眼着生处相当于节的部位，芽眼内的芽相当于腋芽。

鳞茎：鳞茎是单子叶植物中常见的变态茎，是一种节间极短、其上着生肉质或膜质的变态叶的地下茎，如百合、水仙的鳞茎。鳞茎中央的基部为一个扁平而节间短缩的茎，称为鳞茎盘，顶端的顶芽将来形成花序，节上长肉质和膜质的鳞片叶，重重包围着鳞茎盘，叶腋有腋芽，鳞茎盘下产生不定根。

球茎：是节间短缩、膨大成球形的地下变态茎。如唐菖蒲、荸荠和慈姑。芋的球茎是由茎的基部发育而成。荸荠球茎顶端有粗壮的顶芽，有明显的节与节间，在节上有腋芽及起保护作用的鳞叶。

根状茎：茎横卧于地下，具明显的节与节间，节上有退化的鳞片叶、腋芽和不定根，先端有顶芽。如莲、竹类等。

3. 芽

芽是未发育的枝、花或花序的原始体。可分为以下几类。

1）定芽与不定芽

定芽：枝上着生位置固定，包括顶芽和腋芽。

顶芽：生长在茎或枝顶端的芽。

腋芽：生长在叶腋的芽，也称为侧芽。

不定芽：着生位置不固定，常从老茎、根、叶或从创伤部位上产生。

叠生芽：有些植物的叶腋可发生两个或几个腋芽。彼此叠生的称叠生芽。如木犀、紫穗槐等。

并列芽：数个芽平行并立一处着生。如桃。

叶柄下芽：芽为叶柄膨大的基部覆盖，称为柄下芽。如悬铃木、槐、刺槐等。

2）叶芽、花芽和混合芽

叶芽：发育为营养枝的芽。

花芽：发育为花或花序的芽。

混合芽：同时发育为枝、叶和花或花序的芽。

3）裸芽和鳞芽

裸芽：芽的幼叶直接暴露在外的芽。如枫杨。

鳞芽：有芽鳞包被的芽，或称被芽。如山茶、玉兰。

4）活动芽和休眠芽

活动芽：在当年生长季节中萌发的芽。

休眠芽：温带的多年生木本植物，除顶芽及其邻近的腋芽外，大多数下部的腋芽在生长季节里往往是不活动的，暂时保持休眠状态，这种芽称为休眠芽。

4. 叶

1）叶的组成

植物的叶一般由叶片、叶柄和托叶三部分组成。

叶片：是叶的绿色扁平部分。有些植物缺乏叶片，叶柄扁化成叶片状，称叶状叶柄（phyllode），如台湾相思、大叶相思。

叶柄：是连接叶片与枝条的柄状部分。有些植物的叶没有叶柄，叶片直接生在茎上，称为无柄叶；有些植物叶基部扩大，包围着茎，称为鞘。

托叶：是叶柄基部的附属物，常成对而生。有些植物（如蓼科）的托叶两片合生如鞘，包围着茎，称为托叶鞘。

2）单叶与复叶

单叶：一个叶柄上只有一个叶片的叶称为单叶，如苹果、山茶。

复叶：叶柄上着生两个以上完全独立的小叶片，称为复叶。复叶叶柄称为总叶柄，总叶柄上着生的叶称为小叶，小叶叶柄称为小叶柄。复叶可分为：

单身复叶：只有一个小叶的复叶，如柑橘、柚等。

掌状复叶：三枚以上的小叶排列在叶轴顶端，如掌状，如七叶树、木棉、鹅掌藤等。

三出复叶：仅具三个小叶的复叶，如秋枫、野迎春、车轴草等。

羽状复叶：三枚以上的小叶排列在叶轴两侧，呈羽毛状。其中，顶生小叶一个者称奇数羽状复叶，如刺槐、紫藤、月季等；顶生小叶两个者称偶数羽状复叶，如双荚决明、皂荚等。叶轴不分枝者称一回羽状复叶，如刺槐、紫藤、双荚决明等；叶轴分枝一次者称二回羽状复叶，如凤凰木、蓝花楹、合欢等；叶轴分枝两次者称三回羽状复叶，如南天竺（又名南天竹）等。

3）叶序

叶在枝条上的排列方式称叶序。常见的有以下几种：

对生：每节着生两叶称对生，如木犀、蜡梅、凌霄、一串红等。

互生：每节只生一叶称互生，如香樟、山茶、月季、紫藤等。

轮生：每节着生三叶或三叶以上称轮生，如夹竹桃、黄蝉等。

簇生：节间极度缩短，多数叶丛生短枝上称簇生，如银杏、雪松等。

基生：叶自地表基部发出呈莲座状称基生，如非洲菊、风信子、麦冬等。

套折：着生叶的茎的节间极不发达，叶密集于茎的基部且各叶基部依次套抱，如鸢尾科植物。

4）叶片的形态

叶片的形态多种多样，根据长宽的比例和最宽处的位置常可分为以下几种：

鳞形：叶小如鳞片，紧贴小枝而生。如柏科植物。

条形：也称线形，叶片狭长，长为宽的5倍以上，且全长宽度近相等，两侧叶缘近平行。如水杉、麦冬、冷杉等。

针形：叶细长，先端尖锐。如雪松、松属植物。

披针形：长为宽的4～5倍，中部或中部以下最宽，两端渐狭。如垂柳、桃等。如果最宽处在中部以上，则称倒披针形。

卵形：长为宽的1.5～2倍，中部以下最宽，向上渐狭，基部圆阔。如女贞、蜡梅等。如果最宽处在中部以上，则称倒卵形。

长圆形：亦称矩圆形。叶片长约为宽的3～4倍，两侧边缘略平行。如枸骨。

心形：与卵形相似，但基部阔圆而凹入。如紫荆。

椭圆形：长为宽的3～4倍，中部最宽，顶、基两端近相等。如木犀、石楠等。

圆形：长宽近相等，形如圆盘。如莲、旱金莲、王莲等。

扇形：叶片顶部甚宽而稍圆，向下渐狭，呈张开的折扇状。如银杏。

剑形：厚而坚实、先端尖锐的条形叶。如凤尾丝兰、龙舌兰等。

5）叶尖的形态

叶片远离茎秆的先端约1/3的部分称叶尖。常见的形态有以下几种：

尾尖：先端具尾状延长的附属物。如日本晚樱、菩提树、梅等。

渐尖：尖头延长，但有内弯的边。如垂柳、桃等。

骤尖：叶片顶端逐渐变成一个硬而长的尖头，形如鸟啄。

锐尖：尖头成一锐角而有直边。如金樱子。

钝形：先端钝而不尖，或近圆形。如冬青卫矛、厚朴等。

6）叶基的形态

叶片靠近茎秆的基部约1/3的部分称叶基。常见的形态有以下几种：

下延：基部沿叶柄向下生长并延生于茎上。

楔形：中部以下向基部两边逐渐变狭如楔子，如垂柳。

圆形：基部呈半圆形，如苹果。

耳垂形：基部两侧各有一耳垂形的小裂片，如油菜。

心形：与叶柄连接处凹入成缺口，两侧各有一圆裂片，如紫荆。

盾形：叶片与叶柄相连在叶片的中央，或在边缘以内的某一点上。

箭形：基部两侧的小裂片向后并略向内，如慈姑。

戟形：基部两侧的小裂片向外侧伸出，如打碗花。

7）叶缘的形态

叶片除叶尖、叶基以外的边缘称叶缘。常见的形态有以下几种：

全缘：叶缘完整无缺，平滑不具任何齿或缺刻，如玉兰、蜡梅、紫藤等。

波状：边缘起伏如小波浪，如茄。

锯齿：叶缘具尖锐的锯齿，齿端向前，如木犀、桃等。

钝齿：叶缘具钝头的齿，如大叶黄杨。

重锯齿：锯齿边缘又有锯齿，如日本晚樱、棣棠等。

牙齿：具尖齿，齿两侧近等长，齿尖直指向外。

缺刻：叶边缘凹入和凸出较锯齿缘大而深。又根据裂片的排列方式不同分为三出叶裂、羽状叶裂和掌状叶裂；也可根据裂片深度不同分为浅裂、深裂和全裂。

8）脉序

叶脉在叶片中的排列方式称脉序。常见的有以下几种：

网状脉：具明显主脉，与侧脉交织成网状的称网状叶脉。多见于双子叶植物。若叶片有一条主脉，纵长明显，侧脉自主脉两侧分出略成羽状的称羽状网脉，如木犀、山茶、蜡梅等。若叶片有三条以上主脉，叶脉交织呈网状的称掌状网脉，如悬铃木、梧桐、鸡爪槭等。

平行脉：叶脉平行排列的称平行叶脉。多见于单子叶植物。若各叶脉由基部平行直达叶尖，称直出平行叶脉，如竹类、麦冬等。若侧脉垂直于主脉，彼此平行，称横出平行叶脉，如芭蕉、美人蕉。若叶脉自基部以辐射状分出，称辐射平行叶脉，如蒲葵、棕榈等。

三出脉：叶片基部或近基部具三条明显的叶脉，称三出脉，如天竺桂、肉桂、朴树等。

叉状脉：叶脉依次二叉式分枝称叉状脉序，如银杏和多数蕨类植物。

9）叶的变态

叶卷须：由叶的一部分变成卷须状，称为叶卷须，适于攀缘生长。如豌豆复叶顶端的2～3对小叶变为卷须。菝葜的托叶也变为卷须。

鳞叶：叶变态成鳞片状，称为鳞叶。鳞叶有三种情况：一种是木本植物鳞芽外的鳞叶，也称芽鳞；另一种是地下根状茎上退化的叶，称鳞叶或鳞片；还有一种是百合、郁金香的鳞茎上肉质、肥厚，具贮藏作用的鳞叶。

苞片：生在花下面的变态叶称为苞片（或苞叶）。如棉花外面的副萼为苞片。苞片数多而聚生在花序外围的，称为总苞。如向日葵花序外边的总苞。苞片或总苞具有保护花和果实的作用。有些苞片还有鲜艳的颜色，如一品红。

叶刺：有些植物的叶或叶的某部分变态为刺，称为叶刺。如刺槐、酸枣的托叶变态为硬刺，小檗的叶变为刺状叶。仙人掌属的一些植物在扁平的肉质茎上生有硬刺。

捕虫叶：有些植物叶发生变态，能捕食小虫，这类变态叶称为捕虫叶。如猪笼草、捕蝇草、茅膏菜等。

5. 花

1）花的组成

一朵完全的花由花萼、花冠、雄蕊（群）和雌蕊（群）四部分组成。

花萼：是花最外一轮或最下一轮不育的变态叶。通常为绿色，但有些植物的花萼具鲜艳色彩，状如花瓣，称为瓣状萼。花萼由萼片构成，各萼片彼此完全分离的称离萼，如虞美人、山茶等；各萼片多少合生者称合萼，如月季、石竹等。合萼基部合生的部分称为萼筒，离生的部分称萼齿或萼裂片。

花冠：位于花萼内侧或上方的叶状结构。通常较花萼大，且具鲜艳的色彩和气味。花冠各瓣片完全分离者称离瓣花，如桃、山茶、石竹等；部分或完全联合者称合瓣花，如一串红、牵牛、菊花等。

花被：花萼和花冠的合称。既有花萼、也有花冠的花称两被花，如桃、紫藤等；只有花萼的花称单被花，如叶子花、榆等；花萼、花冠都没有的花称无被花或裸花，如垂柳、一品红等。

花萼、花冠在花的每一轮结构中的数量通常是恒定的，这个数字称为花基数。双子叶植物的花的基数通常为 4 或 5，而单子叶植物的花的基数通常为 3。

雄蕊群：是一朵花中所有雄蕊的总称。典型的雄蕊由花药和花丝两部分组成。

雌蕊群：是一朵花中所有雌蕊的总称。典型的雌蕊由柱头、花柱和子房三部分组成。如果一朵花同时具有雄蕊和雌蕊，称两性花，如玉兰、百合等；只有雄蕊或雌蕊

的花称单性花；雄蕊和雌蕊均无者称无性花，如向日葵的边花。在单性花中，只有雄蕊的花称雄花，只有雌蕊的花称雌花；雌花和雄花生于同一植株上的，叫雌雄同株，如油桐、无患子等；雌花和雄花生于不同植株上的，叫雌雄异株，如苏铁、银杏、杨柳科植物等。如果一株植物既开单性花，又开两性花，称花杂性。如鸡爪槭、复羽叶栾树等。

2）禾本科植物花的组成

禾本科植物的花高度特化，通常由2枚浆片、3或6枚雄蕊、1枚雌蕊以及外稃和内稃组成，特称小花。浆片是花被的特化，外稃和内稃则是小花基部的苞片。由一至数朵小花排列于一花轴（称小穗轴）上，连同基部的两枚颖片共同组成小穗。

3）花冠类型

花冠的变异极大，有些植物常形成具有分类学意义的特殊类型。

十字形花冠：4枚分离、具爪的花瓣排列成十字形。为十字花科植物所特有。

蝶形花冠：5枚分离的花瓣两侧对称排列，最上一枚花瓣最大，位于最外方，称旗瓣；侧生两片较小，左右排列，称翼瓣；最下两片合生并弯曲成龙骨状，位于最内方，称龙骨瓣。为蝶形花亚科植物所特有。

唇形花冠：花冠基部合生成筒，上部裂成二唇状。如一串红、金鱼草等。

漏斗状花冠：花冠全部合生成漏斗状。如牵牛、矮牵牛等。

管状花冠：也称筒状花冠，花冠基部合生成管状或筒状。如向日葵、菊花的盘花。

舌状花冠：花冠基部合生成短筒，上部展开成舌状。如向日葵的边花。

钟状花冠：花冠筒粗而稍短，上部扩大成钟形。如南瓜、桔梗等。

辐状花冠：花冠筒短，裂片大而平展成车轮状。如马铃薯、茄子、辣椒等。

高脚碟状花冠：花冠下部细长管状，上部忽然成水平状扩大。如龙船花、夜香树等。

蔷薇形花冠：5枚分离的花瓣成辐射对称排列。为蔷薇科蔷薇属植物特有。

根据花的对称性将花分为辐射对称花、两侧对称花和不对称花三种类型。

辐射对称花：通过花的中心能切出两个以上对称面的花，也称整齐花（regular flower）。如玉兰、虞美人、山茶、月季等。

两侧对称花：通过花的中心只能切出一个对称面的花，也称不整齐花。如紫藤、三色堇、一串红、忍冬等。

不对称花：不能切出对称面的花，也称不整齐花。如美人蕉、旱金莲等。

花被片的排列方式也因植物种类不同，常见的有镊合状、旋转状、覆瓦状几种方式。

镊合状：花被彼此以边缘相接而不相互覆盖。如含羞草、茄。

旋转状：花被片各片每一边覆盖紧邻一片的边缘，而另一边又被另一相邻的花被片所覆盖。如夹竹桃、栀子、朱槿等。

覆瓦状：花被片各片之间相邻的彼此覆盖，但至少有一片完全在外，有一片完全在内。如三色堇、虞美人等。

4）雄蕊类型

通常将雄蕊分为离生和合生两大类型，有些植物在进化过程中形成了以下特殊的类型。

二强雄蕊：一朵花中具4枚分离的雄蕊，花丝2长2短，如金鱼草、蓝花楹。

四强雄蕊：一朵花中具6枚分离的雄蕊，花丝4长2短，为十字花科所特有。

单体雄蕊：一朵花中所有雄蕊的花丝联合成一束而花药彼此分开，如锦葵科植物。

二体雄蕊：一朵花中所有雄蕊的花丝联合成2束而花药彼此分开，如多数蝶形花亚科植物。

多体雄蕊：一朵花中所有雄蕊的花丝联合成2束以上而花药彼此分开，如金丝桃、蓖麻。

聚药雄蕊：一朵花中所有雄蕊的花药联合而花丝彼此分开，如菊科植物。

5）雌蕊类型

雌蕊的构成单位是心皮，心皮内卷便形成雌蕊。根据构成雌蕊心皮的数目和各心皮结合的方式不同，将其分为以下三种类型。

单雌蕊：仅由一个心皮构成的雌蕊称单雌蕊，如桃、李、豆科植物。

离生单雌蕊：一朵花中有多个彼此分离的单雌蕊称离生单雌蕊，如玉兰、蔷薇、莲等。

复雌蕊：由2个或2个以上的心皮构成的雌蕊称复雌蕊，如石竹、苹果等。

6）子房位置类型

根据子房与花托的连生情况以及与花的其他部分的相对位置，可分为以下几种类型：

上位子房：子房仅以基部与花托相连，与花的其他部分相分离。如石竹、刺槐等。

下位子房：整个子房埋于凹陷的花托中，并与花托内壁愈合，如苹果、梨、鸢尾等。

半下位子房：子房的下部陷入花托并与之愈合，而上部突出于外，花的其他部分着生于子房周围的花托边缘，如马齿苋、檽木等。

7）胎座类型

胚珠着生的部位叫胎座，有以下几种类型：

边缘胎座：单雌蕊，一室子房，胚珠着生于心皮边缘相连的腹缝线处，如豆科植物等。

侧膜胎座：复雌蕊，一室子房或假数室子房，胚珠着生于心皮边缘相连的腹缝线上，如葫芦科、十字花科、堇菜科等。

中轴胎座：复雌蕊，数室子房，数个心皮边缘内卷，于中央形成中轴，胚珠着生在中轴上，如茄科、山茶科、百合科等。

特立中央胎座：复雌蕊，一室子房，子房室中央有一向上伸出但未达子房顶部的中轴，胚珠着生在中轴上，如石竹科等。

基生胎座：一室子房，胚珠着生于子房基部，如菊科、禾本科等。

顶生胎座：一室子房，胚珠着生于子房顶部，如桑科、榆科、樟科等。

8）花序类型

有些被子植物的花，单朵着生于枝顶或叶腋，称花单生，如玉兰、含笑、莲等；也有许多植物的花，数朵按照一定的规律排列在总花轴上，称花序。组成花序的每一朵花称小花，其下部的叶性器官称苞片，有的植物花序的苞片密集在一起，组成总苞。

根据花序轴的分枝形式、开花顺序以及花柄的有无等，将花序分为无限花序和有限花序两大类。

（1）无限花序。也称总状类花序，其特点是在开花的同时，花轴的顶端或中心可以继续产生小花，开花的顺序是由花轴基部（或边缘）渐次向顶（或中心）开放。有如下类型：

总状花序：花序轴长而不分枝，其上着生多数花柄等长的两性花，如紫藤、金鱼草、风信子等。

穗状花序：花序轴长而不分枝，其上着生多数无柄或近无柄的两性花，如车前、马鞭草等。

柔荑花序：花序轴长而不分枝且柔软下垂，其上着生多数无柄或近无柄的单性花，开花后整个花序一起脱落，如杨、柳、桑等。

伞房花序：花序轴不分枝，其上着生许多花柄不等长的花，基部花柄较长，渐上递短，各花分布近于同一个平面，如梨、苹果、麻叶绣线菊等。

伞形花序：花序轴极度缩短，各花自轴顶生出，花柄等长，形似张开的伞，如报春花、君子兰、水鬼蕉等。

头状花序：花无柄，多数密集于短而宽平或隆起的花序轴上而成一头状体，如千日红、向日葵等。

隐头花序：花序轴肥大而中空，其内壁着生许多无柄小花，花序顶端有一小孔，如榕属植物。

肉穗花序：花序轴肥厚肉质，其上着生许多无柄的单性花，如玉米的雌花序。如果花序下有一大型佛焰苞时，又称佛焰花序，如天南星科植物。

圆锥花序：花序轴的分枝作总状排列，每个分枝又自成一总状或穗状花序，如凤尾丝兰、秋枫等。

复伞房花序：伞房花序的每一分枝又自成一伞房花序，如粉花绣线菊、花楸。

复伞形花序：伞形花序的每一分枝又自成一伞形花序，如胡萝卜。

（2）有限花序。也称聚伞类花序，其特点是花序类似合轴分枝或假二叉分枝的方式发育，顶芽先分化为花，先开放。

单歧聚伞花序：花序类似合轴分枝，花序轴顶端先生一花，然后在顶花下形成一侧生分枝，继而分枝之顶又生一花，其下再形成一侧生分枝，如此依次开花。如果各次分枝从同一侧形成，整个花序成卷曲状，称螺状聚伞花序，如聚合草、勿忘我等紫草科植物；如果各次分枝左右交替出现，称蝎尾状聚伞花序，如唐菖蒲等。

二歧聚伞花序：花序类似假二叉分枝，顶花形成后，在其下方两侧同时发育出一对分枝，分枝顶端又生顶花，再以同样的方式继续产生分枝和顶花，如冬青卫矛等。

多歧聚伞花序：顶花下同时发育出三个以上分枝，各分枝以同样的方式分枝，如一品红、泽漆等。

轮伞花序：聚伞花序着生于对生叶的叶腋，花序轴及花梗极短，花呈轮状排列，如一串红、随意草等唇形科植物。

6. 果实

根据来源与结构，果实可分为三大类，即：单果、聚合果和聚花果。

1）单果

一朵花中只有一个雌蕊发育成的果实称单果，又可分为肉质果和干果两类。

（1）肉质果：果实成熟后肉质多汁。依果实的性质和来源不同，又可分为下面几种：

浆果：外果皮薄，中果皮、内果皮均肉质化并充满汁液，如忍冬、葡萄等。

核果：由一至数心皮组成的雌蕊发育而来，外果皮薄，中果皮肉质，内果皮坚硬，如桃、李、枣等。

柑果：由复雌蕊形成，外果皮革质，中果皮疏松，分布有维管束，内果皮膜质，分为若干室，向内生出许多汁囊，是食用的主要部分，如柑橘、柚等。柑果为芸香科植物所特有。

梨果：由花筒与下位子房愈合发育而成的假果，花筒形成的果壁与外果皮及中果皮均肉质化，内果皮纸质或革质化，如梨、苹果等。

瓠果：由具侧膜胎座的下位子房发育而成的假果，花托和外果皮结合为坚硬的果壁，中果皮和内果皮肉质，胎座很发达，如南瓜、西瓜等。瓠果为葫芦科植物所特有。

（2）干果。果实成熟后果皮干燥，依开裂与否可分为裂果和闭果两类。

果实成熟后，果皮开裂，称为裂果。因心皮数目及开裂方式不同，裂果又可分为下列几种：

荚果：由单雌蕊发育而成的果实，成熟时，沿腹缝线和背缝线开裂，如大豆、蚕豆等。也有不开裂的，还有其他开裂方式的。荚果为豆科植物所具有。

蓇葖果：由单雌蕊发育而成的果实，成熟时，仅沿一个缝线开裂（腹缝线或背缝线），如梧桐、芍药、牡丹等。

角果：两心皮组成，具假隔膜，成熟时从假隔膜沿两腹缝线裂开。果实长为宽的 3 倍以上者称长角果，如诸葛菜、油菜；长为宽的 3 倍以下者称短角果，如香雪球、荠菜。角果为十字花科植物所特有。

蒴果：是由复雌蕊发育而成的果实，成熟时果皮开裂。开裂方式有：室背开裂，果皮沿背缝线裂开，如百合、鸢尾等；室间开裂：果皮沿室间隔膜（即腹缝线）开裂，如牵牛、曼陀罗等；孔裂：果皮开裂成多数小孔，如虞美人、野罂粟等；盖裂（周裂）：果实上部横裂一周成盖状，如马齿苋、车前等；齿裂：果实顶端开裂呈细齿状，如石竹科植物。

果实成熟后，果皮不开裂者称为闭果。分以下几种：

瘦果：果皮与种皮易分离，含一粒种子，如向日葵。

颖果：果皮与种皮合生，不易分离，含一粒种子。为禾本科植物所特有。

翅果：果皮向外延伸成翅，有利于果实传播，如鸡爪槭、榆、臭椿。

坚果：果皮坚硬，内含一粒种子，如板栗、一串红。

分果：由两个以上心皮构成，各室含一粒种子，成熟时心皮沿中轴分开，如蜀葵、锦葵、旱金莲等。

双悬果：由 2 合生心皮的下位子房发育而成，成熟时 2 心皮分离成 2 小坚果并悬挂于中央心皮柄的上端，如紫花前胡、芹菜等伞形科植物。

2）聚合果

由花内若干离生心皮雌蕊发育而成，每一雌蕊形成一单果，多数小果聚生成一外形上的果实，称为聚合果。根据聚合果中单果的种类，又可分为聚合瘦果（如草莓）、聚合核果（如悬钩子）、聚合蓇葖果（如八角）、聚合坚果（如莲）。

3）聚花果

由整个花序发育而来的果实称为聚花果，又叫复果，如桑葚、凤梨、无花果等。

三、园林植物应用分类

1. 按植物生长型或体形分类

园林植物按其生长型或体形可分为木本植物和草本植物两大类。木本观赏植物又可分为乔木类、灌木类、木质藤本类和竹类等。草本观赏植物又可分为一、二年生草本花卉和多年生草本花卉。

乔木：树体高大，具有明显主干的木本植物。又可分为大乔木、中乔木、小乔木。

灌木：树体矮小，通常无明显主干而呈丛生状或分枝接近地面的木本植物。

木质藤本：地上部分不能直立生长，常借助茎蔓、吸盘、卷须、钩刺等攀附在其他支持物上生长的木本植物。

一年生草本：种子当年萌发，当年开花结实后整个植株枯死。如鸡冠花、万寿菊等。

二年生草本：种子当年萌发，次年开花结实后整个植株枯死。如三色堇、瓜叶菊、虞美人等。

多年生草本：连续生存三年或更长时间，开花结实后，地上部分枯死，地下部分继续生存。如郁金香、君子兰等。

2. 根据主要观赏部位分类

（1）观花类。花色、花形、花香等表现突出。如玉兰（*Magnolia denudata*）、桂花（*Osmanthus fragrans*）、山茶（*Camellia japonica*）、梅花（*Armeniaca mume*）、月季（*Rosa chinensis*）、牡丹（*Paeonia suffruticosa*）、水仙（*Narcissus* spp.）、三色堇（*Viola tricolor*）等。

（2）观果类。果实显著、挂果丰满、宿存时间长。如南天竹（*Nandina domestica*）、佛手（*Citrus medica* var. *sarcodactylis*）、金柑（*Fortunella margarita*）、冬珊瑚（*Solanum pseudo-cupsicum*）、朱砂根（*Ardisia crenata*）、乌柿（*Diospyros cathayensis*）等。

（3）观叶类。叶色、叶形或叶的大小、着生方式等独特。如银杏（*Ginkgo biloba*）、鹅掌楸（*Liriodendron chinense*）、变叶木（*Codiaeum variegatum*）、彩叶芋（*Daladium bicolor*）、龟背竹（*Monstera deliciosa*）、肖竹芋属（*Calathea*）、竹芋属（*Maranta*）及其他一些观叶植物。

按叶色又可分为以下几类：

春色叶及新叶有色类：在重庆地区，春叶呈红或紫红色的有山麻杆、天竺桂、黄连木、石楠等；呈黄色的有金叶女贞等。

秋色叶类：重庆地区呈红或紫红色的有鸡爪槭、枫香、南天竹、三角槭、水杉等；呈黄或黄褐色的有银杏、鹅掌楸、悬铃木、金钱松等。

常色叶类：重庆地区呈红或紫红色的有红叶李、紫叶桃、紫叶小檗、红檵木、紫红叶鸡爪槭等；呈黄色的有金叶假连翘。

斑色叶类：常见的有蹄纹天竺葵、撒金桃叶珊瑚、花叶鹅掌藤、花叶艳山姜、花叶常春藤、花叶垂榕等。

（4）赏枝干类。枝、干有独特的风姿或有奇特的色泽、附属物等。如白皮松（*Pinus*

bungeana）、红瑞木（*Cornus alba*）、竹节蓼（*Homalocladium latycladium*）、仙人掌类植物。

（5）赏根类。有榕树（*Ficus microcarpa*）、红叶露兜树（*Pandanus utilis*）等。

（6）赏株形类。有雪松（*Cedrus deodara*）、龙柏（*Sabina chinensis* 'Kaizuca'）、南洋杉（*Araucaria cunninghamia*）、龙爪柳（*Salix matsudana* var. *tortuosa*）等。

3. 根据园林用途分类

（1）行道树类。主要指栽植在道路系统，如公路、街道、园路、铁路等两侧，整齐排列，以遮荫、美化为目的的乔木树种。行道树为城乡绿化的骨干树，能统一、组合城市景观，体现城市与道路特色，创造宜人的空间环境。

行道树的选择因道路的性质、功能而异。公路、街道的行道树应是树冠整齐，冠幅较大，树姿优美，树干下部及根部不萌生新枝，抗逆性强，对环境的保护作用大，根系发达，抗倒伏，生长迅速，寿命长，耐修剪，落叶整齐，无恶臭或其他凋落物污染环境，大苗栽种容易成活的种类。重庆常见种类有水杉、银杏、银桦、荷花玉兰、樟、悬铃木、榕树、黄葛树、秋枫、复羽叶栾树、羊蹄甲、女贞、杜英、刺桐等。银杏、鹅掌楸、椴树、悬铃木、七叶树被称为世界五大行道树，其中，悬铃木号称行道树之王。

（2）孤散植类。主要指以单株形式，布置在花坛、广场、草地中央，道路交叉点，河流曲线转折处外侧，水池岸边，庭院角落，假山、登山道及园林建筑等处起主景、局部点缀或遮荫作用的一类树木。

由于应用范围很广，情况复杂，应根据运用地点的环境条件和设计构景与功能需要来选择树种。孤散植树类表现的主题是树木的个体美。故姿态优美，花果茂盛，四季常绿，叶色秀丽，抗逆性强的阳性树种更为适宜，如苏铁、雪松、金钱松、白皮松、五针松、水杉、池杉、异叶南洋杉、塔柏、圆柏、日本花柏、黄葛树、榕树、荷花玉兰、悬铃木、樟、樱花、梅、秋枫、红枫、鸡爪槭、紫薇、枫香、假槟榔、棕榈、棕竹、蒲葵及其他造型类树木。

（3）垂直绿化类。主要根据藤蔓植物的生长特性和绿化应用对象来选择树种，如墙面绿化可以选用爬山虎、薜荔、常春藤等具吸盘、不定根的种类；棚架绿化宜用木香、紫藤、葡萄、藤本月季、蔷薇、凌霄、叶子花、使君子、长春油麻藤等；陡岩坎绿化则可以蔷薇、忍冬、枸杞、云南黄素馨等为材料。

（4）绿篱类。通常是以耐密植，耐修剪，养护管理简便，有一定观赏价值的木本观赏种类为主。

绿篱种类不同，选用的树种也会有一定差异。

就绿篱高度分三类：①高篱类。篱高2m左右，起围墙作用，多不修剪，应以生长旺，高大的种类为主，如蚊母树、石楠、日本珊瑚树、桂花、女贞、丛生竹类等。②中篱类。篱高1m左右，多配置在建筑物旁和路边，起联系与分割作用，常作轻度修剪，多选用枸骨、冬青卫矛、六月雪、木槿、小叶女贞、小蜡等。③矮篱类。篱高50cm以内，主要植于规则式花坛、水池边缘，起装饰作用，需作强度修剪，应由萌发力强的树种，如小檗、黄杨、萼距花、雀舌花、小月季、迎春等组成。

以观赏特性分为：①花篱类。主要起观赏装饰作用，多用皱皮木瓜、日本木瓜、紫荆、金丝梅、金丝桃、瑞香、木槿、云南黄素馨、金钟花、杜鹃等花灌木。②果篱类。由观果灌木组成，如小檗、南天竹、枸骨、火棘等。③刺篱类。起防护警戒作用，由具刺的灌木组成，如小檗、马甲子、枳壳、火棘、蔷薇等。

（5）造型类及树桩盆景类。造型类是指经过人工整形制成各种物象的单株或绿篱，有时，又将它们统称为球形类树木。造型形式众多，对这类树木的要求与绿篱类基本一致，但以常绿种类，生长较慢者更佳，如罗汉松、海桐、枸骨、冬青卫矛、六月雪、黄杨等。

树桩盆景是在盆中再现大自然风貌或表达特定意境的艺术品，对树种的选用要求与盆栽类有相似之处，均以适应性强，根系分布浅，耐干旱瘠薄，耐粗放管理，生长速度适中，能耐阴，寿命长，花、果、叶有较高观赏价值的种类为宜。由于树桩盆景多要进行修剪与艺术造型，材料选择应较盆栽类更严格，它还要求树种能耐修剪蟠扎，萌芽力强，节间短缩，枝叶细小，如银杏、日本五针松、短叶罗汉松、椰榆、皱皮木瓜、六月雪、紫藤、南天竹、紫薇、乌柿等。

（6）草坪地被类。指那些低矮的，可以避免地表裸露，防止尘土飞扬和水土流失，调节小气候，丰富园林景观的草本和木本观赏植物。草坪多为禾本科植物，可分为暖季性草坪和冷季性草坪，暖季性草坪重庆常见的有结缕草（*Zoysia* spp.）、狗牙根（*Cynodon dactylon*）；冷季性草坪常见的有高羊茅（*Festuca arundinacea*）、黑麦草（*Lolium perenne*），豆科的三叶草属（*Trifolium*）、旋花科的马蹄金（*Dichondra repens*）等也较常见。木本习性的地被类有如铺地柏、地瓜藤、八角金盘、日本珊瑚、萼距花属、雀舌花等；草本习性的地被类有蝴蝶花、吊兰、沿阶草属、山麦冬属等。

（7）花坛花境类。指露地栽培，用于布置花坛、花境或点缀园景用的观赏种类。如三色堇、金鱼草、金盏菊、万寿菊、一串红、矮牵牛、鸡冠花、羽衣甘蓝、彩叶草、菊花、郁金香、风信子、水仙、四季秋海棠等。

4. 按形态、习性、分类学地位的综合分类

以上几种分类都是从某一方面出发对园林植物进行的分类，从不同角度阐述了园林植物在各种分类方法中的地位及用途，对生产实践有一定的实用价值。但这些分类方法所遵循的分类依据单一，多带有一定的片面性，难免顾此失彼，性状又常彼此交叉重叠，受人为主观意志支配较大，难掌握标准，可变性大，在不同程度上均有其局限与片面性。

园林植物的形态与习性主要受种类遗传学特性制约，不易改变。以园林植物的形态、习性及分类学地位为依据的综合分类法，取长补短，既便于区分，更有利于实用。本教材按这种分类法将园林植物分为：

（1）针叶型树类。包括全部的针叶树种，以松、杉、柏为主体，不少为优秀的观形赏叶树木，在园林绿地中应用极为广泛，其中的雪松、金钱松、日本金松、巨杉、南洋杉被誉为世界五大公园树种。针叶型树又可分为常绿针叶树种和落叶针叶树种两大类，前者如松属、雪松、柳杉属、柏科等，后者如落叶松属、金钱松、水杉、落羽杉属、柽柳等。

（2）棕榈型树类。包括棕榈科、苏铁科植物，是树形较特殊的一类观赏树木。该类植物多常绿，树干直，一般无分枝，叶大型，掌状或羽状分裂，聚生茎端。分布于热带及亚热带地区，性不耐寒，适应性强，观赏价值大，在我国主要产于南方。

（3）竹类。禾本科竹亚科的多年生常绿树种。竹类为我国园林传统的观赏植物，素有清风亮节的雅誉，历来为人们所喜爱和颂扬。主要产地为热带、亚热带，少数产于温带，我国主要分布于秦岭、淮河流域以南地区。

（4）阔叶型树类。是种类最多的一类观赏树木，主要为双子叶植物。叶片大小介于针叶型类与棕榈型类树木叶片之间，叶形千差万别。既有观花、观叶、观形、观果树种，也可组成大片森林，产生显著的生态环境效益。分布范围极广，用途多样，是温带及亚热带主要树种。阔叶型树类又可分为：

① 常绿乔木类。主要分布于热带、亚热带地区，不耐寒，四季常青，包括了木兰科、樟科、桃金娘科、山茶科、木犀科等的多数种类。

② 落叶乔木类。为我国北方主要阔叶树种，较耐寒，季相变化明显，如山毛榉科、杨柳科、胡桃科、桦木科、榆科、悬铃木科、金缕梅科、漆树科、豆科等的许多种。

③ 常绿灌木类。在华南常见，耐寒力较弱，北方多温室栽培，种类众多，其中的龙血树类、鹅掌木、孔雀木、变叶木、红背桂、绿萝等为著名的观叶树种。

④ 落叶灌木类。分布很广，种类也不少，用途广泛，许多种类都是优秀的观花、观果、观叶树种，被大量用于地栽、盆栽观赏。

（5）藤蔓类。该类树木主要用于垂直绿化。种类繁多，习性各异。从植物系统分类上看，藤蔓植物主要分布在桑科、葡萄科、猕猴桃科、五加科、葫芦科、豆科、夹竹桃科等科中。

（6）草本花卉类。分布很广，种类繁多。又可分为一二年生花卉、球根类、宿根类、多浆及仙人掌类、室内观叶植物、水生花卉和草坪地被类等。

第三节 园林植物与主要生态因子

园林植物同其他生物一样，其生长发育除决定于本身的遗传特性外，还决定于外界的环境因子。在环境因子中，能对园林植物生长、发育和分布产生直接或间接影响作用的环境因子，特称为生态因子，其中温度、光、水、无机盐类、二氧化碳、氧气等是植物生存不可缺少的因子，称为生存因子。因此，正确了解和掌握园林植物生长发育与温度、光照、水分、土壤、空气等主要生态因子的关系，对园林植物的生产、栽培具有重要意义。

一、园林植物对温度的要求

1. 不同园林植物对温度的要求

温度是影响园林植物生长发育最重要的环境因子之一，因为它影响着园林植物体内的一切生理变化。每一种园林植物的生长发育，对温度有一定的要求，都有温度的三基点：即最低温度、最适温度和最高温度，亦即温度最低点、最适点和最高点。园林植物种类不同，原产地不同，温度的三基点也不同。原产于热带的园林植物，生长的基点温度较高，一般在18℃开始生长；原产于温带的园林植物，生长基点温度较低，一般在10℃左右就开始生长；而原产于亚热带的园林植物，其生长的基点温度介于前二者之间，一般在15～16℃左右就开始生长。同时，每种园林植物的萌芽、开花、结果等生长发育过程不仅要求有一定的温度条件，而且有一定的适应范围，温度超过园林植物所能忍受的范围时，则会产生伤害。高温破坏体内的水分平衡，导致萎蔫甚至死亡。温度过低，则会造成细胞内外结冰，质壁分离而发生冻害，甚至死亡。

2. 温度对园林植物分布的影响

温度对园林植物的自然分布起着重要作用，因为每一园林植物对温度的适应能力都有一定的范围。因此，以温度为主，在其他因子的综合影响下，形成了园林植物的地理分布。在不同的气候带，气温相差甚远，园林植物的耐寒力不同。通常依据植物对温度的要求不同而将园林植物（花卉）分成如下几类：

（1）耐寒植物（花卉）。耐寒花卉多原产于高纬度地区或高海拔地区，耐寒而不耐热，冬季能忍受−10℃或更低的气温而不受害。如牡丹（*Paeonia suffruticosa*）、丁香属（*Syringa*）、锦带花（*Weigela florida*）、芍药（*Paeonia lactiflora*）、桂竹香（*Cheiranathus cheiri*）等。

（2）喜凉植物（花卉）。喜凉花卉在冷凉气候下生长良好，稍耐寒而不耐严寒，但也不耐高温。一般在−5℃左右不受冻害。如梅花、桃（*Amygdalus persica*）、蜡梅（*Chimonanthus praecox*）、菊花（*Dendranthema morifolium*）、三色堇（*Viola tricolor*）、雏菊（*Bellis perennis*）等。

（3）中温植物（花卉）。中温花卉一般耐轻微短期霜冻，我国在长江流域以南大部分地区能露地越冬。如苏铁（*Cycas revoluta*）、山茶、桂花、栀子花（*Gardenia jasminoides*）、含笑（*Michelia figo*）、杜鹃花（*Rhododendron* spp.）、金鱼草（*Antirrhinum majus*）、报春花（*Primula* spp.）等。

（4）喜温植物（花卉）。性喜温暖而绝不耐霜冻。一经霜冻，轻则枝叶坏死，重则全株死亡。一般在5℃以上安全越冬。如茉莉花（*Jasminum sambac*）、光叶子花（*Bougainvillea glabra*）、白兰花（*Michelia alba*）、瓜叶菊（*Cineraria cruenta*）、蒲包花（*Calceolaria herbeohybrida*）等。

（5）喜热植物（花卉）。多原产于热带或亚热带，喜温暖而能耐40℃或以上的高温，但极不耐寒，在10℃甚至15℃以下便不能适应。如米兰（*Aglaia odorata*）、扶桑（*Hibiscusrosa-sinensis*）、变叶木、芭蕉属（*Musa*）、仙人掌科（Cactaceae）、天南星科（Aracease）等。

也可依据园林植物耐寒能力的大小而将园林植物（花卉）分为：

（1）耐寒性园林植物。一般指原产于温带及寒带的园林植物，抗寒力强，在我国寒冷地区能在露地越冬，如樟子松、紫薇、黄刺玫等。有的种类当严寒的冬季到来时，地上部分全部干枯，地下根系进入休眠状态，在土壤中越冬，到第二年春又继续萌芽生长并开花，如美人蕉、荷包牡丹等。

（2）不耐寒性园林植物。多原产于热带及亚热带地区，在生长期间要求高温，不能忍受0℃以下的温度，其中一部分种类甚至不能忍受0~10℃的温度，在这样的温度下则停止生长或死亡，如南洋杉、榕树、仙客来、变叶木等。

（3）半耐寒性园林植物。这一类园林植物多原产于温带较暖的地方，耐寒力介于耐寒性园林植物与不耐寒性园林植物之间，在北方需加以防寒才能越冬，如月季、牡丹等。

3. 温度对花芽分化的影响

温度不仅影响园林植物种类的地理分布，而且对园林植物的花芽分化有明显的影响，园林植物种类不同，花芽分化和发育要求的适温也不同。

（1）在高温下进行花芽分化。许多花木类如杜鹃、山茶、梅花、碧桃、樱花、紫藤等都在 6～8 月份，气温高至 25℃以上时进行花芽分化。入秋后，植物体进入休眠，经过一定低温，结束或打破休眠而开花。许多球根园林植物的花芽也是在夏季高温下进行分化的，如唐菖蒲、美人蕉于夏季生长期进行，而郁金香则在夏季休眠期内进行花芽分化。

（2）在低温下进行花芽分化。许多原产于温带中北部以及各地高山地区的园林植物，多要求在 20℃以下较凉爽的气候条件下进行花芽分化，如八仙花、卡特兰属和石斛兰属的某些种类，在温度 13℃左右和短日照下可促进花芽分化；许多二年生草花，如金盏菊、雏菊等也在低温下进行花芽分化。

此外，温度对园林植物的花色、叶色也有一定的影响。在许多园林植物中，温度和光强对花色有很大影响，它们随着温度的升高和光强的减弱，花色变浅，如落地生根属和蟹爪属。如在矮牵牛的复色品种中，开花期温度升高时，蓝色部分增多；温度变低时，白色部分增多。

二、园林植物对光照的要求

光照是园林植物的生存条件之一，是植物制造有机物质的能量源泉，它对园林植物生长发育的影响主要有以下两个方面。

1. 光照强度对园林植物的影响

光照强度常依地理位置、地势高低以及云量、雨量的不同而变化，一般随纬度增加而减弱，随海拔的升高而增强。一年中以夏季光照最强，冬季光照最弱；一天中以中午光照最强，早晚最弱。光照强度不同，不仅直接影响光合强度，而且还影响到一系列形态和解剖特征的变化，如叶的大小、茎的粗细、花色浓淡等。

不同的园林植物对光照强度的反应也不一样，多数露地栽培的园林植物在光照充足的条件下，植株生长壮，着花多，花大；而万年青、铃兰、杜鹃等在过强的光照下生长受到影响。因此，常依园林植物对光照强度的不同要求，分为以下几类：

（1）阳性植物，又称喜光植物。在阳光充足条件下，才能生长发育良好，如落叶松、水杉、银杏等园林绿化树种，多数露地一二年生草本花卉，球根、宿根花卉，仙人掌科和景天科等多浆植物，大多数草坪草，如结缕草、狗牙根等都是喜光植物。阳性植物的细胞壁较厚，细胞体积较小，木质部和机械组织发达。一般枝叶稀疏透光，自然整枝良好，生长较快，寿命较短。

（2）阴性植物。该类植物在适度庇荫的条件下方能生长良好。阴性植物一般枝叶浓密，透光度小，自然整枝不良，生长较慢，寿命较长。它们多生长在热带雨林下或分布于林下及阴坡，如兰科、凤梨科、天南星科及秋海棠科等草本植物。具有较强的耐阴能力的木本植物有：红豆杉、云杉、金银木、八角金盘和八仙花等。

（3）中性植物。既喜光向阳，又有一定的耐阴能力。大多数树种属于中性植物，如榆树、元宝枫、桧柏、侧柏、樟树、榕树等，草本的有萱草、楼斗菜、桔梗等。

应注意的是木本植物对光的需求不是固定的，常随着树龄、环境、地区的不同而变化。通常幼苗、幼树耐阴能力高于成年树。同一树种，生长在湿润肥沃的土壤上，它的耐阴能力就强一些；生长在干旱贫瘠的土壤上常常表现出阳性树种的特征。在园林植物育苗工作中，应注意满足各种苗木对光照的要求，改善其通风、透光条件，以培育出优质苗木。

2. 光照时间对园林植物的影响

光照时间的长短，对各种园林植物的花芽分化和开花有显著的影响。根据园林植物开花对光照要求的不同，将园林植物分为三类。

（1）长日照植物。这类植物要求较长时间的光照才能开花，每天需要日照长度超过12h。一般每天有14～16h的日照，可以促进长日照植物开花。如果在昼夜不间断的光照下，能起更好的促进作用。相反，在较短的日照下，只进行营养生长，不开花或延迟开花，如凤仙花、唐菖蒲、荷花等。

（2）短日照植物。这类植物要求每天光照短于13h，而在夏季长日照条件下，只进行营养生长，不能开花或延迟开花。只有在每天光照8～12h的短日照条件下才能够促进开花，如一品红、菊花等。一般原产于低纬度的热带和亚热带地区的园林植物，由于全年日照均等，昼夜几乎都是12h，故为短日照植物。

（3）中日照植物。这类园林植物对日照长度要求不严，对光照长短没有明显反应，如天竺葵、月季、扶桑、马蹄莲等，只要温度适宜、营养丰富，一年四季均可开花。

三、园林植物对水分的要求

水为园林植物体的重要组成部分，也是其生命活动的必需物质，没有水，园林植物就不能生存。由于园林植物长期生长在不同的降水条件下，为了适应自然环境中的水分条件，植物体在形态上和生理机能上形成了对水分的特殊要求。通常根据园林植物对水分的不同要求，将其分为以下几类：

（1）旱生植物。这类植物耐旱性强，能忍受空气和土壤的较长期干燥而继续生活。它们原产于热带或沙漠，在大气和土壤干燥的环境下，为了适应干旱环境，在外部形态和内部构造上都产生许多适应性的变化。叶片变小，多退化成鳞片状、针状或刺毛状，叶表面具有较厚的蜡质层、角质层或茸毛，以减少水分蒸腾；或茎叶具有发达的贮水组织，或根系极发达，能从较深的土层内和较广的范围内吸收水分。有的种类当体内水分降低时，出现叶片卷曲或呈折叠状、植物细胞液的渗透压极高、叶子失水后不凋萎变形等生理适应性，如柽柳、榆叶梅、沙棘、骆驼刺、仙人掌类、卷柏和草坪草中的野牛草、狗牙根等。

（2）中生植物。大多数园林植物属于中生植物，不能忍受过干或过湿的环境。但由于种类众多，因而对干与湿的忍耐程度方面具有很大差异。以中性木本植物而言，油松、侧柏等有很强的耐旱性，但仍以在干湿适度的条件下生长最佳；而旱柳、紫穗槐、桑树等，则有很高的耐水湿能力，也仍以在中生环境下生长为最佳。

（3）湿生植物。此类植物需生长在潮湿的环境中，若在干燥或中生的环境下，则常生长不良或死亡。根据实际的生态环境又可分为阳性湿生植物和阴性湿生植物两种。前者是指生长在阳光充足、土壤水分经常饱和的环境下的湿生植物（可耐短暂的干旱），如沼泽化草甸、河湖沿岸低地生长的鸢尾、池杉、水松等。后者是指生长在光线不足、空气湿度较高、土壤潮湿的环境下的湿生植物，如蕨类、海芋、杜鹃、秋海棠类等。

（4）水生植物。此类植物的共性是根的全部或部分必须生活在水中，遇干旱则枯死。又可分为挺水植物、浮叶植物、漂浮植物和沉水植物。挺水植物的根或根状茎生于泥中，茎、叶和花挺出水面，如荷花、千屈菜等；浮叶植物的根或根状茎生于泥中，茎细弱不能直立，叶片漂浮在水面上，如王莲、睡莲等；漂浮植物的根悬浮在水中，植株漂浮于水面上，随着水流、波浪四处漂泊，如凤眼莲、大藻等；沉水植物整株沉于水中，无根或根系不发达，通气组织特别发达，利于在水中进行气体交换，如金鱼藻、苦草。

四、园林植物对土壤的要求

土壤是园林植物生长的基础，土壤状况（指土壤的酸碱度、水、肥、气、热等）对园林植物的生长发育有极其重要的影响；土壤的酸碱度是受气候、母岩及土壤的营养成分、地形地势、水分和植被等因子影响的。在中国，在气候干旱的黄河流域分布的主要是中性或钙质土壤，在潮湿寒冷的山区、高山区和暖热多雨的长江流域以南地区，则以酸性土为主。按照中国科学院南京土壤研究所 1978 年的标准，我国土壤酸碱度可分为 5 级，即强酸性（pH 值＜5.5）、酸性（pH 值 5.5～6.5）、中性（pH 值 6.5～7.5）、碱性（pH 值 7.5～8.5）、强碱性（pH 值＞8.5）。园林植物不能在过酸或过碱的土壤里生长。

根据园林植物对土壤酸碱度的适应能力，通常将园林植物分成三类。

（1）酸性土植物。指在酸性土壤上生长最旺盛的种类。这类植物适宜的土壤 pH 值在 6.5 以下，如山茶、杜鹃、马尾松、蒲包花、茉莉、吊钟海棠、红桦、白桦、橡皮树和棕榈科植物。

（2）中性土植物。指在中性土壤上生长最佳的种类。这类植物适宜的土壤 pH 值为 6.5～7.5，大多数园林植物属于此类，如杨树、柳树、梧桐、金盏菊、风信子等。

（3）碱性土植物。指在碱性土壤上生长最好的种类。这类植物适宜的土壤 pH 值在 7.5 以上，如石竹、天竺葵、玫瑰、柽柳、沙棘、文冠果、紫穗槐等。

第四节　植物类群及种子植物分类

一、植物类群

依据两界系统和植物在形态结构、生活习性、亲缘关系和对环境适应性等方面的差异，一般将植物界分为藻类植物、菌类植物、地衣植物、苔藓植物、蕨类植物、裸子植物和被子植物七大基本类群。其中，藻类植物、菌类植物、地衣植物合称为低等植物，其主要特征是植物体通常无根、茎、叶的分化，生殖器官常为单细胞，合子不形成胚；与之相反，苔藓植物、蕨类植物、裸子植物和被子植物通常具有根、茎、叶的分化，生殖器官常为多细胞，合子形成胚胎，合称为高等植物。蕨类植物、裸子植物和被子植物三类，因其植物体具维管组织，称为维管植物；相反，苔藓植物和所有的低等植物无维管组织系统，称为非维管植物。裸子植物和被子植物都以种子进行繁殖，称为种子植物；苔藓、蕨类和所有的低等植物不产生种子而以孢子繁殖，称为孢子植物。

二、种子植物常见分科

种子植物包括裸子植物和被子植物，是园林植物的主体。地球上生存的裸子植物约 850 种，隶属于 79 属 15 科。我国计有 10 科 34 属约 250 种，另引入栽培 2 科 8 属约 50 种。全世界的被子植物约 250000 种，按克朗奎斯特系统，隶属于 383 科，约 30000 属。

我国被子植物资源极其丰富，有260余科，3100属，约25000种。本教材择其含园林植物较多的20个科分述于后。

1. 松科（Pinaceae）

科的特征：乔木，叶针形或线形，针形叶常2、3、5针一束，生于极度退化的短枝上，基部包有叶鞘；叶在长枝上螺旋状散生，在短枝上簇生。球花单性同株。小孢子叶螺旋状排列，每个小孢子叶有2个小孢子囊，小孢子多数有气囊。雌球花由多数螺旋状着生的苞鳞与苞鳞所组成，苞鳞与珠鳞分离（仅基部结合），每珠鳞的腹面生有两个倒生胚珠，种子具翅，稀无翅。

识别要点：雄球花每雄蕊具二花药；雌球花具多数螺旋状着生的苞鳞与珠鳞，苞鳞与珠鳞分离，每珠鳞腹面具2枚倒生胚珠。

分类概况：本科有10属，约230余种，主要分布于北半球。我国有10属，93种，24变种，广布全国，不少为我国特有属种和孑遗植物，如银杉（*Cathaya argyrophylla* Chun et Kuang）、金钱松（*Pseudolarix amabilis*（Nelson）Rehd.）为我国特有的单种属。松科常组成大面积的森林，是森林更新和造林的重要树种，多具观赏价值。另引入栽培24种，2变种。

代表植物：黑松（*Pinus thunbergii* Parl.），原产日本。冬芽银白色。叶2针一束，长6～12cm，粗硬，树脂道6～11，中生。球果鳞脐微凹，有短刺（图1-1）。

2. 杉科（Taxodiaceae）

科的特征：乔木，常绿或落叶。叶螺旋状排列，稀交互对生，条形、钻形或披针形。雌雄同株；雄球花的雄蕊和雌球花的珠鳞螺旋状排列，稀交互对生，雄蕊具有2～9个花粉囊（常3～4个），花粉无气囊；珠鳞与苞鳞半合生（仅顶端分离），能育珠鳞具2～9枚直生或倒生胚珠，球果当年成熟。种子具周翅或两侧具窄翅。

识别要点：除水杉外，叶、小孢子叶及珠鳞螺旋状排列；雄蕊常具3～4个花药；珠鳞与苞鳞半合生（仅顶端分离），每珠鳞腹面具胚珠2～9枚。

分类概况：本科有9属，16种，主产北半球。我国有5属，5种，2变种，引入栽培3属，4种。

代表植物：落羽杉（*Taxodium distichum*（Linn.）Rich.），原产北美东南部。树冠圆锥形。叶条形，扁平，在小枝上排为整齐疏松的二列。同属常见的还有池杉（*Taxodium distichum*（Linn.）Rich. var. *imbricatum*（Nutt.）Croom）、墨西哥落羽杉（*Taxodium mucronatum* Tenore）（图1-2）。

3. 柏科（Cupressaceae）

科的特征：常绿乔木或灌木，叶鳞形或刺形，或二者兼有，对生或轮生；球花单性，同株或异株。雄球花有3～8对交互对生的雄蕊，每雄蕊常具2～6花粉囊，花粉无气囊；珠鳞与苞鳞完全合生，每珠鳞着生1至多数直生胚珠，交互对生或3～4片轮生，球果成熟时种鳞木质化或肉质合生成浆果状。种子无翅或两侧具窄翅。

识别要点：叶鳞形或刺形，交互对生或轮生。雄蕊及珠鳞均交互对生或3枚轮生，雄蕊具花药2～6个；苞鳞与珠鳞合生，每珠鳞有胚珠1至多数。

分类概况：本科22属，150种，分布于南北两半球，我国产8属，32种，6变种，分布几遍全国，多为优良材用树种及庭院观赏树木。另引入1属，约15种。

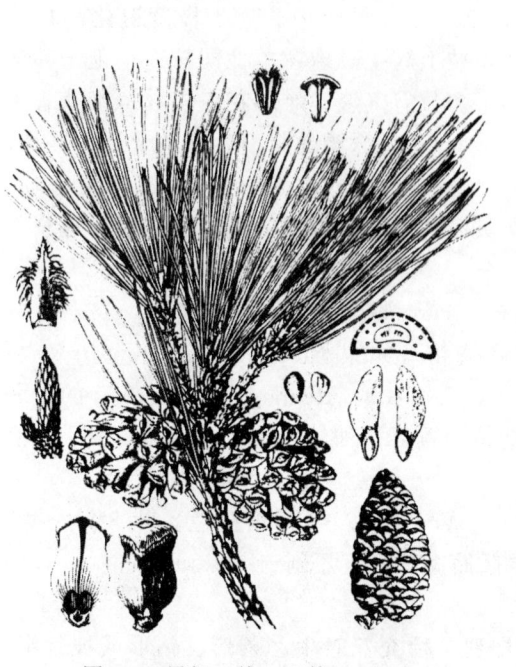

图1-1 黑松（傅立国等，《中国
高等植物》，2000年）

图1-2 落羽杉（傅立国等，《中国高等植物》，2000年）
A~C—落羽杉；D、E—池杉；F、G—墨西哥落羽杉

代表植物：柏木（*Cupressus funebris* Endl.），常绿乔木。生鳞叶小枝扁平，排成一平面，下垂。球果发育种鳞具5~6种子（图1-3）。

4. 木兰科（Magnoliaceae）

科的特征：乔木或灌木；树皮、叶和花均有香气；单叶互生，托叶大且包被幼芽，脱落后常在枝上留有明显的环状托叶痕。花大，两性，稀单性，单独顶生或腋生；花萼、花瓣不分，排成数轮，分离；雌、雄蕊多数，离生，分别螺旋状排列于柱状花托的上、下部，花托于果时延长。聚合蓇葖果，稀翅果。种子有丰富的胚乳，胚小。

识别要点：木本，枝条上有环状托叶痕；花单生，两性，花萼、花瓣不分，雌、雄蕊多数且离生；聚合蓇葖果。

分类概况：本科全世界现有15属，约335种，主要分布在东亚和北美；我国有11属，165种，主产东南至西南，以云南省分布最为集中。本科植物花大而美丽，许多种类被栽培供观赏。

代表植物：玉兰（*Magnolia denudata* Desr.），落叶小乔木。花单生枝顶，花被片9，白色芳香。聚合蓇葖果发育不齐（图1-4）。

5. 樟科（Lauraceae）

科的特征：常绿或落叶木本。叶及树皮具油细胞。单叶互生，全缘，无托叶。花两性或单性，整齐，3或2基数；花被4或6，2轮；雄蕊3~4轮，花药瓣裂；子房上位，心皮3枚合生，1室1胚珠。核果浆果状。种子无胚乳。

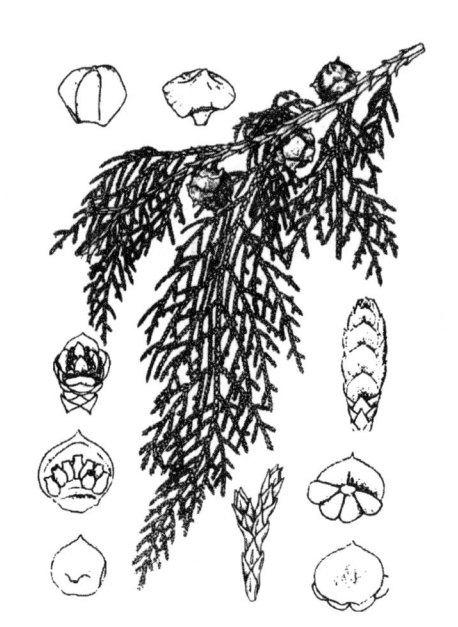

图 1-3　柏木（傅立国等，《中国
高等植物》，2000 年）

图 1-4　玉兰（周云龙，《植物生物学》，1999 年）
A—花枝；B—果枝；C—雌蕊群；D—雄蕊
（背、腹面）；E—木兰科花图式

识别要点：木本，有油腺。单叶互生，革质，全缘。花两性，整齐，轮状排列，花部 3 基数；花被 2 轮；雄蕊 4 轮，花药瓣裂；雌蕊 3 心皮；子房上位，1 室。核果。

分类概况：本科约 45 属，2000～2500 种，广布于热带及亚热带。我国 24 属，约 430 种。多为我国南方珍贵经济树种。

代表植物：月桂（*Laurus nobilis* Linn.），原产地中海地区。常绿小乔木。全株有香气。叶互生、全缘。伞形花序腋生，淡黄色，具芳香；雄蕊瓣裂。浆果球形（图 1-5）。

6. 山茶科（Theaceae）

科的特征：常绿乔木或灌木；单叶互生，叶革质，无托叶。花两性或单性，整齐，五基数，单生叶腋；萼片 4 至多数，覆瓦状排列；花瓣 5 枚，分离或略连生；雄蕊多数，多轮，分离或稍结合成五体；子房上位，中轴胎座。蒴果或浆果；种子往往含有油质。

识别要点：常绿木本；单叶互生，叶革质。花两性或单性，整齐，五基数；雄蕊多数；子房上位，中轴胎座。蒴果或浆果。

分类概况：山茶科约 36 属，700 种，广布于热带及亚热带，亚洲亚热带地区最集中。我国有 15 属，500 种，广泛分布于长江流域及南部各省的常

图 1-5　月桂（傅立国等，《中国
高等植物》，2000 年）

绿林中。

代表植物：茶（*Camellia sinensis*（Linn.）Kuntze），常绿灌木。花 1～3 朵腋生，白色；苞片 2 枚，早落；萼片 5，宿存；子房被白毛。蒴果，果瓣不脱落（图 1-6）。

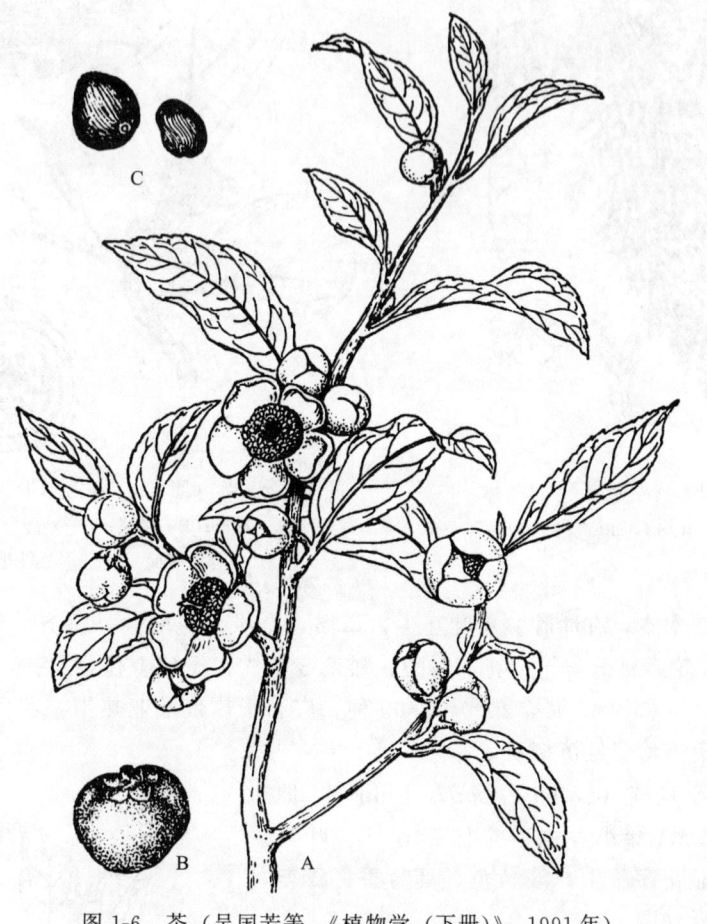

图 1-6　茶（吴国芳等，《植物学（下册）》，1991 年）

A—花枝；B—蒴果；C—种子

7. 大戟科（Euphorbiaceae）

科的特征：草本、灌木或乔木，常具乳汁；单叶互生，有托叶，叶基有 2 腺体。聚伞花序或杯状花序；花单性，双被、单被或无被，有花盘或腺体；雄蕊 1 至多枚，分离或合生；雌蕊由 3 心皮合生而成，子房上位，3 室，中轴胎座，每室 1～2 颗胚珠。蒴果，稀浆果或核果；种子有胚乳。

识别要点：常具乳汁；聚伞花序或杯状花序，花单性；子房上位，3 室，中轴胎座；蒴果。

分类概况：大戟科植物约 300 属，5000 种，广布全世界，主产热带；我国连引种栽培共约有 70 属，460 种。本科是热带性大科，多为橡胶、油料、药材、鞣料、淀粉、观赏及用材树种，经济价值极高。

代表植物：猩猩草（*Euphorbia cyathophora* Murr.），原产中南美洲。草本。叶边缘波状分裂或具波状齿或全缘，无毛；苞叶与茎生叶同形，淡红色或基部红色。花序数枚聚伞状排列于分枝顶端，总苞钟状，腺体 1 枚；雄花多数，常伸出总苞；雌花 1，子房柄伸出总苞（图 1-7）。

8. 报春花科（Primulaceae）

科的特征：多年生或一年生草本，稀亚灌木。叶互生、对生、轮生或无地上茎而全部基生。花单生或组成总状、伞形或穗状花序。花两性，常 5 基数；花萼宿存；花冠下部合生，辐射对称；雄蕊多少贴生花冠筒，与花冠裂片同数且对生；子房上位，稀半下位，1 室，花柱单一，胚珠多数，特立中央胎座。蒴果。

识别要点：草本。花两性，辐射对称；花冠合瓣；雄蕊与花冠裂片同数而对生；心皮常 5；特立中央胎座。蒴果。

分类概况：本科约 30 属，1000 余种，全球广布。我国 13 属，500 余种，主产西南及西北。

代表植物：藏报春（*Primula sinensis* Sabine ex Lindl.），多年生草本，全株被柔毛。叶 5～9 深裂。伞形花序 1～2 轮，每轮 3～14 花；花萼膨大成半球形，果时增大；花冠淡蓝紫或玫瑰红色，裂片先端 2 深裂（图 1-8）。

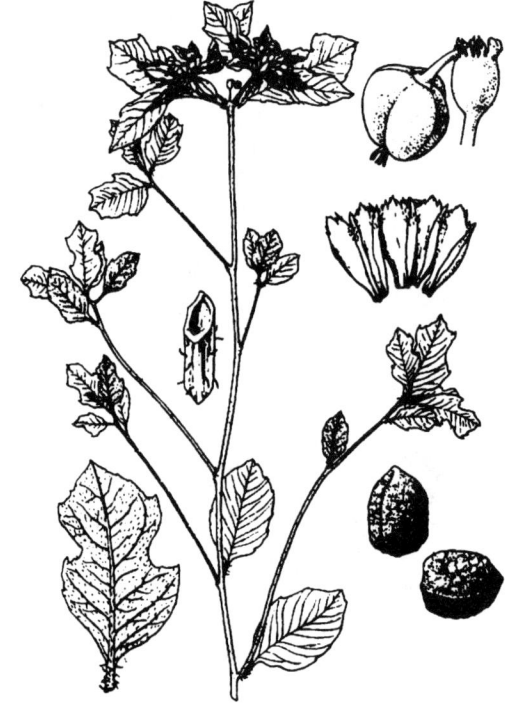

图 1-7 猩猩草（傅立国等，《中国高等植物》，2000 年）

图 1-8 藏报春（傅立国等，《中国高等植物》，2000 年）

9. 蔷薇科（Rosaceae）

科的特征：草本、灌木或乔木，常有刺及皮孔；叶互生，单叶或复叶，托叶常附生于叶柄上而成对。花两性，辐射对称，五基数，花托隆起或凹陷；花萼 5 枚；花瓣 5 片，分离；雄蕊多数，花丝分离；雌蕊由 1 至多枚心皮构成，子房上位或下位。核果、梨果、聚合果或蓇葖果；种子无胚乳。

识别要点：叶互生，常有托叶；花两性，辐射对称，五基数，花托凸隆至凹陷；核果、梨果、聚合果或蓇葖果。

分类概况：蔷薇科约120属，3400种，分布全世界，北温带较多。我国有55属，900余种，全国均有分布。本科富含果树和观赏植物，是一个经济价值极高的大科。分为四个亚科：

（1）绣线菊亚科（Spiraeoideae）：灌木，常无托叶；心皮1～5，分离，子房上位，周位花；蓇葖果。

代表植物：麻叶绣线菊（*Spirea cantoniensis* Lour.），灌木，冬芽具数枚外露芽鳞。伞形花序具多花，花白色；花梗、花萼无毛；雄蕊20～28；子房无毛。蓇葖果直立开张，无毛（图1-9）。

（2）蔷薇亚科（Rosoideae）：木本或草本，叶互生，托叶发达；周位花，心皮多数，分离，着生于凹陷或突出的花托上，子房上位；聚合果。

代表植物：月季（*Rosa chinensis* Jacq.），灌木，直立丛生。枝仅具钩状皮刺。小叶3～5，托叶边缘有腺状睫毛（图1-10）。

图1-9　麻叶绣线菊（傅立国等，《中国高等植物》，2000年）

图1-10　月季（傅立国等，《中国高等植物》，2000年）

（3）苹果亚科（Pomoideae）：乔木或小乔木，单叶互生，有托叶；子房下位；梨果。

代表植物：苹果（*Malus pumila* Mill.），叶边有圆钝锯齿。花柱5。果柄短，萼洼下陷，萼片宿存（图1-11）。

（4）李亚科（Prunoideae）：木本，单叶互生，有托叶，叶基常有腺体；花托凹陷或杯状，心皮1个，子房上位；核果。

代表植物：李（*Prunus salicina* Lindl.），落叶乔木。小枝、叶、花梗、萼筒无毛。花常3朵簇生，花瓣白色。核果柄凹陷入，被蜡粉（图1-12）。

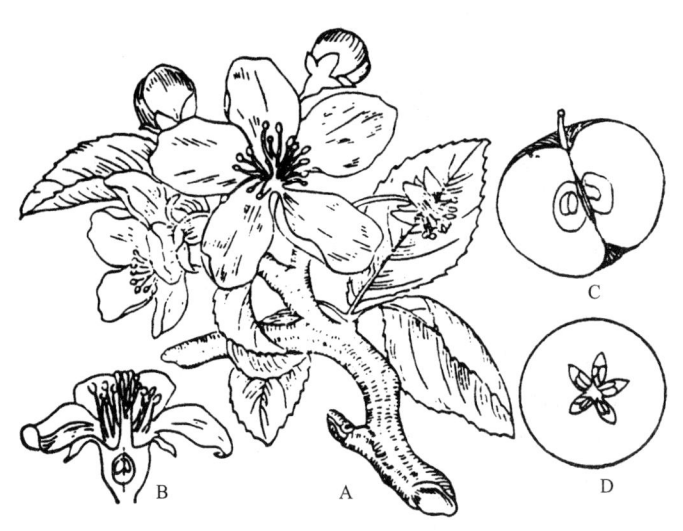

图 1-11　苹果　（徐汉卿，《植物学》，1994 年）

A—花枝；B—花纵剖；C—果纵切面；D—果横切面

10. 豆科（Leguminosae）

科的特征：草本、灌木或乔木，有时为藤本，常有根瘤；单叶或复叶，互生，有托叶，叶枕发达。花两性，辐射对称或两侧对称，五基数；花萼 5 枚，基部结合；花瓣 5 枚，分离或稍连合；雄蕊多数至定数，常 10 个，花丝分离或结合；雌蕊由 1 心皮组成，1 室，子房上位，有多数胚珠。荚果，开裂或不裂；种子无胚乳，子叶发达。

识别要点：常有根瘤；单叶或复叶互生，有托叶，叶枕发达；荚果。

分类概况：豆科约 650 属，18000 种，是双子叶植物中的第二大科和被子植物中的第三大科；我国有 151 属，1200 种。本科在哈钦松系统和克朗奎斯特系统中已独立成三个科（含羞草科、苏木科和蝶形花科）；而在恩格勒系统中仍作一科，下分三个亚科。

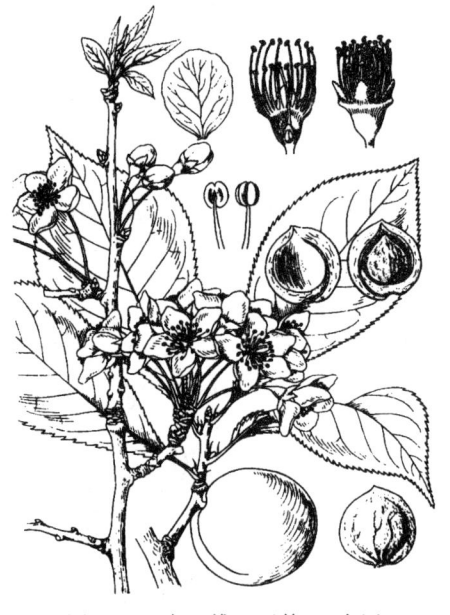

图 1-12　李（傅立国等，《中国高等植物》，2000 年）

含羞草亚科（Mimosoideae）：木本或草本，一至二回羽状复叶，有托叶。花辐射对称；花瓣镊合状排列，中下部常合生；雄蕊 4 至多数，分离；心皮 1 个，子房上位。荚果。

代表植物：合欢（*Albizia julibrissin* Durazz.），落叶乔木。二回羽状复叶，总叶柄近基部及最顶一对羽片着生处各有 1 腺体；小叶中脉紧靠上缘。花粉红色（图 1-13）。

苏木亚科（Caesalpinioideae）：木本，单叶或复叶，互生；花两侧对称，花冠假蝶形；雄蕊 10 枚，分离；心皮 1 个，子房上位；荚果。

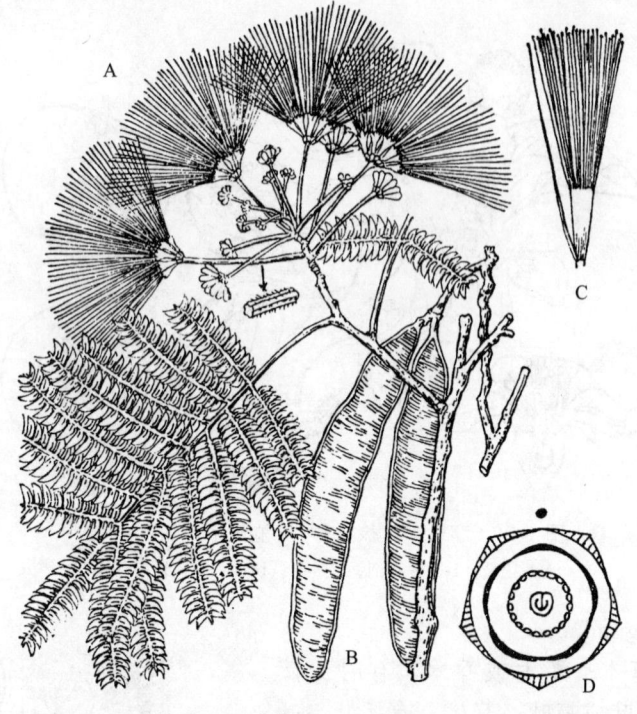

图 1-13　合欢（吴国芳等，《植物学（下册）》，1991 年）
A—花枝；B—果枝；C—雄蕊及雌蕊；D—花图式

代表植物：紫荆（*Cercis chinensis* Bunge.），叶基心形，花簇生，无总花梗；花紫红色或粉红色（图 1-14）。

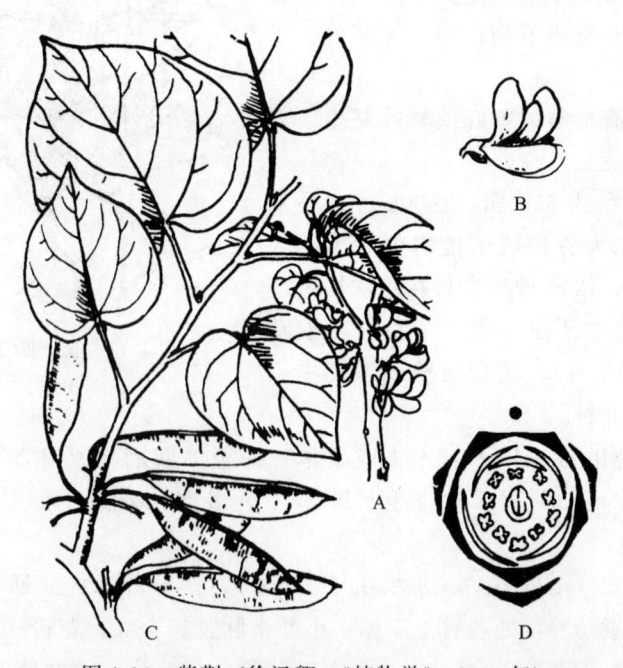

图 1-14　紫荆（徐汉卿，《植物学》，1994 年）
A—花枝；B—花；C—果枝；D—花图式

蝶形花亚科（Papilionatae）：木本至草本；单叶、三出复叶或1至多回羽状复叶；有托叶，叶枕发达；花两侧对称，蝶形花冠；二体雄蕊；荚果。

代表植物：槐（*Sophora japonica* Linn.），落叶乔木，小枝绿色。叶柄基部膨大，芽隐藏于叶柄基部。圆锥花序顶生。荚果念珠状，不开裂（图1-15）。

11. 杨柳科（Salicaceae）

科的特征：木本，单叶互生，有托叶。花单性，雌雄异株，柔荑花序；无花被，有花盘或腺体；雄花有雄蕊2至多数，离生；雌花的雌蕊由2心皮构成，1室，侧膜胎座。蒴果；种子小，无胚乳，基部有长毛。

识别要点：木本，单叶互生；雌雄异株，柔荑花序；无花被，有花盘或腺体；蒴果；种子有长毛。

分类概况：杨柳科约3属，450种，主产北温带；我国有3属，225种，全国分布，许多种类为优良的造林树种。

代表植物：旱柳（*Salix matsudana* Koidz.），落叶乔木，小枝直立或开展。花序先叶开放，雄蕊2；子房2室，无毛；雌花及雄花在背腹面各有1腺体（图1-16）。

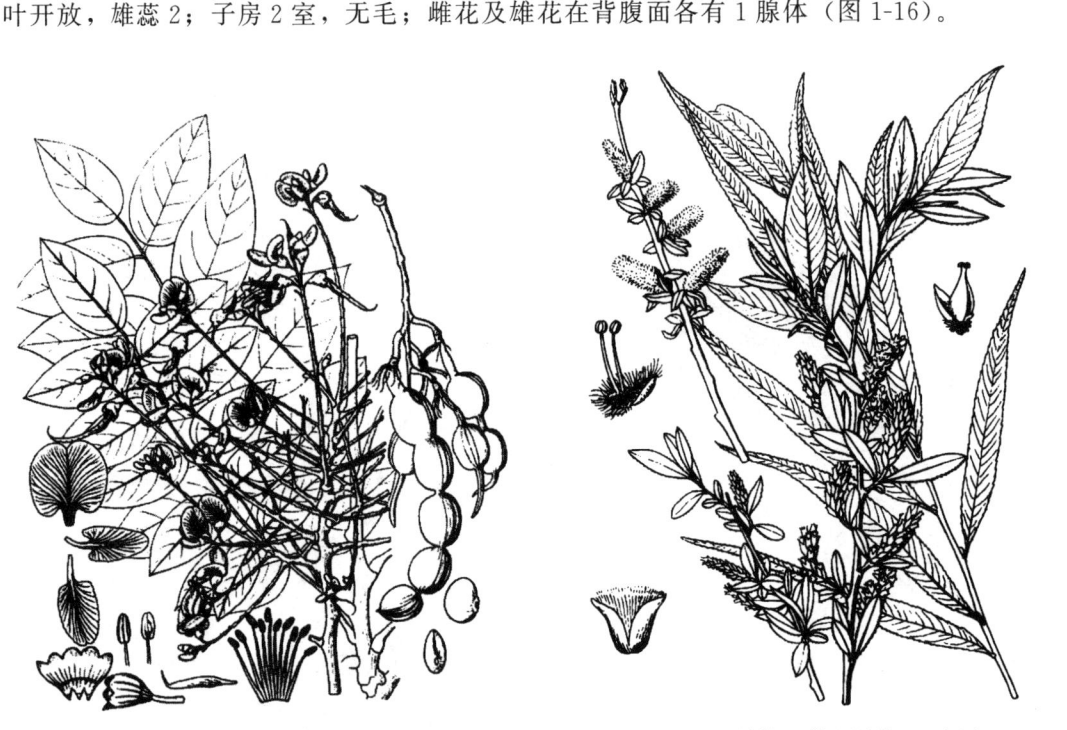

图1-15 槐（傅立国等，《中国高等植物》，2000年）

图1-16 旱柳（傅立国等，《中国高等植物》，2000年）

12. 杜鹃花科（Ericaceae）

科的特征：灌木、少乔木。单叶互生，多全缘，无托叶。两性花，花冠整齐或稍不整齐，单生、簇生或组成花序；花萼4～5裂，宿存；花冠合瓣，4～5裂；雄蕊常2倍于花冠裂片，花药常孔裂，除杜鹃花属外，花药常有附属体；雌蕊心皮4～5，子房上位，中轴胎座，胚珠多数。多为蒴果，少浆果。

识别要点：常为灌木，单叶互生；花冠整齐或稍不整齐，雄蕊常2倍于花冠裂片，花药孔裂；雌蕊心皮4～5，中轴胎座。蒴果。

分类概况：本科约103属，3350种，除沙漠地区外，广布于南、北半球温带及北半球亚寒带。我国有15属，750余种。本科的许多属、种是著名的园林观赏植物。

代表植物：杜鹃（*Rhododendron simsii* Planch.），灌木，幼枝被黄褐色糙伏毛。花2～6朵簇生枝顶，鲜红色，基部有深红色斑点（图1-17）。

13. 桑科（Moraceae）

科的特征：乔木或灌木，稀草本或藤本，常有乳汁；单叶互生，托叶早落。花小，单性，雌雄同株或异株，集成穗状花序、聚伞花序、柔荑花序、头状花序或隐头花序；雄花单被，花萼4～6枚，雄蕊与萼片同数对生；雌花单被，花萼4～6枚，雌蕊由2心皮结合而成，子房上位，1室。聚花果或瘦果。

识别要点：木本，单叶互生，常有乳汁。花小，单性，单被，集成各式花序；雄蕊与萼片同数对生；子房上位。聚花果。

分类概况：桑科约53属，1400多种，主产热带和亚热带；我国有10属，149种，主产长江流域以南各省区。

代表植物：桑（*Morus alba* Linn.），叶卵形或广卵形，基部圆形或浅心形，不裂或2～5深裂。花单性异株，雌、雄花序均为柔荑花序，腋生。聚花果熟时紫黑色或白色（图1-18）。

图1-17 杜鹃（傅立国等，《中国高等植物》，2000年）

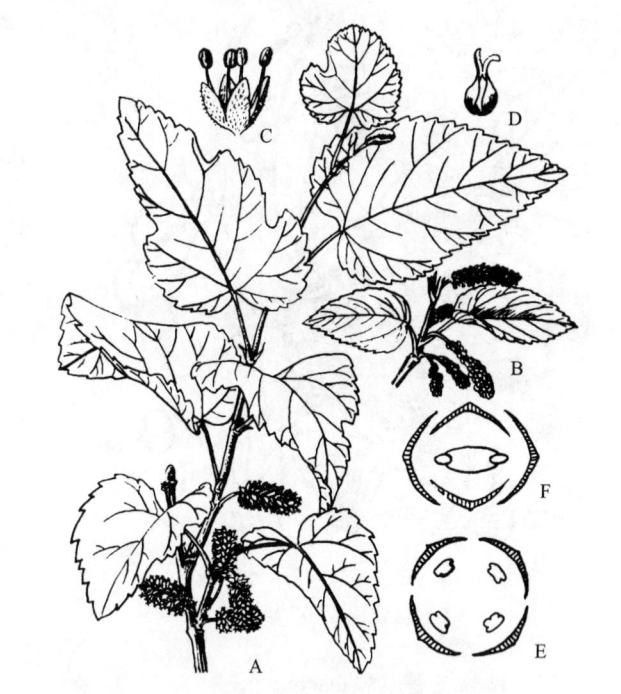

图1-18 桑（周云龙，《植物生物学》，1999年）
A—雌枝；B—雄枝；C—雄花；D—雌花；E—雄花花图式；F—雌花花图式

14. 菊科（Compositae）

科的特征：草本、半灌木或灌木，稀乔木，有乳汁管和树脂道；叶互生，稀对生或轮生；单叶，稀复叶，无托叶。花两性或单性，头状花序单生或排列成总状、聚伞状、伞房状或圆锥状；头状花序可全由筒状花或舌状花组成，也可中间是筒状花而边缘是舌状花；萼片不发育，常变态成冠毛、刺毛或鳞片状；花冠合瓣，辐射对称或两侧对称，形态多样；雄蕊5个，着生于花冠筒上，为聚药雄蕊；雌蕊由2心皮组成，子房下位，1室1胚珠。连萼瘦果，常有冠毛或鳞片；种子无胚乳。

识别要点：草本。花两性或单性，头状花序；雄蕊5个，聚药雄蕊；子房下位，1室1胚珠。连萼瘦果，常有冠毛或鳞片。

分类概况：菊科是被子植物的第一大科，约1000属，2.5万～3万种，主要分布于北温带，可分为2亚科，13簇；我国有2亚科，12簇，230属，2300种。

代表植物：向日葵（*Helianthus annuus* Linn.），原产北美。一年生草本。叶互生，心脏卵圆形或卵圆形，两面被糙毛。头状花序径10～30cm，单生茎顶或枝端，常下垂；舌状花多数，黄色，不结实，管状花极多，结实。瘦果顶端有2膜片状早落冠毛（图1-19）。

图1-19　向日葵（周云龙，《植物生物学》，1999年）

A—植株；B—头状花序纵切；C—舌状花；D—管状花；E—聚药雄蕊；F—瘦果；G—瘦果纵剖；H—花图式

15. 唇形科（Labiatae）

科的特征：草本，稀灌木，常含芳香油；茎四棱形；单叶，偶为复叶，对生或轮生，无托叶。花两性，两侧对称，腋生聚伞花序构成轮伞花序，再组成穗状或总状花序；花萼5裂，或呈二唇形，常上唇3下唇2，宿存；花冠合瓣，二唇形，上唇2下唇3，稀单唇形或花冠裂片相等，花冠筒内常有毛环；雄蕊4枚，二强雄蕊，稀2枚；花盘下位，肉质，全缘或 2～4 裂；雌蕊由 2 心皮组成，子房上位，浅裂或深裂为 4 室，每室有 1 直立的倒生胚珠，花柱常生于子房裂隙的基部。果实为 4 个小坚果，种子有少量胚乳或无胚乳。

识别要点：草本，茎四方形；单叶对生，含芳香油；轮伞花序；唇形花冠；二强雄蕊；四分子房；四个小坚果。

分类概况：本科约 220 属，3500 种，广布全世界；我国有 97 属，800 余种，全国分布。本科是药用植物的宝库。

代表植物：益母草（*Leonurus japonicus* Houtt.），草本。茎四轮；叶 3 裂。轮伞花序具 8～15 花；花冠唇形，白、粉红或淡紫红色，被柔毛；雄蕊 4。坚果长圆状三棱形（图 1-20）。

图 1-20　益母草（周云龙，《植物生物学》，1999 年）

A—植株；B—基生叶；C—茎下部叶；D—花；E—花冠展开；F—雌蕊；G—花萼展开；H—小坚果；I—花图式

16. 木犀科（Oleaceae）

科的特征：木本，叶对生、轮生，单叶或羽状复叶，无托叶。花两性或单性，整齐，2～3 基数；花瓣 4～6 片合生；雄蕊 2 枚，常生于花冠筒上；心皮 2，合生，子房上位，2 室，每室常 2 胚珠，中轴胎座。核果、蒴果、浆果或翅果。胚乳有或无。

识别要点：木本，叶常对生，无托叶。花整齐，花被常 4 裂；雄蕊 2；心皮 2，合生，子房上位。核果、蒴果、浆果或翅果。

分类概况：本科约 23 属，400 种，广布于热带至温带地区。我国有 11 属，约 150 种。多数种类被栽培观赏。

代表植物：木犀榄（*Olea europaea* Linn.），常绿小乔木，小枝近四棱形，密被银白色鳞片。叶对生，下面密被银白色鳞片。圆锥花序顶生或腋生；花芳香，白色；雄蕊 2。核果椭圆形（图 1-21）。

17. 百合科（Liliaceae）

科的特征：多年生草本或灌木；常具鳞茎、球茎、根状茎、块根；单叶。花两性，稀单性，辐射对称；花被 6 枚，排成两轮；雄蕊 6 枚，与花瓣对生，花丝分离或合生；雌蕊由 3 心皮组成，子房上位，3 室，中轴胎座。蒴果或浆果；胚直或弯，胚乳丰富。

识别要点：多年生草本或灌木；常具鳞茎、球茎、根状茎、块根。花被 6 枚，排成两轮；雄蕊 6 枚，与花瓣对生；子房上位，3 室。蒴果或浆果。

分类概况：本科约 200 属，2800 种，广布全世界；我国有 54 属，334 种，主产西南地区。对于本科的分类，不同学者间意见分歧很大：恩格勒维持完整的百合科；哈钦松则主张将百合科分成几个独立的科。本教材从恩格勒系统。

代表植物：百合（*Lilium brownii* F. E. Brown ex Miellez var. *viridulum* Baker），草本，具鳞茎。叶倒披针形或倒卵形。花喇叭形，有香气；花被 6，蜜腺两侧有小乳突状突起；雄蕊 6，花丝中部以下密被柔毛（图 1-22）。

图 1-21 木犀榄（傅立国等，《中国高等植物》，2000 年）

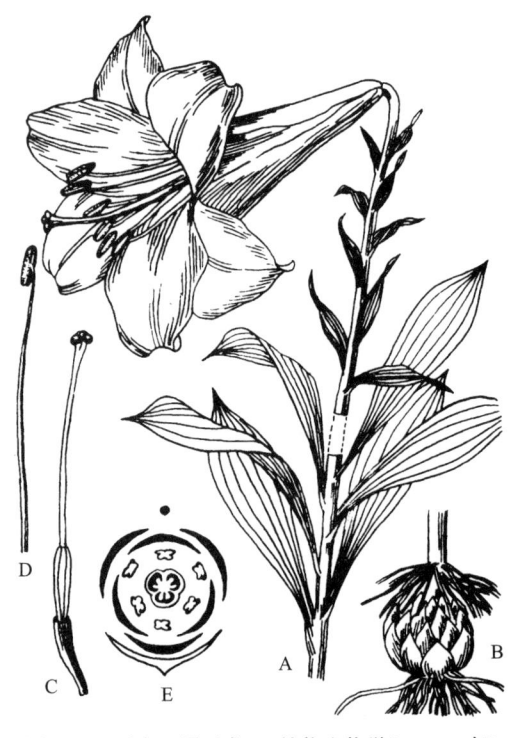

图 1-22 百合（周云龙，《植物生物学》，1999 年）
A—植株；B—鳞茎；C—雌蕊；D—雄蕊；E—花图式

18. 棕榈科（Palmae）

科的特征：乔木或灌木，单干直立不分枝，稀为藤本；叶大，常绿，互生，掌状分裂或羽状复叶，多集生于树干顶部或在藤本中散生，叶柄基部常扩大成纤维状的鞘。花小，淡黄绿色，两性或单性，同株或异株，组成分枝或不分枝的肉穗花序，外包 1 至数枚大型佛焰苞；花被片6，排成两轮，分离或合生；雄蕊6枚，2轮，花丝分离或基部连合成环；雌蕊由3心皮组成，分离或不同程度连合，子房上位，1～3室，每室有1胚珠。核果或浆果，外果皮肉质或纤维质；种子与内果皮分离或黏合，胚乳丰富，均匀或嚼烂状。

识别要点：木本，树干不分枝，大型叶集生树顶；肉穗花序，外被佛焰苞；花3基数；核果或浆果。

分类概况：本科约215属，2500多种，主要分布于热带和亚热带地区；我国有22属，约70种，分布于云南、广东、广西和台湾等省区。

代表植物：棕榈（*Trachycarpus fortunei* （Hook. f.） H. Wendl.），叶掌状分裂，叶柄两侧密生细齿。佛焰花序圆锥状，佛焰苞多数，被锈色绒毛；花雌雄异株；花萼、花冠均3裂；雄蕊6枚；柱头3。核果（图1-23）。

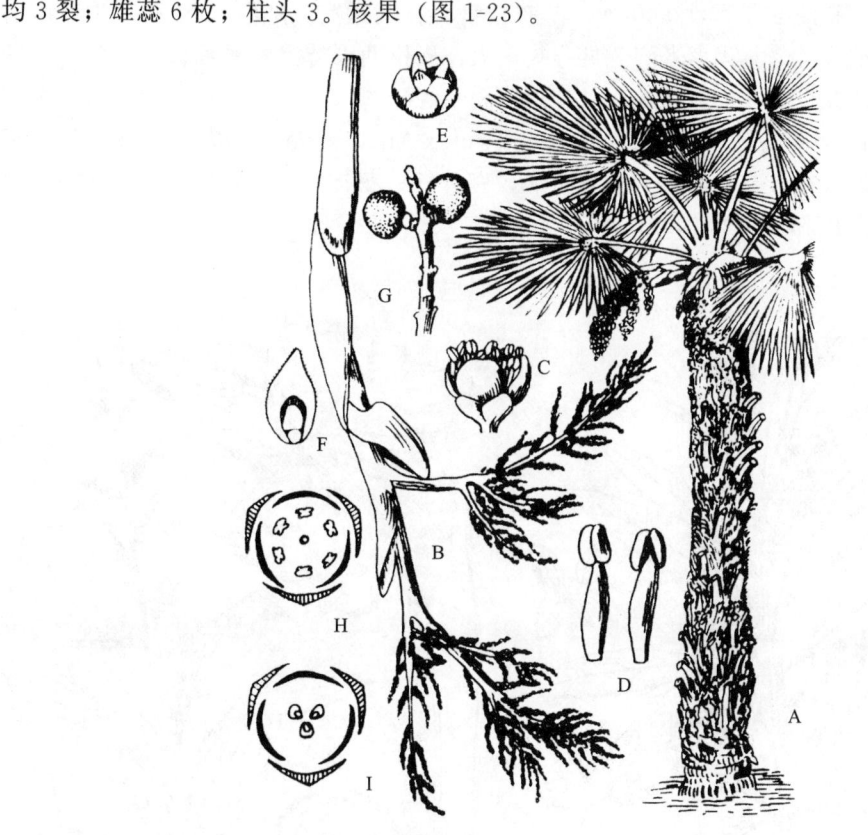

图1-23　棕榈（周云龙，《植物生物学》，1999年）

A—植株；B—雄花序；C—雄花；D—雄蕊；E—雌花；F—子房纵切；G—果实；

H—雄花花图式；I—雌花花图式

19. 禾本科（Graminae）

科的特征：草本，稀木本，有或无地下茎；地上茎称为秆，空心，圆形，有节，稀实心；单叶互生，常2列；叶分为叶鞘和叶片两部分，有些种类在两者连接处还有叶舌和叶耳；叶片条形或线形，具平行脉；叶鞘包着秆，常在一边开裂。各式花序以小穗为基本单位；每1小穗由内外颖和数朵小花组成；每1小花又有内外稃各1枚、浆片2～3枚、雄蕊3或6枚及1枚由2～3心皮组成的子房上位的雌蕊。颖果；种子含丰富的淀粉质胚乳，基部有1细小的胚。

识别要点：草本，稀木本；秆空心，圆形，有节，稀实心；单叶互生，常 2 列，叶鞘开裂。各式花序以小穗为基本单位；颖果。

分类概况：禾本科为被子植物的第四大科，约 650 属，10000 种，广布全世界；我国有 200 属，1200 种。一般可分为竹亚科和禾亚科 2 个亚科。

代表植物：小麦（*Triticum aestivum* Linn.），秆丛生。叶片披针形，叶舌、叶耳小。穗状花序顶生，小穗具 3～9 朵小花；外稃具芒；内稃与外稃等长。颖果腹面具纵沟，顶有毛（图 1-24）。

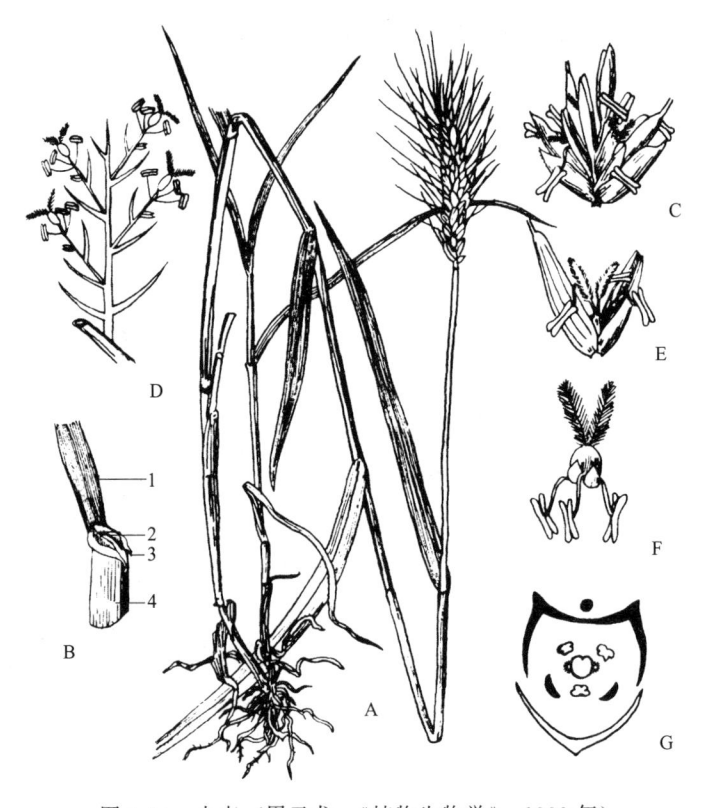

图 1-24 小麦（周云龙，《植物生物学》，1999 年）

A—植株；B—叶（1—叶片；2—叶舌；3—叶耳；4—叶鞘）；C—小穗；D—小穗模式图；

E—小花；F—除去稃片的小花；G—花图式

20. 兰科（Ochidaceae）

科的特征：陆生、附生或腐生草本，常具根状茎或块茎，具气生根；茎直立、悬垂或攀缘，常在基部或全部膨大为假鳞茎；叶互生、对生或轮生，常肉质或退化成鳞片状。花单生或形成各种花序；花两性，两侧对称；花被片 6 枚，外轮 3 片萼片状，内轮 3 片花瓣状，其中间向轴的 1 片形状奇特称为唇瓣（labellum），唇瓣基部囊状或有距；雄蕊 1～2枚，与花柱、柱头连合成合蕊柱（columna），花粉结合为花粉块；雌蕊由 3 心皮构成，子房下位且常作 180°扭转，1 室，侧膜胎座。蒴果；种子多，无胚乳。

识别要点：草本；花两侧对称，有唇瓣；雄蕊与雌蕊结合成合蕊柱；花粉结合为花粉块；子房下位，3 心皮 1 室；蒴果。

分类概况：兰科约 700 属，20000 种，广布于热带、亚热带和温带地区，是被子植物的第二大科；我国有 166 属，1100 种，主要分布于长江流域及以南各省区。本科中有许多著名的观赏植物和名贵药材，经济价值较高。

代表植物：建兰（*Cymbidium ensifolium*（Linn.）Sw.），地生植物。叶 2～4（6）枚，前部边缘有时有细齿。花葶自假鳞茎基部发出，常短于叶；总状花序具 3～9（13）朵花；花序上部的苞片短于子房，花被多淡黄绿色（图 1-25）。

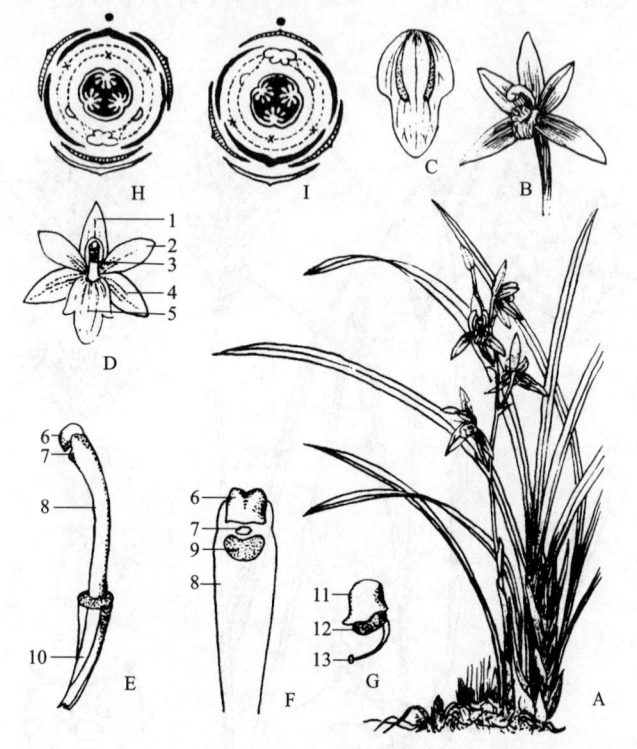

图 1-25　建兰及兰属花的构造（周云龙，《植物生物学》，1999 年）

A～C—建兰（A—植株；B—花；C—唇瓣）；D—兰属的花被片及各部分示意图（1—中萼片；2—花瓣；
3—合蕊柱；4—侧萼片；5—唇瓣）；E—子房和合蕊柱（6—花药；7—蕊喙；8—合蕊柱；10—子房）；
F—合蕊柱（6—花药；7—蕊喙；8—合蕊柱；9—柱头）；G—花药（11—药帽；12—花粉块；
13—黏盘）；H—兰亚科花图式（子房扭转前）；I—兰亚科花图式（子房扭转后）

第五节　重庆地区及长江流域城市常见园林植物简介

园林植物的分布具有地域性，本教材介绍的园林植物主要是重庆市及四川盆地区域常见的园林植物，其中多数植物也是长江流域或我国亚热带地区城市中常见的园林植物。

一、针叶树

1. 金钱松（*Pseudolarix amabilis*（Nelson）Rehd.）

松科，金钱松属。落叶乔木，枝干开展，树冠塔形。叶在长枝上旋生，在短枝上簇生，向四方平展呈圆盘形，叶扁平，柔软，条形，背面有蓝绿色气孔带。球果卵形，苞鳞小，不露出，成熟时与种鳞一齐自中轴散落。

我国特有，分布于江苏、浙江、安徽、福建、江西、湖北、湖南、四川等省。花卉园、景观带等有栽培。性喜光，在温暖湿润气候生长良好，但亦能耐-20℃低温，不耐旱亦不耐水湿，以深厚、肥沃、微酸性土壤生长良好。播种繁殖。

本树为稀有、极美的观赏树，是世界五大园景树之一。它树高干直，短枝上簇生的叶展开作圆盘形，极美，入秋后转金黄色，更引人注目。孤植最能体现其风姿。

2. 水杉（*Metasequoia glyptostroboides* Hu et Cheng）

杉科，水杉属。落叶乔木，树冠尖塔形。冬芽、小枝、叶均对生或近对生而极易识别。叶条形，扁平，在小枝上排为整齐的两列，入冬与无芽小枝一同脱落。雄球花多数集成顶生穗状或圆锥状。球果单生，下垂，种鳞盾状，背腹扁，能育者有种子5～9枚；种子扁平，周围有窄翅。

我国特有，产于湖北、湖南、重庆等省市交界处一带海拔750～1620m间。重庆各地有栽培。水杉喜光，既耐热又抗寒，在年均温12～20℃，降水丰富地区生长最佳，但对气候适应性广，能抗-35℃严寒及南方炎热气候。宜土层深厚、肥沃及排水良好的土壤，土壤干燥或排水不良均生长差。播种及扦插繁殖。

水杉生长迅速，幼树及中年树树冠尖塔形，叶落前转砖红色，有很好的观赏价值。是河堤、广场、路旁、草地的优良绿化树种，也可与其他树种混植，其树冠常高出于群木之上，形成更有风采的树冠线。

3. 池杉（*Taxodium ascendens* Brongn.）

杉科，落羽杉属。落叶乔木，树冠圆锥形或圆柱形，干基膨大，生水湿地者有明显的膝屈状呼吸根；大枝向上斜伸，侧生无芽小枝入冬与叶齐落。叶钻形，螺旋状排列，背面中脉隆起成棱脊，秋叶棕红色。

原产北美及墨西哥，重庆市主城区有栽培。强阳性树种，喜暖热湿润气候，极耐水湿，在深厚、含腐殖质丰富的微酸性土壤中生长良好。播种及扦插繁殖。

池杉为速生树种，树形优美，枝叶秀丽，叶落前转棕红色，是良好的秋色叶树种，是水边、湿地的理想树种，列植、群植为宜。

4. 雪松（*Cedrus deodora*（Roxb.）G. Don）

松科，雪松属。常绿乔木，树冠塔形，侧枝近平展，小枝常下垂。叶针形，3棱，稀4棱。球果卵形，成熟种鳞自中轴脱落。

原产喜马拉雅山西部。重庆各地有栽培。雪松喜温暖湿润气候，但能耐短期-25℃低温，喜光，浅根性，不耐水湿。播种或扦插繁殖。

雪松树形优美，为世界五大园景树之一，宜孤植或稀疏列植，以体现其优美树姿。

5. 柳杉（*Cryptomeria japonica* var. *sinensis* Miq.）

杉科，柳杉属。常绿乔木，叶钻形，先端内弯；球果种鳞约20枚，种鳞先端的裂齿及苞鳞尖头较短，长约3mm，每种鳞有种子2粒。

我国特有种，产于浙江、福建、江西及四川等省。南方各大城市及大连、郑州等地有栽培。柳杉喜温暖湿润，稍耐寒耐阴，在深厚、肥沃土壤中生长良好。抗空气污染力强。播种繁殖。

柳杉树冠整齐、枝叶茂密，片植时几乎能遮断全部直射日光，是优良的庭荫树种，孤植、丛植、片植、列植均宜。它抗污染且能净化空气，是城市及工矿区较好的树种。

6. 南洋杉 (*Araucaria cunninghamia* Sweet)

南洋杉科，南洋杉属。常绿乔木，侧枝轮生。叶小，幼树及侧枝叶排列疏松，钻形、针形或三角形，大树及果枝上的叶排列紧密而叠盖，卵形、三角形。球果苞鳞尖头显著向后反曲，种子两侧有翅。

原产大洋洲。喜温暖高湿，耐轻微霜冻，喜光，稍耐阴。土壤以肥沃的沙质壤土为佳。播种繁殖。

南洋杉树姿优美，为世界五大园景树之一。宜孤植于开阔地带。

7. 侧柏 (*Platycladus orientalis* (Linn.) Franco)

柏科，侧柏属。常绿乔木，多次分枝的小枝排为一平面，向上或斜伸，不水平伸展；小枝脱落后，基部一对鳞叶残存枝上。鳞叶交叉对生，二型，基部下延，中央叶露出部分倒卵状菱形，背面中央有条状腺槽，两侧叶先端渐尖，背部有钝脊，雌球花被白粉。球果当年成熟，种鳞扁，背部近先端处有尖头，中部能育种鳞具种子1～2粒；种子有棱无翅。

在我国分布广泛，除黑龙江、新疆、青海、宁夏及台湾外，其余各省、直辖市、自治区均产。在沈阳以南生长良好，哈尔滨冬季需防寒。侧柏适应力强，能耐−25℃低温，在年雨量300mm的干旱气候及含盐0.2%的土壤中亦能生存。树龄长，我国寺庙、陵园、墓地及庭园中常有1000年以上古树，如北京的天坛、曲阜的孔庙中均有成片的侧柏与圆柏林；泰山岱庙的"汉柏"、陕西轩辕庙的"轩辕柏"均负盛名。侧柏耐修剪，稍耐阴，亦可作绿篱。

播种繁殖。

8. 圆柏 (*Juniperus chinensis* Linn.)

柏科，刺柏属。常绿乔木，幼树树冠尖塔形，老树广圆形；生鳞叶小枝圆柱形或微四棱形。幼树全为刺叶，轮生或对生，排列较疏，腹面微凹，有白色气孔带，随植株年龄增长逐渐过渡为鳞叶，壮年树常刺叶与鳞叶并存，老树则全为鳞叶；鳞叶对生或兼3叶轮生，先端钝，背部有1长条形或近椭圆形腺体，干后下凹。雌雄异株，稀同株，球果近圆球形。

播种及扦插繁殖。

原产东亚。我国分布极广，除东北北部及西北北部外，各省、直辖市、自治区均有分布或栽培。适应力强，喜光又耐阴，耐寒又抗热，在酸性、中性、石灰性土壤中均能生长，但以在微酸性或中性的深厚土壤中生长最好，对空气污染有一定抗性。生长速度中等，树龄长。

圆柏枝叶浓密、树形优美、四季苍绿、抗性强而寿长，我国庭园中应用广泛。在许多寺庙、陵园、墓地中常能见到一些古圆柏，如北京的天坛、中山公园，曲阜的孔庙，泰山的炳灵殿，苏州的冯异祠，重庆的缙云寺等处均有几百年或上千年的古圆柏。圆柏耐阴，又耐修剪，是作绿篱或造型的优良树种。

圆柏的栽培品种很多，在习性、树形、枝叶、色泽方面均富多样性。重庆市园林中常见的有：

龙柏（'Kaizuka'），高达5m，树冠柱状塔形，枝向一方扭转斜上，形似"龙抱柱"，故名。在枝端小枝上密集着生，方形，全为鳞叶，色黄绿。

塔柏（'Pyramidalis'），高达6m，有明显主干，树冠窄柱状塔形，叶以刺叶为主，

对生及轮生，兼有一些鳞叶。为栽培最普遍的品种。

9. 福建柏（*Fokenia hodginsii*（Dunn.）Henry et Thoms.）

柏科，福建柏属。常绿乔木，小枝扁排为一平面。鳞叶 4 枚轮生排成明显节状，背面两侧各有明显白色气孔带。球果种鳞盾状，能育种鳞具种子 2 粒。

我国特产。重庆市有少量栽培。喜温暖湿润，较耐阴，耐干旱与瘠薄，生长缓慢。播种繁殖。

树形优雅，极富观赏价值。

10. 罗汉松（*Podocarpus macrophyllus*（Thunb.）D. Don）

罗汉松科，罗汉松属。常绿乔木，叶螺旋状排列，条状披针形，中脉两面突起，种子单生叶腋，被白粉，种托熟时膨大，紫红色。

扦插与播种繁殖。

我国长江流域以南的庭园、寺庙中多有栽培。

二、落叶阔叶乔木

1. 银杏（*Ginkgo biloba* Linn.）

银杏科，银杏属。落叶乔木，有长枝短枝之分。叶扇形，叶脉二叉分枝，长枝之叶中部有缺裂，短枝之叶通常不裂。雌雄异株，球花生于短枝，雄球花柔黄花序状，雄蕊多数；雌球花有长柄，柄端二叉，各叉先端生 1 胚珠。种子核果状，杏黄色。3～4 月开花，9～10 月种熟。

我国特产。银杏科在中生代三叠纪、侏罗纪曾广布于北半球，约有 15 属以上，第四纪冰期后在中欧及北美绝灭，仅存化石。孑遗于我国的 1 种称为活化石。现广泛栽培于气候适宜的世界各地，我国沈阳地区为栽培北界，华北、华东、西南地区不乏千年老树。

喜光。要求温带凉爽气候，稍耐旱，不耐严寒及全年湿热；在土层深厚、湿润肥沃、排水良好之地生长最佳。深根性，在立地条件优越处生长颇速。在干燥瘠薄的石质山地难以成活。

主要用播种繁殖，也可扦插及嫁接繁殖。

该树种姿态雄伟，叶形奇特，浓荫如盖，秋色金黄，是绿荫树中之佼佼者。

2. 垂柳（*Salix babylonica* Linn.）

杨柳科，柳属。落叶乔木，小枝细长下垂。叶互生，披针形或线状披针形，边缘有腺状细锯齿。雄花具雄蕊 2，在腹面、背面各有 1 腺体；雌花子房无柄，仅腹面具一矩圆形腺体。3～4 月开花，5～6 月果熟。

原产我国。现在我国有广泛分布或栽培。以长江流域为中心，南至广东，西至四川，北至华北平原，东北南部有少量栽培。喜光。温带树种，耐水湿，多生于水边或湿润之地，对土壤酸度不敏感，在石灰性土壤上亦能生长。速生。播种及扦插繁殖。

3. 加杨（*Populus canadensis* Moench.）

杨柳科，杨属。落叶乔木，高 30m。叶三角形，基部截形，边缘有钝锯齿，叶缘近叶柄处或叶柄先端有时具腺体。花期 3～4 月。

为三角叶杨和黑杨的杂交种，重庆市有栽培。性喜冷凉至温暖，忌高温，生长适温 12～25℃。喜光，土壤以排水良好的沙质壤土为佳。播种、扦插繁殖。

生长迅速，姿态优美，绿荫宜人，秋冬落叶前叶黄色，适宜作园景树和行道树。

4. 黄葛树（*Ficus virens* Ait.）

桑科，榕属。落叶大乔木，有时具气根。叶互生，全缘；花序托单生或2～3个簇生于老枝上，无总梗。隐花果近球形，熟时黄或红色。花期5～6月。

产于湖北、广东、广西、重庆、四川、贵州、云南等省、自治区、直辖市。

较喜光，不耐干旱，在深厚肥沃略呈酸性的土壤上生长佳。根系发达，有护坡固岸作用。扦插或种子繁殖。

本种树大荫浓，常用作行道树及庭荫树。

5. 玉兰（*Magnolia denudata* Desr.）

木兰科，木兰属。落叶小乔木，冬芽密被黄绿色长绒毛，小枝灰褐色。叶倒卵形或倒卵状矩圆形，先端突尖。花单生枝顶；花被片9，白色，芳香。聚合蓇葖果发育不齐。花期3～4月，10月果熟。

分布于我国华东、华中各地山区，浙江天目山、江西庐山、湖南衡山均有自生者。在黄河流域以南广泛栽培。喜光，适生于温带至暖温带气候，休眠期能抗－20℃低温。要求肥沃湿润土壤，根肉质，忌积水，有较强萌芽力。

播种或嫁接繁殖。

该树种为我国传统名花。早春先叶开花，满树皆白，晶莹如玉，幽香似兰，故以玉兰名之，十分贴切。在庭园中不论窗前、屋隅、路旁、岩际，均可孤植或丛植，在大型园林中更可辟为玉兰专类园，则开花时玉树成林，琼花无际，必然更为诱人。

同属落叶种类常见的还有二乔玉兰 *Magnolia×soulangeana* Soul.-Bod.：为玉兰与辛夷的杂交种，适应性更强。

6. 二球悬铃木（法国梧桐）（*Platanus acerifolia*（Ait.）Willd.）

悬铃木科，悬铃木属。落叶乔木，树皮光滑，苍白色，常成大块薄片剥落。叶掌状3～5裂，聚花果通常二枚成一串，5月开花，9～10月果熟。

为世界著名的绿荫树或行道树。我国在北京以南各地广泛栽培。

喜光。温带树种，休眠期抗－20℃低温，在深厚肥沃的土壤中生长迅速，树势强壮。

7. 枫香树（*Liquidambar formosana* Hance）

金缕梅科，枫香属。落叶乔木，树皮不规则深裂，冬芽紫色，有光泽。叶通常3裂，裂片边缘有细锯齿；托叶线形。雌雄花分别形成头状及短总状花序；花无瓣；雄蕊多数。果序下垂，具多数鳞片及由花柱变成的刺状物。4～5月开花，10月果熟。

分布于我国长江流域以南各地及台湾，西至四川中部，西南至贵州西部及云南东南部，南至广东、广西、海南。

极喜光。亚热带及暖温带树种，喜生于湿润肥沃土壤。播种繁殖。

该树种干形挺拔，姿态雄伟，秋叶橙红，十分鲜艳，是卓越的观赏树木。古人有不少吟枫的诗句，如"数树丹枫映苍桧"、"霜叶红于二月花"、"江枫渔火对愁眠"等。在园林中固可孤植、丛植，最好在山坡谷地造成片林，则游人"停车坐爱枫林晚"，诗意盎然。

8. 垂丝海棠（*Malus halliana* Koehne）

蔷薇科，苹果属。落叶小乔木，叶边缘有圆钝细锯齿。花4～6朵组成伞房花序，花梗纤细下垂，被丝托外面无毛，花粉红色，常重瓣，花柱 4 或 5。花期 3~4 月，果期 9~10 月。

产辽宁、河北、江苏、浙江、湖北、陕西、四川、云南等地。庭院普遍栽培。

喜光。为温带及暖温带树种，较耐寒，喜深厚、肥沃、湿润的土壤，忌积水。

该树种于春季花叶同放，娇美可爱。在庭园中宜植于窗前屋隅，岩际栏旁，以充分展现其风姿。群植时，春季繁花一片，景观不亚于日本樱花。

9. 桃（*Amygdalus persica* Linn.）

蔷薇科，桃属。落叶乔木，小枝向光面红褐色，无毛，芽并生，主芽为叶芽，副芽为花芽，冬芽有细柔毛。叶椭圆状披针形，边缘有细锯齿，两面无毛。春季花与叶同放或先叶开放，花粉红色。核果近球形，密生短柔毛；果核有凹点及凹沟。3~4 月开花，7~9 月果熟。

原产于我国，栽培历史悠久。观赏品种甚多。碧桃（'Rubro-Plena'），花红色重瓣；白碧桃（'Alba-Plena'），花白色重瓣；撒金碧桃（'Versicolor'），花红白二色重瓣；紫叶桃（'Atropurpurea'），叶紫色，花重瓣。

喜光。温带树种，较耐寒，畏湿热气候。要求排水良好的沙质壤土。寿命较短。

种子繁殖。优良品种需嫁接。

在园林中宜成片群植。

10. 日本晚樱（*Cerasus serrulata* var. *lannesiana*（Carr.）Makino）

蔷薇科，樱属。落叶乔木，叶边缘有长芒状重锯齿，叶柄顶端具腺体 2~4 枚，花 3~5 朵组成短总状花序，苞片叶状宿存，花重瓣，粉红色或淡白绿色，花期 4 月。

原产日本，各地庭院普遍栽培。

喜光。温带树种，较耐寒。要求土壤深厚肥沃，忌盐碱及积水。嫁接繁殖。

该树种春节繁花似锦，十分娇美。在园林中可孤植、丛植或群植。

11. 刺桐（*Erythrina variegata* Linn.）

豆科，刺桐属。高达 20m，枝上有圆锥形黑色棘刺。顶生小叶菱形，长 10~13cm。总状花序，长 15cm，密集；花鲜橙红色，萼佛焰苞状，一边开裂，长达 2~3cm。2~4 月先叶开花，10 月果熟。

原产印度及马来西亚，现世界各热带地区均有栽培。我国南方庭园常见，重庆多植于公路旁。

喜光。热带树种。要求暖热气候，不耐寒，干旱时落叶。对土壤无苛求，在深厚而排水良好处最佳。扦插或播种繁殖。

该树种叶形美观，红花鲜艳，在园林中十分醒目，可做主景植于草地，亦可与其他常绿植物搭配。同属常见栽培的还有龙牙花（象牙红）（*E. carallodendron* Linn.），灌木。叶轴有刺。花血红色。花期长。原产热带美洲。

12. 梧桐（*Firmiana simplex*（Linn.）W. F. Wight）

梧桐科，梧桐属。落叶乔木，干直，树皮灰绿色或灰色，通常不裂，小枝粗壮。叶掌状 3~5 裂，裂片全缘，背面密生星状毛。圆锥花序顶生，雌雄同株；雄花的花药 10~15 集生于花丝筒顶端；雌蕊 5，心皮靠合，子房有柄。蓇葖果成熟开裂为叶片状。6~7 月开花，9~10 月果熟。

主要分布在我国长江流域各省及黄河以南。重庆各地栽培。

喜光。暖温带树种，要求温暖湿润气候。深根性，对土壤选择不严，喜钙，在石灰岩山地习见，常与青檀、榉树等混生，但在酸性土、中性土上亦能生长，忌积水。播种繁殖。

该树种是我国栽培最普遍的绿荫树之一。民间有"凤凰非梧桐不栖"之说，固誉凤凰之孤傲，亦赞梧桐之不凡也。因其树干挺直，皮色青翠，枝条舒展，叶大荫浓，真可谓亭亭玉立，无可挑剔。作为行道树，不用修剪，自成圆满树冠。夏季浓荫蔽日，冬季阳光通透，处处迎合人们需要，无怪乎受到大家的珍视。

13. 复羽叶栾树（*Koelreuteria bipinnata* Franch.）

无患子科，栾树属。落叶乔木，高达25m。二回奇数羽状复叶，互生。圆锥花序生枝顶端，花瓣常4枚，黄色，基部紫红色；雄蕊8，雌蕊3心皮。蒴果幼时紫红色，成熟时褐色或褐黄色。花期7～8月开花，果期9～10月。

产重庆、四川、浙江、江西、湖北、广东、广西、贵州、云南等地。重庆市各地普遍栽培。喜光，对土壤要求不严，较耐干旱瘠薄。深根性，萌芽性强。播种繁殖。

园林中可孤植、丛植，或作行道树、绿荫树。

14. 楝树（*Melia azedarach* Linn.）

楝科，楝属。落叶乔木，树冠宽阔而平顶。奇数羽状复叶，小叶边缘有锯齿或浅裂。圆锥花序腋生，花淡紫色，核果黄绿色。花期4～5月，果期9～10月。

原产我国，各地普遍栽培。极喜光。为暖温带树种，要求温暖气候，对土壤要求不严，酸性、中性、钙质土、石灰岩山地均能生长。耐干旱瘠薄，耐烟尘。播种繁殖。

春夏紫花飘香，秋冬时黄果满树，是不可多得的观赏树和行道树。

同属植物重庆市常见的还有川楝（*Melia toosendon* Sieb. et Zucc.），与楝树的区别是叶全缘或有不明显钝齿，果较大，6～8室。习性用途同楝树。

15. 泡桐（*Paulownia fortunei*（Semm.）Hemsl.）

玄参科，泡桐属。落叶乔木，高20m，小枝幼时被星状毛及腺毛。单叶对生，全缘。圆锥状复聚伞花序顶生，花冠白色或淡紫色，内有紫斑。花期3～4月。

分布于黄河流域及以南地区。极喜光。温带树种，适应能力强，在较干冷及暖热气候下均能生长，不耐严寒，在肥沃湿润的沙壤土上生长迅速。播种繁殖。

该树种树冠开展，叶大荫浓，花序美丽，十分醒目，是路旁绿化的重要树种，城市园林中普遍作行道树及观赏树。

三、常绿阔叶乔木

1. 榕树（*Ficus microcarpa* Linn. f.）

桑科，榕属。高达25m，富含乳汁，树冠庞大，枝干上有多数气生根。叶全缘。隐头花序球形或扁球形，1～2枚生于叶腋，无梗，熟时暗紫色。

主要分布于我国南部、广东、广西、福建、台湾、江西、云南诸省、自治区，福州市因盛产此树而又称榕城。北至四川中部均普遍栽培。

稍耐阴，喜暖热多雨气候，在深厚肥沃的酸性土中生长良好，生长迅速，寿命亦长，病虫害不严重，不耐霜冻。扦插繁殖。

该树种姿态雄伟，绿荫浓郁，在其分布区内常有数百年老树挺立在山崖道口，为行人提供休息消暑的佳境。隐花果累累，自夏至秋，有由黄转红及紫的色彩变化。但作为其特征的气生根在枝干上状如败草，影响美观，待其增粗入地后形成支柱，方显独木成林英姿。

在园林中适于孤植或丛植作为绿荫树，在重庆普遍作为行道树，如考虑其百年后之庞大树冠，恐有地窄难容之虞。此外，该树种是岭南盆景的主要材料。

同属植物常见栽培的还有垂叶榕（*Ficus benjamina* L.），常绿乔木，小枝下垂。叶卵形至卵状椭圆形，长4～8cm，侧脉极多，细脉平行，具边脉；叶柄长1～2cm。榕果成对或单生叶腋，基部缢缩成柄，熟时黄色至红色。

2. 荷花玉兰（*Magnolia grandiflora* Linn.）

木兰科，木兰属。小枝具环状托叶痕。叶革质，表面绿色有光泽，背有锈色短柔毛；托叶不与叶柄合生。花白色，花被9～12片，芳香。聚合蓇葖果有锈色毛，成熟开裂，悬出有红色假种皮的种子。6月开花，10月果熟。

原产北美。重庆市各地普遍栽培。

稍耐阴，喜温暖湿润气候，要求深厚肥沃土壤。抗污染能力强，对二氧化硫、氯气等均有抗性。扦插、压条与播种繁殖。

该树种形体宏伟，绿叶浓密，花朵硕大，芳香馥郁，是观赏价值很高的常绿花木。在庭园中可孤植于草地中央作为主景，亦可列植于甬道两旁，提供绿荫；对高大建筑物是很好的配景；置于铜像或雕塑之后，又是绝佳的衬景。多用作行道树，效果很好。

3. 白兰花（黄葛兰）（*Michelia alba* DC.）

木兰科，含笑属。小枝具环状托叶痕。叶薄革质，两面无毛，叶柄中下部显托叶痕。花白色，芳香，雌蕊常不育。花期4月下旬至9月，夏季最盛，冬暖地区几可终年开花。

原产印度尼西亚、印度、孟加拉、斯里兰卡等地。重庆市各地普遍栽培。

喜光，喜生于温暖湿润而通风良好之地。越冬温度不得低于5℃，否则造成落叶而影响生长。要求排水良好的肥沃沙壤土，忌盐碱。嫁接和压条繁殖。

该树种叶色葱绿，花香宜人，是热带、亚热带地区房前屋后栽植的优选树种之一。在庭园中可孤植于草坪或列植于道旁，均能发挥其绿荫树和香花树的应有作用。花常用作襟花。

4. 樟（香樟）（*Cinnamomum camphora*（Linn.）Presl.）

樟科，樟属。高达50m，树皮幼时绿色，平滑，老时褐色纵裂。叶互生，离基三出脉，背面微被白粉，侧脉与主脉腋在叶面有泡状隆起，在背面呈小窝孔。浆果球形，熟时近黑色。4～5月开花，10～11月果熟。

主要分布在我国南方各省、自治区，多为人工栽培，在污染严重的城市中常生长不良。

稍耐阴，喜温暖湿润气候，幼苗期易受冻害，大树能抗−10℃短期低温；多生于酸性的黄壤、红壤或中性土中，要求土层深厚、肥沃，不耐干旱瘠薄。对氯气、二氧化硫、氟等抗性不强。播种繁殖。

该树种树体雄伟，浓荫蔽日，是亚热带地区优良的绿荫树。毋须修剪，自然形成广卵形树冠，故南方城市普遍栽作行道树。其幼叶及将落之叶常红色，益增色彩变化。因根深叶茂，作为防护林栽植有其优越性。

5. 天竺桂（*Cinnamomum japonicum* Sieb.）

樟科，樟属。常绿乔木，小枝带红或红褐色，无毛。叶对生或近对生，离基三出脉，花序圆锥状，果托浅波状。4～5月开花，7～9月果熟。

产河南、安徽、浙江、福建、台湾、江西及湖北等地。重庆市各地普遍栽培。

性喜温暖，耐高温，以肥沃的沙质壤土为佳，排水、日照需良好。

优美园景树。多作行道树栽培。

6. 洋紫荆（羊蹄甲）（*Bauhinia variegata* Linn.）

豆科，羊蹄甲属。半常绿乔木，单叶互生，先端2裂达叶长的1/3。总状花序缩短呈伞房花序；花萼佛焰苞状；花瓣5，长4～5cm，紫红色或淡红色；发育雄蕊5。荚果扁平带状。花期几全年，以3月最盛。

产我国南部，印度、中南半岛有分布。重庆市普遍作行道树栽培。

喜光或稍耐阴，要求温暖湿润气候。对土壤要求不严，酸性土、钙质土均能生长。播种繁殖。

该树树冠开展，枝条低垂，叶形奇特，花色艳丽，观赏价值极高，或孤植，或丛植，均能展现风姿。作为城市行道树，开花时华丽无比，叹为观止。

同属常见栽培品种还有羊蹄甲（*Bauhinia purpurea* Linn.）、红花羊蹄甲（*Bauhinia blakeana* Dunn），其主要区别是：羊蹄甲能育雄蕊3枚，花瓣较狭窄，具长柄；而洋紫荆和红花羊蹄甲有能育雄蕊5枚，花瓣较阔，具短柄；洋紫荆的花序缩短，花后能结果，而红花羊蹄甲的总状花序开展，有时复合为圆锥花序，通常不结实。

7. 秋枫（重阳木）（*Bischofia javanica* Bl.）

大戟科，重阳木属。常绿乔木，冬季寒冷时常落叶。三出复叶，小叶边缘有粗钝锯齿。复总状花序腋生；花萼5～6裂；无花瓣；雄蕊5，子房3～4室。浆果球形，熟时蓝黑色。

广布于南亚热带季雨林地区，重庆市各地普遍栽培。

喜光，要求热带湿热气候，耐水湿，通常生于溪边或河谷排水不良之处。播种及扦插繁殖。

该树种干形端直，树皮光洁，最喜其秋叶艳红，冬果蓝黑，色彩富于变化。在其分布区内常栽作行道树，在园林中亦可孤植或丛栽。生长迅速，遮荫效果好。

8. 蒲桃（*Syzygium jambos*（Linn.）Alston）

桃金娘科，蒲桃属。高达10m，枝开展。叶对生，全缘，有边脉。复聚伞花序含数花，花黄白色，萼4裂；雄蕊花丝伸出。浆果球形或卵形，萼宿存。4～5月开花，7～8月果熟。

原产于东南亚。重庆市常见栽培。

稍耐阴。为热带亚热带树种，喜温暖湿润气候，要求深厚肥沃土壤，中性或酸性，不耐盐碱与严重霜冻。播种及嫁接繁殖。

该树种为热带果树，但树冠整齐，枝叶茂密，黄白花形如绒球，果光莹可爱，亦是热带优良观赏树种之一。在庭园中可孤植为风景树，尤宜在水边湿地栽植。

9. 木犀（桂花）（*Osmanthus fragrans* Lour.）

木犀科，木犀属。高达 10m。树冠卵圆形。叶对生，幼树之叶缘疏生锯齿，大树之叶近全缘。短总状花序生于叶腋，花黄白色或橙黄色，香气浓郁。核果椭圆形，熟时紫黑色。10 月开花，翌春果熟。

主要分布于我国淮河流域以南，东至台湾，南至海南，西至四川中部；而以云南、广西、四川诸省、自治区多野生者。庭园栽培十分普遍，为不可缺少的香花树种。

颇耐阴，为亚热带或暖温带树种，能耐零下 10℃ 之短期低温，要求深厚肥沃土壤，忌低洼盐碱。病虫害不严重，对氯、二氧化硫有较强抗性。播种、嫁接、扦插、压条繁殖。

该树种是我国传统名花，树冠整齐，绿叶光润，秋前后开花，香飘数里。因久经栽培，品种甚多，益增其园林价值。在园林中或孤植于草地，或列植于道旁，均可赏姿闻香，而更宜群植成林，则郁郁葱葱长势更佳，开花季节，自成香窟。在小型庭园中，则不论窗前屋隅，水滨亭旁，均可星散点缀，若与松竹配植，更别有情趣。

10. 女贞（*Ligustrum lucidum* Ait.）

木犀科，女贞属。叶对生，全缘。圆锥花序顶生，花白色，花冠 4 裂，雄蕊 2，核果蓝黑色。6 月开花，11～12 月果熟。

产我国秦岭、淮河流域以南。重庆市普遍栽培。

稍耐阴，为亚热带或暖温带树种；喜温暖湿润气候，深根性，在湿润肥沃的酸性土中生长良好，不耐干旱瘠薄，对有毒气体抗性强。播种繁殖。

该树种仪态大方，夏季白花微带香气，冬季紫果经霜不凋，作为园林配景，或用以掩蔽劣景，不无可取之处。尤因其抗污染力强，繁殖栽培容易，常作为城市行道树。

11. 杜英（*Elaeocarpus decipiens* Hemsl.）

杜英科，杜英属。幼枝有微毛，叶互生，老叶脱落之前红艳。总状花序生叶腋及无叶老枝上，花白色，花瓣上半部丝裂，子房 3 室，核果，果核具多数沟纹。花期 6～7 月。

产安徽、浙江、福建、台湾、江西、湖南、广东、广西、贵州等地。重庆市各地栽培。

性喜温暖至高温，全日照、半日照均理想，土质不拘，但以土层深厚肥沃、排水良好的壤土为佳。播种繁殖。

优美园景树和行道树。

四、常绿灌木

1. 含笑花（*Michelia figo*（Lour.）Spreng）

木兰科，含笑属。高 2～5m。芽、枝、叶柄、花梗被黄褐色绒毛。叶全缘。花小，单生叶腋，花被片 6，淡黄色，有时边缘带紫色，具香蕉香味。花期 3～6 月，花不全开，故名"含笑"。

原产华南，现广植长江流域以南。

性喜温湿，稍耐寒，长江以南背风向阳处能露地越冬。喜半阴，不耐曝晒和干旱瘠薄，要求排水良好的微酸性土或中性土。耐修剪。对氯气有较强抗性。扦插、嫁接、播种、压条繁殖。

枝叶团扶，四季葱茏，花时苞润如玉，幽香馥郁，为我国著名芳香观赏树，多用于庭院、草坪、小游园、街道绿地、树丛林缘配置。亦盆栽作室内装饰，花开时，香幽若兰，至为上品。

2. 十大功劳（*Mahonia fortunei*（Lindl.）Fedde）

小檗科，十大功劳属。高 1～2m，茎不分枝或少分枝。奇数羽状复叶，小叶 5～11，侧生小叶狭披针形至狭椭圆形。总状花序 4～10 个簇生；花黄色；花瓣基部具明显的腺体。浆果熟时紫黑色。花期 8～9 月；果期 10～11 月。

喜光，耐阴，耐旱，较耐寒。土质要求不严，以肥沃、湿润、排水良好的沙质壤土为佳。对二氧化硫抗性强，对氟化氢敏感。扦插、播种、分株繁殖。

叶形奇特，树姿典雅，花果秀丽，为观叶上品。可用于布置花境、岩石园、庭院，宜与山石配置。也可点缀于林缘、溪边、草地或作基础种植。

同属植物常见的还有阔叶十大功劳（*M. bealei*（Fort）Carr.），丛生，小叶 7～15，厚革质，卵形至卵状椭圆形，每边 2～5 刺齿；安坪十大功劳（*M. eurybracteata* Fedde subsp. *ganpinensis*（Levl.）Ying et Boufford），小叶 13～19，宽在 1.5cm 以内。

3. 山茶（*Camellia japonica* Linn.）

山茶科，山茶属。高通常 1～4m，枝叶茂密，树冠圆形或卵形。叶光亮，叶脉不显，叶缘细锯齿。花大，无梗，花瓣 5～7，亦有重瓣，通常红色，栽培品种有白、淡红及复色；花丝、子房均无毛。果近球形。花期 11 月至次年 2～4 月，10～11 月果熟。

原产中国，现广泛栽培于世界各地。重庆市各地普遍栽培。

喜温暖湿润半阴环境，不耐烈日曝晒，过热、过冷、干燥、多风均不宜。喜疏松、肥沃、腐殖质丰富、排水良好的微酸性（pH 值 5～6.5）土壤。播种、扦插、压条、嫁接繁殖。

山茶花期长，花型丰富，叶色常绿，是极好的庭院和室内布置材料，孤植、群植、丛植无不相宜，盆栽是布置会场、厅堂等室内环境的高档材料。

4. 檵木（*Loropetalum chinensis*（R. Br.）Oliv.）

金缕梅科，檵木属。高 2～10m。叶卵形，基部偏斜，背面密生星状毛。花 3～8 簇生成头状；花瓣浅白绿色至淡黄白色，花期 4～5 月。

产于长江中下游及南部各省。

变种红花檵木（*Loropetalum chinensis* var. *rubrum* Yieh），叶及花瓣均紫红色。产于湖南、湖北，栽培更普遍。

喜温暖向阳，稍耐阴，较耐寒、耐旱，不耐瘠薄，宜排水良好、肥沃的酸性土壤。耐修剪。播种、扦插、嫁接繁殖。

树形美观，枝繁叶茂，花如覆雪。宜丛植草坪、林缘、园路转角或与山石相间，亦可作风景林下木，和杜鹃等花灌木成片成丛配植或植花篱。耐修剪蟠扎，是制作树桩盆景的好材料。红檵木花叶俱红，更富观赏价值。

5. 蚊母树（*Distylium racemosum* Sieb. et Zucc.）

金缕梅科，蚊母树属。高可达 25m，栽培时常呈灌木状；树冠开展，呈球形；嫩枝具星状鳞毛。叶光滑无毛，花药红色。蒴果密生星状毛，顶端有 2 宿存花柱。花期 4 月，果熟 9 月。

产于我国广东、福建、浙江、台湾等省。长江流域城市园林中常有栽培。

喜光，稍耐阴。喜温暖湿润气候，耐寒性不强。对土壤要求不严，但以排水良好而肥沃、湿润土壤为最好。萌芽、发枝力强，耐修剪。对烟尘及多种有毒气体抗性强。播种、扦插繁殖。

枝叶密集，树形整齐，叶色浓绿而经冬不凋，春日细小红花点缀也颇美观，加之抗性强，防尘隔声效果好，是理想的城市及工矿区绿化树种。宜植于路旁、庭前、草坪上、大树下，成丛成片栽植为空间分隔材料或作其他花木背景效果亦佳。修剪成球形，宜植于门旁或作基础种植材料。亦可栽作绿篱和防护林带。

6. 海桐（*Pittosporum tobira*（Thunb.）Ait.）

海桐花科，海桐花属。高 2～6m，分枝低，树冠球形，分枝近轮生。叶倒长圆状卵形，先端圆钝，革质，表面深绿有光泽。伞房花序顶生，花白色转淡黄色，芳香。蒴 3 瓣裂。花期 4～5 月，果熟 10 月。

原产于我国东南部，现长江以南各地常见栽培。

喜光，能耐阴。喜温暖湿润气候，对土壤要求不严，抗风，耐盐碱；萌芽力强，耐修剪。对二氧化硫、氯气、氟化氢和烟尘有较强抗性。播种、扦插繁殖。

树形紧凑丰满，叶色深绿光亮，花芳香，种子红艳，为重要观叶树木，南方最常用。常规则式植于门庭、通道、花坛、树坛、假山石旁或用作绿篱，常修剪成圆球形或扁球形，亦可作自然式穿插于草坪、林缘等处或成片成丛植于树丛中作中下层常绿基调树种。盆栽可布置会场和作室内厅堂陈设。

7. 双荚决明（黄花槐）（*Cassia bicapsularis* Linn.）

豆科，决明属。灌木，多分枝。偶数羽状复叶，小叶 3～4 对，最下一对小叶间有腺体 1 枚。总状花序生枝端，腋生，花鲜黄色，雄蕊 10，7 枚发育 3 枚退化。花期 10～11 月。

原产美洲热带地区，现广泛栽培。

喜温暖。好阳光充足、湿润。适肥沃、疏松、排水良好土壤。播种、扦插繁殖。

8. 冬青卫矛（大叶黄杨）（*Euonymus japonicus* Linn.）

卫矛科，卫矛属。小枝绿色，略四棱形。叶对生，边缘有钝齿，表面深绿有光泽，革质。花绿白色，4 数。果近球形。花期 6～7 月，果期 10 月。

原产日本，我国普遍栽培，长江流域城市尤多。

喜光，亦耐阴，要求温暖湿润气候和肥沃土壤，较耐寒。寿命长，耐修剪整形。抗有毒气体及烟尘。扦插、播种繁殖。

叶色浓绿光亮，枝繁叶茂，新叶嫩绿可爱，为园林中重要的中、矮篱材料。也可配置于花坛、入口、草坪边缘等处。盆栽是布置厅、堂、会场的好材料。叶色斑斓的品种作室内陈设更具装饰性。枝叶常作插花配叶。

9. 细叶萼距花（*Cuphea hyssopifolia* Kunth）

千屈菜科，萼距花属。低矮灌木，通常高 30～60cm，分枝多而细。叶对生或近对生，线状披针形至倒线状披针形，长 7～15mm。单花腋生：萼管有多条绿色浅棱；花冠紫、淡紫至白色，雄蕊内藏。花期春至秋。

原产墨西哥。西南、华南城市常见露地栽培。

喜温，不耐寒，在 5℃ 以下受冻害。稍耐阴，耐贫瘠。扦插或播种繁殖。

枝叶密集，花色鲜艳，花形奇特，花期长。宜作花坛、花境、花篱材料，也可盆栽。

10. 八角金盘（*Fatsia japonica* (Thunb.) Decne. et Planch.）

五加科，八角金盘属。高可达 5m，叶掌状 5～9 裂，叶柄基部膨大。伞形花序再集成大型圆锥花序，花小，白色。

喜温暖湿润气候，耐半阴环境，不耐干旱。要求肥沃湿润土壤。萌蘖性强，对二氧化硫有较强抗性。播种、扦插、分株繁殖。

优良观叶树种。宜配置于庭前、门旁、窗边、墙隅及建筑物背阴面。也可点缀于溪流旁、池畔、桥头、树下或群植于草坪、林地之下。

11. 云南黄素馨（迎春）（*Jasminum mesnyi* Hance）

木犀科，素馨属。高可达 3m，枝密而细长拱垂，三出复叶对生，近无柄；花单生，淡黄色，微香，花期 2～4 月。

原产云南，现长江流域以南普遍栽培。

喜光，稍耐阴，略耐寒，气温－12℃落叶，对土壤要求不严，在肥沃、排水良好的土壤中生长最佳。萌蘖力强。扦插、分株、压条繁殖。

树冠圆整，小枝柔软下垂，早春碧叶黄花相衬，轻松明快，是南方地区重要花灌木。枝叶茂密，最宜植为绿篱、花篱。因其枝拱形下垂，可用其遮蔽斜坡陡坎、水边驳岸，形成绿色垂帘。也可配植于台地、路缘、花坛、草坪边缘、林缘。盆栽常培养成悬垂状置于花架或编扎成一定造型。

12. 栀子（*Gardenia jasminoides* Ellis）

茜草科，栀子属。高 1～3m，小枝绿色。叶倒卵形或矩圆状倒卵形，革质，有短柄，表面光亮，长约 6～12cm。花白色，芳香，径约 5～8cm。果卵形，有纵棱 5～9，熟时橙红或橙黄色。花期 6～7 月，果熟期 8～10 月。

产于长江流域，黄河流域以南可露地栽培。常见品种有：大花栀子（'Grandiflora'），叶大，花大，重瓣，浓香，又名荷花栀子；窄叶栀子（'Angustifolia'），叶较窄，披针形；雀舌花（'Radicans'），矮小灌木，高约 50cm，茎匍匐，叶倒披针形，花较小，重瓣。

喜温暖、湿润、稍阴环境，－12℃叶片受冻脱落。要求湿润、疏松、肥沃、排水好的酸性土，不耐干旱、瘠薄。萌芽力强，耐修剪。叶有吸收二氧化硫的功能。扦插、压条、播种、分株繁殖。

园林之中，常用作花篱，配植林缘、建筑物周围、树坛、草坪边缘、城市干道绿带。也可丛植阶前、路边、树丛下、庭院角隅。是庭园美化、绿化、香化的优良树种。盆栽、制作盆景、切花插瓶、作襟花也十分相宜。

13. 六月雪（*Serissa foetida* Comm.）

茜草科，六月雪属。常绿或半常绿，通常高不及 1m，分枝密。叶对生于或簇生于短枝，托叶针刺形。花白色或淡粉紫色，花冠管约为萼片长度的 2 倍。花期 6～10 月。

分布长江以南。多有栽培。常见品种有：金边六月雪（'Aureo-Marginata'），叶缘金黄色。重瓣六月雪（'Pleniflora'），花重瓣，白色。

喜温暖湿润环境，肥沃疏松沙质壤土，耐半阴，不耐严寒，忌积水。萌芽、萌蘖力强，耐修剪盘扎。扦插、分株繁殖。

枝繁叶密，夏季白花点点如雪花满树而雅洁可爱。宜植绿篱，作境栽，也可在花坛、石缝、路边、树下、林缘丛植。是极好的盆栽、盆景材料。

14. 假连翘（*Duranta repens* Linn.）

马鞭草科，假连翘属。灌木或小乔木，枝常有由叠生复芽的副芽发育成的刺。叶对生兼有轮生，中部以上有锯齿。总状花序顶生或近顶腋生；花冠蓝色或淡紫蓝色，核果熟时金黄色。

品种多，重庆市常见品种有金叶假连翘（'Golden Leaves'），叶金黄色。

性喜高温高湿，性强健，对土壤要求不严，但以肥沃的沙质壤土生长最佳。全日照、半日照均能生长。极耐修剪。播种、扦插、高压繁殖。

花聚生成串，垂吊枝头，花后果实金黄色，既观花又观果。适合作绿篱、庭植美化。

15. 日本珊瑚树（法国冬青）（*Viburnum odoratissimum* var. *awabuki*（K. Koch.）Zabel. ex Rumpl.）

忍冬科，荚蒾属。大灌木至小乔木，高可达 10m。枝干挺直。叶对生，边缘波状或粗钝齿，近基部全缘，表面暗绿有光泽，背面淡绿。圆锥花序塔形，花冠白色，钟状；花芳香。核果成熟时红色。花期 5～6 月，果期 7～9 月左右。

原产日本，朝鲜及我国浙江省。长江流域以南普遍栽培。

喜光，亦耐阴。宜温暖湿润气候，不耐严寒。喜深厚肥沃土壤。根系发达，萌发力强，生长快，耐修剪，易整形。病虫害少，耐烟尘，对有毒气体抗性强。扦插、播种繁殖。

枝叶茂密，叶质厚实，四季常青，花繁芬芳。红果累累状如珊瑚，故名珊瑚树。是叶、花、果俱美的观赏植物，园林中常用作高篱树种，有隔声、隔火、净化空气等多种功能。在规则式园林中常整修为绿篱、绿门、绿廊。自然式园林中多孤植、丛植墙角、草坪等处，用以装饰和隐蔽遮挡。盆栽是作室内绿化或厅、堂、会场布置的好材料。

五、落叶灌木

1. 蜡梅（*Chimonanthus praecox*（Linn.）Link）

蜡梅科，蜡梅属。丛生大灌木，高可达 5m。叶对生，叶面粗糙。花被片黄色，蜡质，内轮常有红褐色斑纹；浓香。花期 12 至次年 2 月。

原产我国中部，各地广泛栽培。常见变种有：素心蜡梅（'Concolor'），内外轮花被片纯黄色，香味浓。馨口蜡梅（'Grandiflora'），花径 3～3.5cm，内轮花被有紫红色边缘和条纹，香味浓。红心蜡梅（'Intermedius'），又名狗牙蜡梅，叶较长而尖；花较小，花瓣长而尖，中心花瓣呈紫色，香味淡。

喜光，能耐阴、耐旱，较耐寒，15℃以上可露地越冬。怕风，忌水湿，宜植向阳背风处。要求肥沃、深厚、排水良好的中性或微酸性沙质壤土，忌黏土、盐碱土。寿命长，发枝力强，耐修剪。抗二氧化硫及氯气污染，病虫害少。分株、压条、嫁接、播种繁殖。

蜡梅是我国传统珍贵花木，花开严寒冬早春，色娇香郁，形神俊逸。不少著名诗人，如唐代杜牧、宋代黄庭坚、苏东坡、陆游等都留有吟咏的佳句名篇。如黄庭坚诗云："金蓓饮春寒，恼人香未展，虽无桃李颜，风味极不浅。"历来是中国园林特色的典型花木。一般以自然式孤植、对植、丛植、列植于花池、花台、入口两侧、厅前亭周、窗前屋后、墙隅、斜坡、草坪、水畔、路旁。传统上还喜与南天竹、松、竹、红梅配置，色、香、形相得益彰，极尽造化之妙。花经久不凋，插瓶可达半月之久，是冬季名贵切花。作盆栽、盆景也极相宜。

2. 绣球（*Hydrangea macrophylla*（Thunb.）Seringe）

虎耳草科，八仙花属。小枝粗壮，皮孔明显。叶对生，边缘粗锯齿。顶生伞房花序近球形，萼片4，初开白色，渐转蓝或粉红色。花期6～7月。

原产中国、日本。各地有栽培。

喜温暖湿润荫蔽环境，不甚耐寒。喜腐殖质丰富、排水良好土壤。性强健，萌发力强，少病虫害。能抗二氧化硫等有毒气体。分株、压条、扦插繁殖。

花序颜色红、蓝、白参差，状如绣球，是优良观赏花木。可配置于庭院荫地、疏林下、建筑山石北面等较荫蔽处或用于花坛、花径配置。盆栽是厅堂装饰的名贵花木之一。

3. 皱皮木瓜（贴梗海棠）（*Chaenomeles specisa*（Sweet）Nakai）

蔷薇科，木瓜属。高达2m左右，有枝刺。托叶肾形、半圆形；叶与托叶均有锐锯齿。花红色，3～5簇生，先叶开放，梗极短。果卵形至球形，黄绿色，芳香。花3～5月，果熟10月。

原产华中、西南、西北及广东、浙江等省区，现各地均有盆栽或地栽。

喜光，稍耐阴。较耐寒、耐旱，耐瘠薄而不耐水涝。喜温暖湿润环境，深厚、肥沃、排水良好土壤。耐修剪，根部萌生力强。对臭氧敏感。分株、压条、扦插、嫁接繁殖。

枝横斜，疏密有致，早春叶前开花，簇生老枝之间，花姿、花色优美，秋有黄色硕果，形状如瓜，芳香扑鼻，是我国传统园林中重要的观形、观花、观果灌木。因花姿、神韵像海棠，花梗短，故有"贴梗海棠"之称，历史上有与垂丝海棠、西府海棠和毛叶木瓜并称"海棠四品"之说。宜点缀于亭台之侧、庭院墙隅、草坪一角、树丛边缘、池畔溪边、花坛之中，如与老梅、苍松、山石、翠竹配景，则倍添诗情画意。因其多刺，还可植篱。盆栽普遍，老桩是树桩盆景优良材料。花枝可作切花。果香，可供观赏，兼有药用价值。

4. 现代月季（*Rosa hybrida* Hort.）

蔷薇科，蔷薇属。是指反复杂交于1867年以后育成的品种的总称，是当今栽培月季的主体，其品种达万种以上。主要原始亲本有我国原产的月季、香水月季、蔷薇、光叶蔷薇及西亚、欧洲原产的法国蔷薇、百叶蔷薇、突厥蔷薇、麝香蔷薇、臭蔷薇等9个种及其变种。

性喜温暖湿润、光照充足的环境。生长发育的适宜温度为白天20～28℃，夜间16℃左右。在有机质丰富、疏松透气、排水良好的微酸性沙质壤土中生长最好。扦插、嫁接、组织培养、播种等方式繁殖。

在园林应用中，攀缘月季和藤蔓月季多用于棚架的绿化、美化；大花月季、壮花月季、现代灌木月季及地被月季等多用于园林绿地；聚花月季和微型月季等更适宜作盆花观赏。

5. 棣棠（*Kerria japonica*（Linn.）DC.）

蔷薇科，棣棠属。落叶丛生灌木，高1～2m，枝绿色、弯拱。单叶互生，边缘有重锯齿。花金黄色。花期4～5月。

分布于长江流域及秦岭山区。各地普遍栽培。常见品种有重瓣棣棠（cv. Pleniflora），花重瓣。

喜温暖湿润，耐半阴，较耐湿，对土壤要求不严，萌蘖力强。分株、播种繁殖。

园林中宜孤植、列植、丛植为花篱、花境、花丛或配置于建筑物周围、树丛边缘、草地之中。

6. 紫荆（满条红）（*Cercis chinensis* Bunge）

豆科，紫荆属。灌木或小乔木，高2～4m，栽培常呈丛生状。叶近圆形，基部心形、无毛。花先叶开放，4～10朵簇生成短总状，玫瑰红色。花期3～4月，果期8～9月。

原产黄河流域以南，现全国广泛栽培。

喜光，稍耐侧阴，较耐寒。喜肥沃、排水良好土壤。耐旱、忌涝。萌蘖强，耐修剪。病虫较少，滞尘能力较强，对氯气有一定抗性。播种、分株、扦插、压条繁殖。

干丛出、叶圆整、树形美观。早春先叶开花，满树嫣红，颇具风韵，为园林中常见花木。宜于庭院建筑前、门旁、窗外、墙角、亭际、山石后点缀1～2丛，也可丛植、片植于草坪边缘、林缘、建筑物周围。以常绿树为背景或植于浅色物体前，与黄色、粉红色花木配置，则金紫相映、色彩更鲜明。

7. 一品红（*Euphorbia pulcherrima* Willd. et Klotzsch.）

大戟科，大戟属。植物体具乳汁，叶互生，杯状聚伞花序顶生，开花时，花序下的叶鲜红色，也有白、粉红、黄色品种，为其主要观赏部位。

原产墨西哥，现广泛栽培。

性喜温暖湿润及阳光充足的环境，怕低温和霜冻，为典型的短日照植物。对土壤要求不严，但以疏松肥沃、排水良好的沙质壤土为佳，pH值5.5～6.5。

一品红花色艳丽、花期长，是布置花坛、花境及室内装饰的良好材料，也可作切花材料。

8. 白花杜鹃（春鹃）（*Rhododendron mucronatum* G. Don）

常绿或半常绿灌木，分枝密，幼枝、叶、花梗、子房有褐色粗糙伏毛或腺毛，花1～3朵顶生，有芳香，花冠白色至浅红色，雄蕊10，有时8，子房密生刚毛，花期3～4月。

重庆常见栽培的还有皋月杜鹃（夏鹃）（*R. indicum* (Linn.) Sweet）：常绿灌木，高15～40cm，分枝多，密生茸毛，叶小，叶面多毛。花2～3朵簇生枝顶，花冠鲜红或淡红色，雄蕊5。花期5～6月。

喜疏阴，忌曝晒。要求凉爽湿润气候，通风良好环境，土壤以疏松、排水良好、pH值4.5～6.0为佳，忌石灰质和黏重过湿土壤，较耐瘠薄干燥。萌芽力不强。根纤细，有菌根。扦插、嫁接、压条、分株、播种繁殖。

9. 小蜡（毛叶丁香）（*Ligustrum sinensis* Lour.）

木犀科，女贞属。落叶或半常绿，华南及西南部分地区常绿；通常高约2～3m，枝开展，小枝密生短柔毛。叶对生。花白色，芳香，花梗细而明显，花冠裂片长于筒部，雄蕊超过花冠裂片。花期4～5月，果期10～11月。

分布长江流域以南。

喜光，稍耐阴，较耐寒。对土壤要求不严。抗二氧化硫等多种有毒气体。耐整形修剪。

枝叶紧密，树冠圆整，花开满树，是长江流域以南常见绿化树种，常丛植林缘、池边、石旁、草坪、建筑物附近或用作绿篱。老桩虬曲多姿，可作树桩盆景。

同属植物栽培的还有小叶女贞（*L. quihoui* Carr.），叶无毛，花无梗，花冠裂片与筒部近等长。习性、用途同小蜡。

10. 金钟花（*Forsythia viridissima* Lindl.）

木犀科，连翘属。小枝髓心片状，单叶对生，中部以上具粗齿，花1～3朵腋生，先叶开放，花冠深4裂，黄色。花期3～4月。

原产我国，除华南地区外广泛栽培。

喜温暖湿润气候，喜光，较耐阴。不择土壤，耐干旱瘠薄，忌积水。扦插、分株、播种繁殖。

优良春花灌木，宜丛植草坪、角隅、建筑物周围、路旁、溪边，也可片植于向阳坡地或列植为花篱、花境。

11. 小檗（*Berberis thunbergii* DC.）

小檗科，小檗属。枝有叶变态而成的刺，叶互生或簇生，花小，1～3朵簇生，黄色。浆果鲜红色。

原产日本和我国。重庆市常见栽培的是其品种紫叶小檗（cv. Atropurpurea），叶色紫红。

适应性强。喜凉爽湿润环境，耐寒、耐旱、喜阳、耐半阴。在肥沃、排水良好的沙质壤土上生长旺盛。萌蘖性强，耐修剪。播种或扦插繁殖。

枝叶细密，春开黄花，秋赏红果，是叶花果俱美的观赏花木和良好的刺篱。宜丛植草坪、岩石旁、墙隅或植篱。

12. 牡丹（*Paeonia suffruticosa* Andr.）

芍药科，芍药属。高1～2m，枝粗壮，丛生。二回三出羽状分裂或复叶。萼片5，花瓣5～10或为重瓣，黄、白、红、粉、紫等色。雄蕊多数，心皮2～5，离生，有毛。花期多4～5月。

原产我国西北，有花王之称。品种多达400余个。

喜温凉气候，较耐寒、耐旱，不耐湿热。喜光，亦耐阴。要求土层深厚肥沃、透气性好的壤土或沙壤土，忌黏重土或低洼积水地。中性土最好。生长缓慢，寿命长。分株、嫁接、扦插、播种繁殖。

孤植、丛植、片植都适宜，常作专类园及供重点美化用。

13. 鸡爪槭（*Acer palmatum* Thunb.）

槭科，槭属。乔木，栽培者常为灌木。叶对生，掌状5～7深裂。伞房花序顶生，翅果，熟时紫红色。

产长江流域。重庆常见栽培的是其品种紫红叶鸡爪槭（红枫）（'Atropurpureum'），叶终年紫红色。

喜光，稍耐阴，忌强光直射，但光线不足叶色暗淡，适湿润肥沃之地。

园林中通常孤植或丛植于引人注目之地，特别是造成小片纯林或与其他绿叶树种块状混交，则更为壮观。

六、草本花卉

1. 一串红（*Salvia splendens* Ker-Gawl.）

唇形科，鼠尾草属。多年生草本常作一年生栽培，茎4棱，叶对生。轮伞花序顶生，萼钟状，宿存，花冠唇形，早落，萼、冠鲜红色，栽培品种尚有紫、白等色。花期7～10月。

原产巴西。各地普遍栽培。

喜阳光充足和疏松肥沃土壤，不耐寒，生育适温24℃。播种、扦插繁殖。

花色艳丽，是花坛的主要材料，也可作花带、盆花等用。

2. 矮牵牛（*Petunia hybrida* Vilm.）

茄科，碧冬茄属。一年生或多年生花卉，全株被腺毛。花单生叶腋或顶生，花冠漏斗状，花色丰富。花期5～10月。

原产南美洲。各地普遍栽培。

不耐寒，喜向阳和排水良好的疏松沙质壤土。播种、扦插、组培繁殖。

花坛及露地园林绿化的重要材料，也盆栽用于室内观赏。

3. 报春花（*Primula malacoides* Franch.）

报春花科，报春花属。一年生草本，叶上被纤毛，下有白粉。伞形花序2～7轮，花冠高足碟状，原种雪青色，栽培品种有白、浅红、深红等色。花期冬春。

产云南、贵州。普遍栽培。

性喜温暖，畏炎热与严寒，宜冷凉湿润气候。中性日照植物。种子繁殖。

常栽植于花坛、林缘、水边及岩石园。

4. 三色堇（*Viola tricolor* Linn.）

堇菜科，堇菜属。多年生草本作二年生栽培。高10～30cm，全株光滑无毛，花腋生，下垂，萼片下延，花冠呈蝴蝶状，单色或复色。花期3～8月。

原产欧洲。性喜光，喜凉爽湿润气候，较耐寒，不怕霜，要求疏松肥沃土壤。播种繁殖。

三色堇花色丰富，开花早，是优良的春季花坛材料。常植于花坛、花境、花池等。

5. 瓜叶菊（*Cineraria cruenta* Mass. ex L'Herit.

菊科，瓜叶菊属。多年生作一、二年生栽培。叶大似瓜类故名，头状花序排成伞房状，顶生，花色有红、粉、白、蓝、紫等色。花期从12月到次年4月。

原产北非大西洋上的加那利群岛。喜温暖湿润气候，不耐寒、酷热与干燥。适温12～15℃。生长期要求光线充足，但花芽分化后长日照促使提早开花。播种繁殖。

瓜叶菊花朵美丽，花色繁多，是冬春季最常见的盆花。

6. 万寿菊（*Tagetes erecta* Linn.）

菊科，万寿菊属。一年生花卉，高20～90cm，茎粗壮直立，叶羽状全裂，背有腺点。头状花序顶生，花序梗顶端膨大。花色黄、橙黄或橙色。花期6～10月。

原产墨西哥及中美洲地区。性喜温暖、阳光，较耐干旱，在多湿、酷热下生长不良，对土壤要求不严，耐移植，生长快。

宜植花坛、花境、林缘。矮生品种可作盆花。

同属常见的还有孔雀草（*T. patula* Linn.），茎多分枝，舌状花黄、橘黄色，基部有紫晕。

7. 百日菊（*Zinnia elegans* Jacq.）

菊科，百日菊属。一年生草本，全株有长毛。叶对生，无柄。头状花序单生枝顶，有单瓣和重瓣品种，花色有红、橙、黄、白等色。花期6～10月。

原产墨西哥。性强健，喜温暖阳光，较耐干旱与瘠薄土壤，但在肥沃与水分供给良好情况下，能提高花的质量和使花色鲜艳。播种繁殖。

百日菊花色丰富，花期长，常用作花带、花境及花丛等。中、矮性品种也作花坛用花和盆栽。

8. 鸡冠花（*Celosia cristata* Linn.）

苋科，青葙属。一年生草本，株高20～150cm。叶互生，有绿、黄绿、红等色。穗状花序顶生，花小，两性，花被、雄蕊5，整个花序有深红、鲜红、橙黄、金黄或红黄相间等颜色。花期6～10月。

原产非洲、美洲热带和印度。常见栽培品种有矮鸡冠（cv. Nana），植株矮小，仅15～30cm；凤尾鸡冠（'Pyramidalis'），植株高60～150cm，分枝多而开展，花序金字塔形，花色丰富；圆锥鸡冠（'Plumosa'），株高40～60cm，花序卵圆形，表面羽绒状。

生长期喜高、全光照且空气干燥的环境，较耐旱，不耐寒。短日照诱导开花。喜深厚、肥沃、润湿的沙质壤土。播种繁殖。

园林中可植于花坛、花境及花丛等。矮性品种可种植于花坛边缘和盆栽。

9. 羽衣甘蓝（*Brassica oleracea* var. *acephala* DC. 'Tricolor'）

十字花科，芸薹属。二年生草本，株高30～60cm，叶色极为丰富，通常有白、粉红、紫红、乳黄、黄绿等色而富观赏价值。总状花序，花期4月。

原产西欧。喜阳光、喜凉爽，耐寒性较强，极喜肥。气温低叶色更美丽。

早春和冬季重要的观叶植物，亦作花坛、花境的布置材料。

10. 彩叶草（*Coleus blumei*）

唇形科，锦紫苏属。多年生常绿草，常作一年生栽培。茎4棱，叶对生，叶色多样，富于变化，故名彩叶草。

原产印度尼西亚。喜光照、温暖、湿润环境，要求疏松、肥沃、排水良好的土壤。较耐寒。播种、扦插繁殖。

非常美丽的观叶植物，是花坛、花境的好材料，特别是用于模纹花坛时。盆栽观赏也极佳。

11. 石竹（*Dianthus chinensis* Linn.）

石竹科，石竹属。多年生作一、二年生栽培。茎直立，节膨大。花单生或数朵成聚伞花序，有白、粉红、鲜红等色，花瓣5，先端有齿裂。花期5～9月。

原产我国及东亚地区。喜光，宜通风、凉爽环境，性耐寒。适于肥沃疏松园土，更适于偏碱性土壤，忌湿涝和黏土。

石竹适宜花坛、花境栽培。

12. 雏菊（*Bellis perennis* Linn.）

菊科，雏菊属。多年生宿根草本作一、二年生栽培。株高10～20cm，叶基生，花茎自叶丛中抽出，头状花序单生，舌状花有白、粉、蓝、红、紫等色，管状花黄色。花期2～4月。

原产欧洲西部、地中海沿岸、北非和西亚。喜冷凉、湿润和阳光充足环境。较耐寒，对土壤要求不严，不耐水湿。播种繁殖。

是装饰花坛、花境、花带的重要材料。

13. 金盏菊（*Calendula officinalis* Linn.）

菊科，金盏菊属。多年生草本作一、二年生栽培。全株被毛，头状花序单生，舌状花有黄、橙红、白等色，也有重瓣、卷瓣等品种。花期4～6月。

原产地中海地区和中欧、加那利群岛至伊朗一带。生长健壮，适应性强。喜阳光充足的凉爽环境，不耐阴，怕酷热和潮湿，有一定的耐寒能力。耐瘠薄和干旱，但以肥沃、疏松和排水良好的沙质壤土生长旺盛。长日照植物。播种、自播繁殖。

重要花坛、花境材料。

14. 虞美人（*Papaver rhoeas* Linn.）

罂粟科，罂粟属。一年生草本，具白色乳汁。全株被糙毛，叶羽状分裂。花单生茎顶，蕾时下弯，开时直立。萼片2，早落，花瓣4，有白、红、紫红及复色品种。蒴果顶孔开裂。花期4～7月，果期6～8月。

原产欧洲中部及亚洲东北部。喜阳光充足的凉爽气候，要求高燥、通风，喜排水良好、肥沃的沙质壤土。播种繁殖。

花色艳丽，花姿轻盈，是早春花坛、花境的好材料。

15. 四季秋海棠（*Begonia semperflorens* Link. et Otto）

秋海棠科，秋海棠属。多年生宿根草本。茎直立多汁，高15～40cm。叶绿色、古铜色或暗红色等。聚伞花序，单瓣或重瓣，白、粉红、玫红、橙红或洋红等色。常年开花。

原产巴西。喜温暖，适温15～20℃，不耐寒，喜湿润、半阴环境。要求腐殖质丰富、排水良好的中性或微酸性土壤，既怕干旱，又怕水渍。

优良观赏盆花，也是夏季花坛的重要材料。

16. 菊花（*Chrysanthemum morifolium* Ramat.）

菊科，菊属。多年生宿根草本。茎基部半木质化。头状花序单生或数朵聚生枝顶，花型、花色丰富。花期因品种有春菊、夏菊、秋菊和寒菊等。

原产我国。菊花性喜冷凉，具有一定的耐寒性，为典型的短日照植物。以富含腐殖质、通气、排水良好、中性偏酸的沙质壤土为好。播种、扦插、分株、嫁接等繁殖。

菊花是优良的盆花、花坛、花境用花和重要的切花材料。

17. 天竺葵（*Pelargonium hortorum* Bailey）

牻牛儿苗科，天竺葵属。半灌木型宿根草本。通体被细毛和腺毛，有特殊气味。叶面通常有暗红色蹄纹。伞形花序顶生，花色有红、淡红、白等色。花期10月至翌年6月，最佳观赏期4～6月。

原产南非。喜凉爽，怕高温，亦不耐寒；要求阳光充足，不耐水湿而稍耐干燥，宜排水良好的肥沃土壤。扦插、播种繁殖。

重要盆花材料，"五一"花坛布置的常用花卉。

18. 郁金香（*Tulipa gesneriana* Linn.）

百合科，郁金香属。多年生球根花卉，鳞茎具棕褐色皮膜，茎光滑、具白粉。花单生茎顶，花被6，雄蕊6，子房3室，蒴果。品种繁多，花型、花色极丰富。花期有早花类、中花类和晚花类，多在3～5月。

原产地中海沿岸、中亚细亚、土耳其。耐寒性强，花芽分化的最适温度17～23℃，生长期的最适温度15～18℃。适宜富含腐殖质、排水良好的沙土或沙质壤土，最忌黏重、低湿的冲积土。分球、播种、组培繁殖。

最宜作春季花境、花坛布置或草坪边缘呈自然带状栽植。

19. 风信子（*Hyacinthus orientalis*）

百合科，风信子属。多年生球根花卉，鳞茎具紫蓝色或白色皮膜（与花色有关）。叶基生，花葶高15～45cm，中空，总状花序，花具香气，有蓝紫、白、红、粉、黄等色。花期3～4月。

原产法国、瑞士及意大利。性喜凉爽湿润和阳光充足，较耐寒，忌高温，好肥，要求排水良好、肥沃的沙质壤土。

早春花坛、花境布置及园林饰边材料。冬春盆栽室内观赏。

20. 葱莲（*Zephyranthes candida*（Lindl.）Herb.）

石蒜科，葱莲属。多年生常绿球根花卉，鳞茎具黑褐色皮膜。叶基生，肥厚，花单生，花被6，白色。花期夏季至初秋，盛花期7～11月。

原产巴西、秘鲁、阿根廷、乌拉圭等地。性喜温暖、湿润和阳光充足，适应性强，要求肥沃、排水良好的略带黏质的壤土。

株形低矮、清秀、开花繁多，花期长，应用广泛，尤适在林下、花境、道路隔离带或坡地半阴处作地被植物，丛植成缀花草地则效果更佳。

21. 仙客来（*Cyclamen persicum* Mill.）

报春花科，仙客来属。多年生球根花卉。全株无毛，块茎扁球形。叶自块茎顶端丛生，叶面深绿，有白色斑纹。花大，单生而下垂，有白、绯红、玫红、紫红、大红等色。花期10月至翌年5月。

原产希腊、叙利亚、黎巴嫩等地。喜凉爽、湿润及阳光充足的环境，不耐寒，也不喜高温。要求排水良好、富含腐殖质的微酸性土。

主要作盆花室内观赏。

22. 花毛茛（*Ranunculus asiaticus*）

毛茛科，毛茛属。多年生草本，地下具纺锤状的小块根。茎单生，稀分枝。基生叶具长柄，茎生叶无柄。花单生枝顶或数朵着生。花色极丰富。花期4～5月。

原产欧洲东南与亚洲西南部。喜凉爽和阳光充足环境，也耐半阴，忌炎热。要求排水良好、富含腐殖质的沙质或略黏质壤土。

花极为绚丽，花形优美，可植于花境、林缘或草地，或作盆花。

23. 水鬼蕉（*Hymenocallis littoralis*（Jacq.）Salisb.）

石蒜科，蜘蛛兰属。常绿草本，花葶高30～75cm，着花3～8朵，花被6，白色，具副冠，雄蕊6，子房下位，3室。花期6～7月。

原产南美、墨西哥等热带地区。喜温暖环境，秋季高温、干燥促进花芽形成。喜肥。

宜林缘、草地丛植。

24．大花美人蕉（*Canna generalis* Bailey）

美人蕉科，美人蕉属。多年生草本，地下具粗壮肉质根茎。叶大，互生，茎叶被白粉。花大，退化雄蕊深红、橙红、黄等色，花期夏季。

原产美洲热带。性喜温暖、炎热气候，不耐寒，霜冻后地上部分枯萎，喜光，适应性强，不择土壤，最宜湿润肥沃的深厚土壤，稍耐水湿。花期长，8～10月盛花。

25．吊兰（*Chlorophytum comosum*（Thunb.）Baker）

百合科，吊兰属。多年生常绿草本。叶基生，叶丛中抽出细长花葶，花后形成匍匐枝下垂，并于节上形成带根的小植株，总状花序，花白色，花期夏、冬两季。

原产南非。栽培品种还有金心吊兰（'Picturatum'），叶中心具黄色纵条纹；金边吊兰（'Vittatum'），叶缘黄白色；银心吊兰（'Variegatum'），叶中心具白色纵条纹等。

吊兰喜温暖湿润和半阴环境，宜疏松肥沃、排水良好土壤，耐阴力强，怕阳光曝晒。分株繁殖。

栽植树下作地被植物或于假山石缝之中，也是布置几架阳台或悬挂于室内的良好观赏植物。

26．荷花（*Nelumba nucifera* Gaertn.）

睡莲科，莲属。多年生挺水花卉。根茎横生于淤泥，具明显的节与节间。叶盾状圆形，叶面深绿，被白粉；叶柄具刺。花单生，两性，花色有深红、粉红、白、淡绿及复色等。花期6～9月。

原产亚洲热带及大洋洲，我国是荷花的自然分布中心。喜湿怕干，喜相对水位变化不大的水域。喜热喜光，对土壤要求不严，喜肥沃、富含有机质的黏土，对磷、钾肥要求多，pH值6.5为宜。

我国著名的传统水生花卉，可装点水面景观。

27．睡莲（*Nymphaea alba* Linn.）

睡莲科，睡莲属。多年生水生花卉，根茎生于泥中。叶丛生，浮于水面。花白色，午后开放，心皮多数合生，果实浆果状。花期6～9月。

原产欧洲及北非。喜强光、通风良好、水质清洁的环境。对土壤要求不严，但需富含腐殖质的黏质土。最适水深25～30cm。

重要的水生观赏植物，可用于美化平静的水面。

28．结缕草（*Zoysia japonica*）

禾本科，结缕草属。多年生草本，具根茎和匍匐茎。原产亚洲东南部。耐高温、耐旱、耐瘠薄，不耐阴，极耐践踏。广泛用于公园、庭院、运动场草坪。

29．吉祥草（*Reineckia carnea*（Andr.）Kunth.）

百合科，吉祥草属。多年生常绿草本。具根茎，叶簇生，有叶鞘。花葶自叶丛中抽出，穗状花序，花无柄，淡紫色，有芳香。花期7月。

原产中国、日本。喜温暖湿润，适应性强，不择土壤，不耐涝，耐寒性强，喜排水良好的沙质壤土。分株繁殖。

园林中优良的耐阴地被植物。

30. 沿阶草（*Ophiopogon bodinieri* Levl.）

百合科，沿阶草属。多年生常绿草本。根纤细，近末端有时膨大成纺锤状的小块根。叶基生成丛，禾叶状。花葶稍短于叶或与叶等长，总状花序，花梗基部具关节，花被、雄蕊 6，花期 5～7 月。

原产我国。同属中常见的还有麦冬（*O. japonicus*（L. f.）Ker-Gawl.），与沿阶草极相似，但花序通常较叶丛短得多，花梗中部或中部以上具关节。

喜温暖湿润、半阴、通风良好的环境，喜腐殖质丰富、肥沃、排水良好的沙质壤土。分株繁殖。

优良地被植物。

七、棕榈类

1. 苏铁（*Cycas revoluta* Thunb.）

苏铁科，苏铁属。茎圆柱形，直立。营养叶羽状全裂，羽片革质，边缘显著反卷，背面疏生褐色柔毛，仅具 1 中脉。雄球花圆柱形；大孢子叶扁平，被宿存绒毛，每侧胚珠 2～6 枚，种子卵形至倒卵形，红褐色或橘红色，被灰黄色短绒毛。

原产琉球群岛。我国久经栽培，也是栽培最久、最普遍与最受喜爱的一种。华东、华中、西南均可露地栽培。

喜暖热气候，不耐寒、不耐涝水，较耐旱。生长慢，寿命长。播种及分芽扦插繁殖。

体态优雅端庄，南方多露地栽培，宜孤植、对植或数株丛植，常用于花坛、建筑物门前、天井中、草地边隅，也可盆栽。北部需室内越冬。

2. 棕榈（*Tracycarpus fortunei*（Hook. f.）H. Wendl.）

棕榈科，棕榈属。乔木，茎单生，叶掌状分裂，裂片全缘；叶柄两侧密生细锯齿，叶鞘具发达棕色纤维，全包于茎上。核果熟时蓝黑色。

广布于长江流域以南，为常见的树种，栽培或野生。喜石灰岩土壤，抗性强，树龄长。成片栽培者多供割取棕片（叶鞘纤维）用。为华东、华中及西南庭园中常见的一种棕榈科乔木。

3. 蒲葵（*Livistona chinensis*（Jacq.）R. Br.）

棕榈科，蒲葵属。乔木。叶掌裂，裂片整齐，裂片先端 2 深裂，叶柄两侧具锐刺。花两性。花序分枝稀疏。核果椭圆形，熟时蓝黑色。

我国产于南部，福建、广东、广西、海南、台湾等省、自治区有分布，江西、湖南、湖北、四川、云南、贵州等省庭院中均有栽培。

4. 大丝葵（*Washingtonia robusta* H. Wendl.）

棕榈科，丝葵属。乔木，茎基部膨大，叶掌裂，裂片先端 2 裂，边缘及裂隙具丝状纤维；叶柄淡红褐色，满布粗壮钩刺。

原产墨西哥。我国南部等省庭园中有栽培。

5. 棕竹（*Rhapis excelsa*（Thunb.）Henry ex Rehd.）

棕榈科，棕竹属。丛生灌木，叶 5～10 掌裂，裂片宽线形或线状椭圆形，不均等，具 2～5 肋脉，顶端截形，具几个不规则浅齿，边缘及肋脉具褐色小锐齿；叶鞘具浅黑色粗糙的纤维。

分布于我国东南至西南。庭院中常见。

6. 鱼尾葵 (*Caryota ochlandra* Hance)

棕榈科，鱼尾葵属。乔木，茎单生，表面被白色毡状绒毛。叶二回羽状全裂，羽片近三角形，花序长 2～3m，多分枝下垂，花单性同株。核果球形，熟时淡红色。

产于亚洲的热带地区。我国产于广东、广西、云南及贵州等省、自治区。为该属我国栽培最普遍的一种，性略耐寒，北至成都亦露地栽培，严重霜冻叶常受害而植株不死。秆直而高，叶大，形别致，花序大而下垂，美丽而壮观。

7. 董棕 (*Caryota urens* Linn.)

棕榈科，鱼尾葵属。乔木，茎不膨大或膨大作花瓶状，表面无白色毡状绒毛。叶长 5～7m，弓状下弯。

我国分布于广西、云南的石灰岩区。

8. 江边刺葵 (*Phoenix roebelenii* Obrien)

棕榈科，刺葵属。茎丛生，栽培者常单生，宿存叶柄基部三角状。叶一回羽状全裂，裂片线形，在叶轴上排为 2 列，基部的羽片退化为针刺。花单性异株，果熟时枣红色。

原产云南，南方庭院多栽培，重庆各地常见。

9. 海枣 (*Phoenix dactilifera* Linn.)

棕榈科，刺葵属。乔木，基部常丛生萌蘖，叶柄基部宿存，下部叶常下垂，叶一回羽状全裂，裂片常 2～3 枚聚生，在轴上排为 2 列，基部的羽片退化为针刺。果肉厚，味甜可食，种子腹面有 1 纵沟。

原产亚洲西部和非洲北部。我国南部至西南有栽培。据云，能耐 -6.7℃ 低温，在 17.7℃ 以下便不开花结实，结实要求 29℃ 以上温度。重庆常见。

10. 假槟榔 (*Archontophoenix alexandrae* (F. Muell.) H. Wendl. Ex Drude)

棕榈科，假槟榔属。茎单生，叶长 2～3m，一回羽状全裂，羽片排为 2 列，外向折叠，中脉在两面凸起，背面被灰白色鳞秕状绒毛；叶鞘淡绿色，抱茎而成"冠茎"。花雌雄同株，佛焰苞大，2 枚，花序略弯曲。

原产澳大利亚。我国南部各省有栽培。重庆能正常生长与越冬，遇霜雪则叶枯凋，但来年再生新叶。

八、竹类

1. 毛竹 (*Phyllostachys edulis* (Carr.) J. Houz.)

禾本科，刚竹属。单竹型大型竹类，中部节间长达 30～40cm，中下部秆环不隆起，故节部只见一不隆起的箨环。箨鞘厚革质，背面有明显纵肋，密生棕色小刺毛。小枝生叶 2～8 片，叶窄披针形。花序单生，不具叶，小穗 2 花，仅 1 发育成熟。

分布极广，野生及栽培，长江流域及以南各省、自治区及河南、陕西均有。

喜温暖湿润气候及排水良好、深厚肥沃的土壤。常成大面积纯林，颇为壮观。

品种龟甲竹（'Heterocycla'），较矮小，基部数节的节间短缩、膨肿，节成斜面交错生长。庭园常见栽培。

2. 斑苦竹 (*Pleioblastus maculatus* (MeClure) C. D. Chu et C. S. Chao)

禾本科，苦竹属。复轴型竹类，高 4～9m，径 3～6cm，箨鞘淡棕色，有紫色小斑点或斑块，具光泽，无白粉，基部密被一圈黄褐色长刺毛，箨环显著隆起呈一很厚的木栓质圆脊。节间长 30～40cm，幼时密被白粉，秆环微隆起。具叶小枝 1～3 枝生于一节，其顶端有叶 2～3 枚。

分布于江苏、浙江、福建、江西、湖南、湖北、广东、广西、贵州、云南、四川、重庆等地。重庆市市区有少量栽培。

3. 孝顺竹（*Bambusa multiplex*（Lour.）Raeusch）

禾本科，簕竹属。合轴型竹类，秆较低矮，高 2～7m，径 0.5～2.5cm，节间长 20～40cm，微被白粉。箨鞘硬纸质，硬脆，淡棕色，无毛，箨叶直立，耳小或不显。每节多分枝，中央分枝比侧枝稍粗。每分枝具叶 5～10 余枚，排成 2 列。

我国分布于长江中下游及华南、西南地区。庭园中普遍栽培。

园林中有下列变种及变型，观赏价值更高。

凤尾竹（'Nana'）：比原种矮小，高 2～3m，径不超过 1cm，分枝细长而下弯，每小枝具叶部分长可达 30cm，常具叶 10～20 枚，叶小，长 2～7cm，宽 3～8mm，分布于长江流域及以南各地；株小叶细，庭园中常见。

小琴丝竹（'Alphonsekarri'）：特点为秆鲜黄色而间以绿色条纹。

4. 车筒竹（*Bambusa sinospinosa* McClure）

禾本科，簕竹属。合轴型竹类，高达 24m，径达 15cm，箨环密生棕色刺毛。每节分枝常为 3，每枝的各节上均生有 2～3 枚具节的大枝刺。

原产我国广东、广西、四川、云南、贵州、重庆等地。多为栽培，常植于河岸边及村庄旁。

5. 硬头黄竹（*Bambusa rigida* Keng et Keng f.）

禾本科，簕竹属。合轴型竹类，高 5～12m，径 4～6cm，秆壁厚，箨鞘几无毛，箨耳发达。分枝低，主枝明显较粗，每小枝具叶 5～12 枚。

分布于福建、江西、湖南、广东、广西、四川、重庆等地。

6. 佛肚竹（*Bambusa ventricosa* McClure）

禾本科，簕竹属。合轴型竹类，正常秆高 6～8m，径 4～5cm；完全畸形的秆高 1～2m，径约 2.5cm，节间下粗上细如瓶状，略左右弯曲；每节具 1～3 分枝。箨鞘纸质，箨耳发达。小枝具叶 7～13 片，叶片背面有柔毛。

广东特产，重庆市有栽培。

7. 慈竹（*Bambusa emeiensis* L. C. Chia et H. L. Fung）

禾本科，簕竹属。合轴型竹类，高 5～10m，径 3～6cm，幼时贴生灰白色或灰褐色小刺毛，秆下部节内常有一圈白毛环。顶端细长而下垂，秆环平，箨环明显。每节约生 20余分枝，成半轮生状，无明显主分枝。箨鞘密集贴生棕黑色刺毛；箨叶密生白色小刺毛。每小枝具叶数枚至 10 余枚。小穗每节常 2～4 枚，棕紫色，各含 4～6 花。

分布于湖南、湖北、陕西、甘肃、广西、四川、云南、贵州、重庆等省、自治区、直辖市。

慈竹在西南极普遍，是最常用的篾用竹。

九、藤蔓类

1. 光叶子花（九重葛）（*Bougainvillea glabra* Choisy）

紫茉莉科，叶子花属。常绿大型藤状灌木，长可达 10m，茎粗壮，具枝刺，枝无毛或稍有毛；单叶互生，花 3 朵聚生，每花生于大型叶状苞片上，苞片紫红色。花期各地不一，在温度合适条件下可常年开花。

原产巴西。我国长江流域以南广泛栽培。

喜温暖湿润气候和阳光充足环境。对土壤要求不严。喜肥、喜水、不耐旱，忌水涝，土壤适当干燥可加深花色。不耐寒。性强健，萌芽力强，耐修剪。扦插繁殖。

树形丰满，花期长，花苞片形态似叶、颜色如花，花团锦簇，蔚然可观，是优良的垂直绿化植物，长江流域以南广泛用于棚架、围墙、山石、廊柱绿化及花坛，也可丛植于草坪、路缘等处。

2. 七姊妹（*Rosa multiflora* Thunb. 'Grevillei'）

蔷薇科，蔷薇属。落叶蔓性灌木，茎有皮刺，羽状复叶，小叶 5～11。伞房花序，花重瓣，深玫红色。花期 5～6 月。

普遍栽培。喜光、耐半阴。适生于背风向阳、通风良好处。好肥耐瘠，喜疏松、深厚、排水良好土壤，忌水湿。耐寒。

为花架、绿门、绿廊、花柱、花篱的优良材料。也可垂挂或攀缘岩石、假山等。

3. 紫藤（*Wisteria sinensis* Sweet）

豆科，紫藤属。缠绕性落叶大藤本，茎长可达 30m 以上。奇数羽状复叶，小叶 7～13，多为 11。花稍先叶开放，花蓝紫色，稍有香味，花序长 10～30cm。荚果密被棕色长柔毛。花期 4 月。

原产中国，现广泛栽培。对气候、土壤适应性强。喜光、较耐阴，耐寒、耐水湿、耐瘠薄，但以土层深厚肥沃、排水良好、向阳避风处生长最好。主根深，侧根少，不耐移植。对二氧化硫等多种有毒气体抗性强。扦插、压条、嫁接、播种繁殖。

紫藤是我国传统观花藤本，生长快、寿命长，枝叶茂密，藤蔓屈曲蜿蜒，尤其老藤盘曲扭绕，宛若蛟龙翻腾。春季开花，繁英婉垂，极是悦目。应用中，是花架、绿廊、凉亭、大门入口、岩面等垂直绿化的优良材料，也可修剪成灌木状孤植、丛植草坪、湖滨、山石旁，可盆栽或制桩景。

4. 常绿油麻藤（*Mucuna sempervirens* Hemsl.）

豆科，油麻藤属。缠绕性常绿木质大藤本，茎蔓可达 30m 以上。三出羽状复叶。总状花序生于老茎，单花长 6～7cm，花深紫色。荚果具刺毛。

产西南至华东，常生于石灰岩上。喜温暖湿润气候和肥沃土壤，耐阴、耐旱、畏严寒。生长快，叶荫浓，老茎若龙盘蛟舞，花序如串串紫宝石，为南方蔽荫优良藤本，适用于大型棚架、跨路长廊、花门、墙垣等绿化。

5. 地锦（爬山虎）（*Parthenocissus tricuspidata*（Sieb. et Zucc.）Planch.）

葡萄科，爬山虎属。落叶大藤本，卷须多分枝，枝端有吸盘。叶三浅裂；基部叶常三深裂或全裂。

原产我国，各地普遍栽培。

耐寒、耐旱、耐湿，阳处、荫蔽处都能适应。生长快，在阴湿、肥沃土壤中生长最佳。抗二氧化硫、氯气等有毒气体能力强。扦插、压条、播种繁殖。

茎蔓纵横，叶密色翠，春季幼叶和秋后叶色或红或橙，艳丽悦目，在砖墙和水泥墙上吸附攀缘高度可达 20m 以上，故有"爬墙虎"之称，是具有较高观赏性和实用功能的藤本，通常用作建筑物墙面、围墙、岩石面、庭园入口等处作攀附绿化材料。

6. 常春藤（*Hedera nepalensis* K. Koch var. *sinensis*（Tobl.）Rehd.）

五加科，常春藤属。常绿木质藤本，蔓茎可达 30m，借气根攀缘；小枝有锈色鳞片状柔毛。叶革质，深绿，有长柄；营养枝上叶三角状卵形，全缘或三浅裂；花枝上叶卵形至菱形。花小，淡白绿色，微香。果球形，红色或橙色。花期 9～10 月，果期次年 4～5 月。

分布秦岭以南各省区。

极耐阴，也能生长在全光照环境中。喜温暖湿润，稍耐寒。对土壤要求不严。生长势强，有一定耐干旱、瘠薄能力。对氯气抗性强。扦插、播种、压条繁殖。

枝叶稠密，四季常青，叶色光亮，光照较好处，春季绿叶、红果相互映衬，更添美色，是垂直绿化的优良材料之一。适于建筑物墙面、陡坡、岩壁、树干、石柱等攀缘绿化，或让其悬垂挂落也别有风致，也可用作地被植物。是盆栽室内绿化装饰的好材料。

7. 忍冬（金银花）（*Lonicera japonica* Thunb.）

忍冬科，忍冬属。常绿或半常绿缠绕藤本，小枝中空。叶对生，全缘。双花生叶腋，苞片叶状；花冠唇形，冠筒细长，初开白色，后变黄，芳香。浆果球形，蓝黑色。花期 4～6 月，果期 8～10 月。

广布全国。适应性强，喜光、也耐阴。耐寒、耐旱，对土壤要求不严，以在湿润、肥沃、深厚的沙壤土中生长最好。根系发达，萌蘖性强。播种、扦插、压条、分株繁殖。

8. 薜荔（*Ficus pumila* Linn.）

桑科，榕属。常绿，吸附攀缘或匍匐生长，茎节具不定根。叶二型，营养枝叶薄而小，几无柄，结果枝叶大而厚革质。花序托径约 5cm。

产华东、华南、西南、华中等地。喜光，稍耐阴，喜温暖湿润气候，有一定耐旱、耐寒力，土壤适应性强，但以肥沃的酸性土最佳。播种、扦插、压条繁殖。

用于墙面、假山、岩石绿化。

9. 使君子（*Quisqualis indica* Linn.）

使君子科，使君子属。常绿或落叶藤状灌木。叶对生，羽状排列，两面有锈色柔毛。穗状花序顶生，花大，两性，初开白色，后转紫红色，有香气，花冠筒细长，雄蕊 10，子房下位，果具 5 棱。花期 5～10 月，果期 8～12 月。

分布长江以南。喜温暖、怕霜冻，宜植向阳背风处。以土层深厚肥沃、湿润的酸性土为宜。播种、扦插、分株、压条繁殖。

叶茂荫浓，花色艳丽，适合作绿篱、棚架、花格墙、围墙绿化树种。

 **复习思考题**

1. 名词解释：顶端优势、双名法、品种、品系、乔木、灌木、木本植物、维管植物、高等植物、长日照植物、短日照植物、阳性植物、阴性植物、挺水植物、沉水植物、旱生植物。

2. 园林植物的生长发育分为哪几个阶段？

3. 什么是植物生长的相关性？主要包括哪些类型？

4. 什么是顶端优势？有何利用价值？

5. 被子植物的主要分类系统有哪些？

6. 植物分类的常用单位有哪些？简述"种"的含义。

7. 简述植物生长型的主要类型。

8. 根据主要观赏部位而划分的园林植物类型有哪些？

9. 根据园林用途划分的园林植物类型有哪些？并分别列举重庆地区常见的园林植物。

10. 什么是行道树？世界五大行道树包括哪五种植物？

11. 重庆地区常见的孤植树有哪些？

12. 根据高度、观赏特性而划分的绿篱类型有哪些？并分别列举重庆地区常见的绿篱植物。

13. 重庆地区常见的可用于花坛、花境的花卉有哪些种类？

14. 世界五大公园树种包括哪些？

15. 色叶植物有哪些类型？分别列举重庆地区常见的色叶植物。

16. 影响植物生长发育与分布的生态因子有哪些？哪些是影响花芽分化的主要因子？

17. 什么是温度三基点？气候带不同的植物种类，其温度三基点呈现何种变化趋势？

18. 影响花色、叶色的生态因素有哪些？

19. 什么是酸性土植物？并列举几种常见酸性土植物种类。

20. 简述松科、柏科、木兰科、蔷薇科、豆科、杜鹃花科、木犀科、菊科、禾本科的主要特征。

21. 简述棕榈科植物的生态习性，列举几种本地常见的棕榈科植物。

22. 竹类分为哪几种类型？并举例说明。

23. 列举重庆地区常见的观果植物、观花植物、香花植物、春季花卉、球根花卉、耐寒植物、喜热植物、水生花卉、阴性植物。

24. 简述重庆地区常见乔木的分类识别、地理分布、生态习性与观赏性等特征。

第二章 城市环境与生态基础知识

第一节 城市生态学概述

一、生态学定义与研究特点

1. 生态学的定义

Ernst Haeckel（1883）认为：生态学是研究生物与生物以及生物与环境之间相互关系的学科。E. P. Odum（1975）认为：生态学是研究生态系统的结构、功能和动态的科学。而生态系统（Ecosystem）是生物复合体与自然因素复合体相互联系、相互作用而形成的一个自然体系或系统，由于生态系统视生物与其所处环境为一个有机整体，从而E. P. Odum 的定义更强调了生物与环境的相互作用关系。

生态学主要研究有机体以上的组织层次，属于宏观生物学的范畴。目前主要包括个体生态学、种群生态学、群落生态学、生态系统生态学、景观生态学等，无论在哪个层次，生态学研究的焦点都离不开生物与环境和生物与生物之间的相互作用。这是生态学研究内容的特殊性。

2. 生态学的研究特点

1) 整体观

生态学注意其整体的生态特性。主要有三个论点：①整体大于它的各部分之和。②一旦形成了系统，各要素不能分解成独立的要素而孤立存在。如果分开，就不再具有系统整体性的特点和功能。③各要素的性质和行为对系统的整体性是起作用的，这种作用是在各要素的相互作用过程中表现出来的。如果系统失去其中一些关键性要素，就难以成为完整的形态而发挥作用。

2) 系统观

系统是由相互联系、相互作用的组分按一定的结构组成的功能整体，系统分析的方法既区分出系统的各个组分，研究它们的相互关系和动态变化，同时又综合各组分的行为，探讨系统的整体表现。

3) 协同进化

各种生命层次及各层次的整体特性和系统功能，都是生物与环境长期协同进化的产物。协同进化的观点是生态学研究中的指导原则之一。

以上这些学科特点使得生态学成为人们研究解决城市人口、环境、资源以及经济可持续发展等社会关注的重大问题的不可或缺的一门学科。

二、城市生态学概述

1. 城市生态学的概念

从城市科学的角度出发，城市生态学是以生态学的原理与方法研究城市的结构、功能和动态调控的一门学科；从生态学的角度出发，城市生态学是研究城市人类活动或城市居民与城市环境之间关系的一门学科。因此，城市生态学既是一门重要的生态学分支学科，又是城市科学的一门重要分支学科，也是一门两者的交叉学科。

城市生态学将城市视为一个以人为中心的人工生态系统，在理论上研究其发生和发展的动因，组合和分布的规律，结构和功能的关系，调节和控制的机理；在应用上旨在运用生态学原理规划、建设和管理城市，提高资源利用率，改善城市系统关系，增加城市活力。

2. 城市生态学的发展简史

现代城市生态学兴起于1920年代，以美国芝加哥学派的人类生态学和城市生态学学术思想为代表。他们以城市为研究对象，以社会调查及文献分析方法，以社区即生态学中的（人口）群落、邻里为研究单元，研究城市的集聚、分散、入侵、分隔及演替过程、城市中的竞争、共生现象、空间分布格局、社会结构和调控机理；应用系统的观点将城市看作是一个有机体，认为它是人与自然、人与人相互作用的产物。

城市生态学的大规模发展是在1960～1970年代，在此期间，联合国教科文组织的MAB计划提出了许多关于城市的生态学研究课题，开始将城市作为一个生态系统来研究，指出城市是一个以人类活动为中心的人类生态系统。

3. 城市生态学的研究内容

目前城市生态学的基本内容可归纳为：城市生态系统的组成、形态结构与功能，城市人口，城市生态环境，城市灾害及防范，城市景观生态，城市与区域持续发展，以及生态学原理的应用，如城市生态规划、生态评价、生态管理等。

根据研究的对象和内容的不同，城市生态学可分为城市自然生态学、城市经济生态学、城市社会生态学三个方面。

城市自然生态学着重研究城市的人类活动对所在地域自然生态系统的积极和消极影响，以及地域自然要素对人类活动的影响。即它以城市动植物及非生物环境的演变过程为主线，侧重于城市自然生态系统研究、城市动植物与城市居民、城市生态环境的相互关系研究。

城市经济生态学则从经济学角度重点研究城市代谢过程的物流、能流和信息流的转化、利用效率等问题。

城市社会生态学的研究重点是城市人工环境对人的生理和心理的影响、效应，即人在建设城市、改造自然过程中所遇到的城市问题，如人口、交通、能源问题等。城市社会生态学的研究起源于1920年代美国芝加哥学派及德国学者的城市演替研究。前者着重于城市系统的功能，后者强调城市的影响，目前这两个学派趋于结合，形成了西方较为流行的结构功能学说。

三、生态园林的含义

从1980年代后期开始，我国兴起了建设生态园林的思潮，住房和城乡建设部于2012年11月颁布了《生态园林城市分级考核标准》。生态园林建设，已成为我国城市园林发展的必然趋势与必然要求，也是实现城市生态文明建设的重要基础。

生态园林的科学内涵在于：①科学合理地建设城市园林。根据生态学原理，尊重自然、保护自然、顺应自然，科学合理地配置园林植物群落，开展城市生态恢复，建设城乡绿地系统。②充分发挥园林绿地的生态效益，为人们提供一个良好的城市生态环境。③继承和发展传统园林的经验，发挥园林的美化作用与景观效益。生态园林建设的目标是改善城市生态环境，使人类与自然和谐共生，为城市居民提供生态环境良好、景观优美的生活环境。

第二节　城市环境

一、城市环境的特点

1. 城市环境的概念

城市环境是指影响城市人类活动的各种自然的或人工的外部条件的总和。狭义的城市环境主要指物理环境及生物环境，包括大气、土壤、地质、地形、水文、气候、生物等自然环境及建筑、管线、废弃物、噪声等人工环境。广义的环境，除了物理环境之外，还包括社会环境、经济环境和美学环境。

从景观设计师的角度来看，城市环境主要是狭义的含义。它也可分为生物环境和非生物环境两部分。生物环境包括城市中的植物、动物和微生物；非生物环境则包括城市的气候、水文、土壤、建筑和基础建设等。

2. 城市环境的组成

根据城市环境的定义，城市环境组成可以归纳为以下几个方面。

1）城市物理环境

城市物理环境组成可分为自然环境和人工环境两个部分。城市自然环境包括地形、地质、土壤、水文、气候、植被、动物、微生物等因素，它们是城市环境的基础，城市环境的形成在许多方面受到自然环境的影响和作用，同时城市自然环境的性质和状况也因人类活动而发生很大的变化。城市人工环境包括房屋、道路、管线、基础设施、不同用途的土地、废气、废水、废渣、噪声等因素，它们是人类对自然环境加以改造后形成的结果。

2）城市社会环境

城市社会环境体现了城市这一区域在满足人类各类活动方面所提供的条件，包括人口分布与结构、社会服务、文化娱乐、社会组织等。

3）城市经济环境

城市经济环境是城市生产功能的集中表现，反映了城市经济发展的条件和潜势，包括物质资源、经济基础、科技水平、市场、就业、收入水平、金融及投资环境等。

4）城市美学环境

城市美学环境也称城市景观环境，是城市形象、城市气质和韵味的外在表现和反映，包括自然景观、人文景观、建筑特色、文物古迹等。

3. 城市环境的特点

1）城市环境具有相对明确的界限

城市有明确的行政管理界限及法定范围。城市内部还可分为远郊区、近郊区和城区，城区还可分为不同的行政管理区，它们之间都有行政管理界限。行政管理界限不同于自然

环境中水系、植被类型、山川的分布界线。

2）城市环境受人工化的强烈影响

城市是人类对自然环境施加影响最强烈的地方。城市人口集中、经济活动频繁，对自然环境的改造力强、影响力大。这种影响又会受到自然规律的制约，导致一系列城市环境问题。例如：城市热岛效应，城市雨量较郊区多，城市大气和水体污染等。

3）城市环境组分复杂、功能多样

与一般自然环境不同，城市环境的构成不仅有自然环境因素，还有人工环境因素，同时还有社会环境因素、经济环境因素和美学环境因素。城市环境的自然环境因素和人工环境因素是人类对自然环境加以人工改造后才得以形成的。城市环境包括人类社会环境与经济环境因素，表明城市是人类社会高度集聚的聚落形式。人类在城市中经济活动高度集聚，并由于经济的高度集聚性导致了社会生活的高集聚。另外，美学因素也是城市环境的一个独特的组成部分。城市在提供给人类一个经济、社会生活的人工化的空间区域的同时，已将特定的美学特征赋予城市环境本身。这一美学因素将对城市人类产生长期的、潜移默化的影响及效应。

城市环境的组成决定了城市环境结构的复杂性，它具有自然和人工环境的多种特性。同时，城市环境所具有的空间性、经济性、社会性及美学特征，又使得其结构呈现多重性及复式特征。而正是由于城市环境所具有的多元素构成、多因素复合式结构，才能保证其能够发挥多种功能，使得城市在一个国家社会经济发展过程中起到的巨大作用，远远超过了其本身地域界限的范围。

4）城市环境制约因素多

首先，受外部环境的制约。从生态学角度讲，城市生态系统不是、也不可能是封闭系统，只能是开放性的。如果城市系统内外的物流、能流、信息流出现中断或梗阻，后果是不可想象的。可见城市环境系统对外界有很大的依赖性，只有这种系统间的流动维持畅通和平衡，城市环境系统才会正常运行和保持良性循环。其次，城市环境还受包括城市社会环境、城市经济环境在内的诸多因素的制约。第三，国内外政治形势及国家宏观发展战略的取向与调整也对城市环境产生种种直接或间接的影响。

5）城市环境系统的脆弱性

城市越是现代化、功能越复杂，系统内外和系统内部各因素之间的相关性和依赖越强，一旦有一个环节发生问题，将会使整个环境系统失去平衡。例如，当城市供电发生故障，会造成工厂停产、给水排水停顿、城市交通混乱、商业和其他行业出现问题。而城市供水的停顿、交通混乱、商业和其他行业的问题又会引起一系列严重问题。可以说，在现代社会，城市中的任何主要环节出了问题而不能及时解决，都可能导致城市的困扰和运转失常，甚至会瘫痪。可见城市环境系统具有相当的脆弱性。城市环境越是远离自然状态，其自律性越差，越显脆弱性。

4. 城市环境问题概述

城市是工业化和经济社会发展的产物，人类社会进步的标志。然而在城市化进程中，特别是城市向现代化迈进的历程中，不少城市遇到了诸如人口膨胀、交通拥挤、住房紧张、能源短缺、供水不足、生物多样性减少、环境污染严重等城市环境问题。其中，城市环境污染是最严重的问题，它已成为制约城市发展的一个重要障碍。如何更有效地控制我国城市环境污染，改善城市环境质量，使城市社会经济得以持续、稳定和协调发展，已成为一个迫在眉睫的问题。

据美国 85 个城市的调查，每年因大气污染侵蚀城市建筑物、住宅而带来的损失就达 6 亿美元。在我国，许多城市的环境污染相当严重，如太原、沈阳、西安、重庆和北京等曾被列入全球大气污染严重的城市。而近年来，许多城市雾霾天气逐渐增多，城市大气 PM2.5 浓度超标现象日益严重。2014 年，全国有 190 个城市公布了 PM2.5 浓度，年均浓度为 $60.8\mu g/m^3$。其中，达到国家二级标准（$35\mu g/m^3$）的城市仅 18 座，超标城市占 9 成以上，而有四分之一的城市的 PM2.5 浓度甚至达到国家二级标准的两倍以上。京津冀地区是全国空气污染最严重的区域。

在固体废弃物污染方面，据有关部门统计，工业废渣量约为城市固体废弃物排放量的 3/4，另有数量可观的生活垃圾，现在许多城市生活垃圾的增长速度大于工业废渣的增长速度。废渣综合利用率低。工业废渣综合利用率虽逐年有所增长，但增长速度缓慢。同时，城市垃圾无害化处理甚少，仅少数城市有无害化处理设施，无害化处理量仅占排放量的百分之几，矛盾日益突出。城市固体废弃物目前基本上都是露天堆放，占用大量土地。全国有数十个城市废渣堆存量在 1000 万 t 以上。各种废弃物露天长期堆放，日晒雨淋，可溶成分溶解分解，有害成分进入大气、水体、土壤中，造成二次环境污染。

我国许多城市环境的噪声污染相当严重，据 1995 年对 46 个城市的监测，区域环境噪声等效声级范围为 51.5～76.6dB（A），平均等效声级（面积加权）为 57.1dB（A）。道路交通噪声等效声级范围为 67.6～74.6dB（A），平均等效声级（长度加权）为 71.5dB（A），其中 34 个城市平均等效声级超过 70dB（A）。2/3 的交通干线噪声超过 70dB（A）。特殊住宅区噪声等效声级全部超标，居民文教区超标的城市达 97.6％，一类混合区和二类混合区超标的城市均为 86.1％，工业集中区超标的城市为 19.4％，交通干线道路两侧区域超标的城市为 71.4％。

二、城市气候

城市形成后，由于下垫面性质的改变、空气组成的变化以及人为热和人为水汽的影响，在当地纬度、大气环流、海陆位置、地形等区域气候因素作用的基础上，导致城市内部气候与周围郊区气候的差异。这种差异虽不足以改变城市所在地原有的气候类型，但在许多气候要素上表现出明显的城市特征。

城市气候涉及的范围如图 2-1 所示。在城市建筑物以下至地面，称为城市覆盖面。它受人类活动影响最大，与建筑物密度、高度、几何形状、街道宽度和走向、建筑材料、人为热和人为水汽的排放量及绿化覆盖率等关系密切。由建筑物屋顶向上到积云中部高度为城市边界层。它受城市空气污染物性质和浓度以及参差不齐的屋顶热力和动力影响，湍流混合作用显著，与城市覆盖面间存在着物质与能量交换，并受区域气候因子的影响。在城市下风方向还有一个市尾烟云层。这一层气流、污染物、云雾、降水和气温都受到城市的影响。在市尾烟云层之下为农村边界层。

城市边界层的上限高度因天气条件而异，如在中纬度大城市，晴天白昼常可达 1000～1500m，而夜晚只有 200～250m。

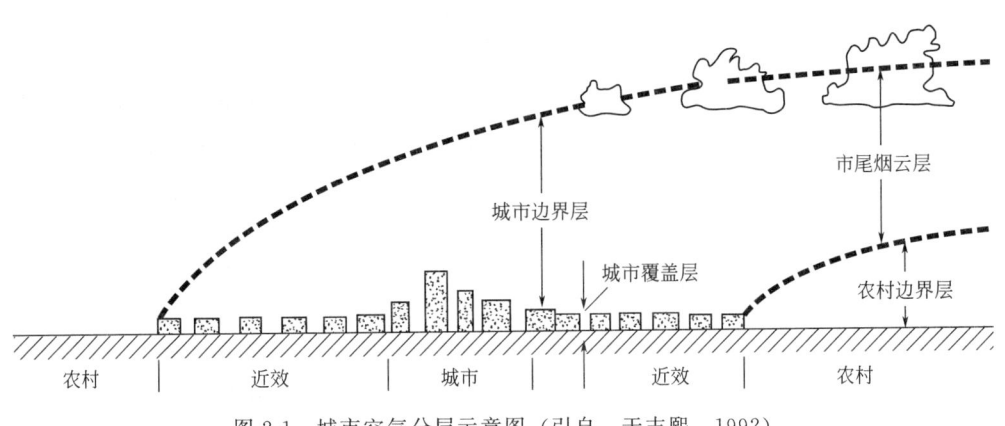

图 2-1 城市空气分层示意图（引自：于志熙，1992）

1. 城市光照条件

城市中，由于空气污染物较多，凝结核较多，较易形成低云。城市上空云雾弥漫，大气透明度小，以及建筑物互相遮挡，因此城市的低云量、雾、阴天日数都比郊区多，日照时数和日照百分率均小于郊区（表 2-1）。数据资料表明，城市中心地面的年平均总辐射要比郊区少 15%～20%。在大城市中，当太阳高度太阳角小，空气污染浓度大时，可减少 30% 以上。

上海龙华及其附近四个郊县日照时数与日照百分率的比较（1958～1988 年）　　表 2-1

	市区（龙华）	郊 区			
		北郊(宝山)	西郊(嘉定)	东郊(川沙)	南郊(上海县)
日照时数	2001.1	2168.8	2109.6	2095.8	2004.0
郊区与市区间的差值		168.7	109.5	95.7	3.9
日照百分率	45.0	49.0	47.7	47.0	45.2
郊区与市区间的差值		4.0	2.7	2.0	0.2

资料来源：周淑贞等，1994，有改动。

城市内部光照条件的局部差异比郊区大。除了与纬度、季节、云量和空气污染程度等因素有关之外，主要取决于街道宽度（D）、街道走向（A）和建筑物高度（H）。一般说来，可照时数随街道狭窄指数（N）（即建筑物高度与街道之比 $N=H/D$）的增大而减少。例如，西安市北墙在街道狭窄指数 $N=1:2$ 的情况下，6 月份可照时间为 169.1h，约为南墙的 80%；当 $N=3:1$ 时，可照时间为 79.7h，约为南墙的 40%。在北半球地区，一条东西走向的街道，如果两侧有相同的较高大的建筑物，北侧接受的太阳光多于南侧；一栋东西走向的建筑物，南侧接受的太阳光多于北侧。另一方面，街道地面和建筑物的反射以及人工光源可部分补偿太阳光辐射的减弱。

在城市建筑物之间以及高楼中庭中应用园林植物可以营造绿色环境。根据光照强度的不同，应选择不同的植物。在全日皆为直射光或半日以上的直射阳光区，选用阳性植物为主，如银杏、水杉、紫葳、海桐、木槿等，但在乔木下层光线较弱处，仍宜选用中性或阴性植物；在每日只有半日以下的直射阳光区，一般选用中性或阴性植物，因建筑物西侧直射光较强，该处适合中性及阳性植物生长；在每日皆无直射阳光区，主要选用适合阴性或中性环境的植物，较明亮或有人工光源处也可选用阳性或中性植物。

2. 城市气温

城市热岛效应是城市气候最明显的特征之一，它是指城市气温高于郊区气温的现象。

据徐兆生等人观测，北京市城区年平均温度比郊区高 0.7～1℃，夏季日平均温度比郊区约高 0.5～0.8℃，最高温度高 0.8～2℃，最低温度高 1.4～2.5℃。北京市的气温中心在城区南部，沿东西长安街呈东西长、南北短的椭圆形闭合中心。在石景山钢铁厂也存在一个高温区，这是由于高炉释放的热量特别大所引起的。

热岛效应形成的主要原因有：

（1）城市下垫面的反射率要比郊区小。城市绿地面积比郊区少，街道、建筑物等大量使用砖石、水泥、沥青、硅酸盐等建筑材料，这些建筑材料的反射率比植被低，特别是深色屋顶和墙面等反射率更低。并且由于建筑物密度大，形成一个立体下垫面，太阳辐射在墙壁、屋顶、路面等之间多次反射吸收，最终被反射的能量减少。

（2）城市下垫面建筑材料的热容量、导热率比郊区森林、草地、农田组成的下垫面要大得多，因而城市下垫面的温度高于郊区，通过长波辐射提供给大气的热量比郊区多。

（3）城市大气中有二氧化碳和污染物覆盖层，对地面长波辐射有强烈的吸收作用。因而，大气温度比郊区高，空气逆辐射大于郊区。

（4）城市中有较多人为热进入空气，特别是高纬度地区冬季取暖。

（5）城市中建筑物密集，通风不良，不利于热量的扩散。

（6）由于城市地面不透水面积大，排水系统发达，地面蒸发量小。

大量的研究结果表明，我国城市的热岛效应在秋冬季节较强，而夏季较弱。例如，天津市热岛效应强度全年平均为 1.0℃，秋季平均 0.9℃，夏季平均 0.4℃，而冬季可达 5.3℃。由于热岛效应，城市植物物候一般比农村郊区早。利用热岛效应，可以在城区局部环境中，如建筑物中庭内种植一些在当地通常不能露地越冬的观赏树木。但在夏季，由于太阳直接辐射和反射的热效应，加之供水量小，无风，会使树木"过热"，引起焦叶和树干基部树皮灼伤。

城市热岛效应强度还因地区而异，它与城市规模、人口密度、建筑密度、城市布局、附近的自然景观以及城市内下垫面性质有关。在城市人口密度大、建筑密度大、人为释放热量多的市区，形成高温中心。城市中的植被和水体增温和缓，可以降低热岛强度，因此在有植被和水体的地方形成低温带。

热岛效应是一种中小尺度的气候现象，它受到大尺度天气形势的影响。当天气形势在稳定的高压控制下，气压梯度小，微风或无风，天气晴朗无云或少云，有下沉逆温时，有利于热岛的形成。例如，在我国长江中下游沿线，由于地球行风的影响，形成副热带高压带。重庆、武汉和南京等城市都分布在该地区。

3. 城市的风

城市的风场非常复杂。首先，具有较大粗糙度的下垫面，摩擦系数增大，使城市风速一般比郊区农村降低 20%～30%；其次，在城市内部，局部差异很大，有些地方为"风影区"，风速极小，另一些地方的风速也可大于同高度的郊区。产生这种差异的原因在于：①当风吹过鳞次栉比的建筑物时，因阻碍摩擦产生不同的升降气流、涡流和绕流等，致使风的局部变化更为复杂；②街道的走向、宽度及绿化情况，建筑物的高度及布局，使不同地点所获得的太阳辐射有明显差异，在局部地区形成热力环流，导致城市内部产生不同的风向和风速。例如，当风遇到建筑阻挡时，常使风向发生偏转，而且风速发生变化，向风一侧的风速下降 10%，背风一侧下降 55%。在街道绿化较好的干道上，当风速为 1.0～1.5m/s 时，可降低风速一半以上；当风速为 3～4m/s 时，可降低风速 15%～55%。如果风向与街道走向一致，则由于狭管效应，风速将比开阔地增强。据观测，当风速为 8～12m/s 时，在平行于主导风向的行列式的建筑区内，风速可增加 15%～30%。

另外，由于热岛效应，城市中心的热气流，形成一个低压中心，当热气流上升到一定高度则降低温度并向四周下沉，继之冷空气再流向热岛中心，如此反复，在城市与郊区之间形成一个缓慢的热岛环流（图 2-2）。

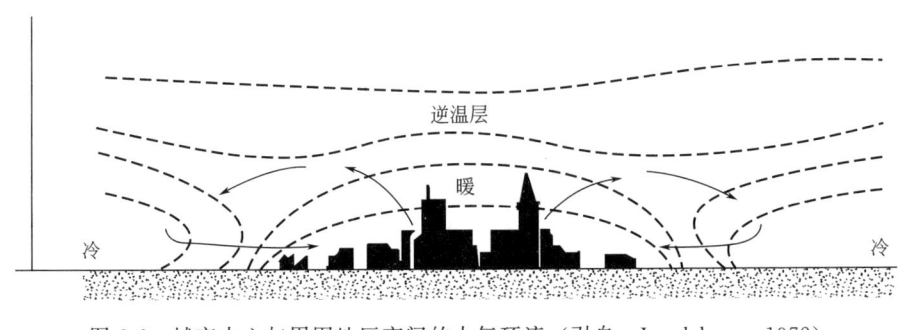

图 2-2　城市中心与周围地区夜间的大气环流（引自：Landsberg，1972）

植物对城市气温和风的变化具有明显的调节作用。盛夏，城市绿地由于树冠遮挡太阳直射光而使树冠下温度降低，加之植物的蒸腾作用，降温效果更大并提高空气湿度，因而在白天为人们提供了一个凉爽的局部小气候环境。较大面积的植物群落的降温效果则更加明显。另一方面，如果在城市郊区存在较大面积的森林植被，有利于促进城市与郊区之间的空气流动，从而进一步降低热岛效应，改善城市大气质量。

4. 城市的降水

城市降水的变化主要表现在降水量和暴雨天数的增加上。据周淑贞（1994）统计，上海市区的降水比郊区高 3.3%～9.2%，多降水 20～60mm，日降水量为 50～100mm 的暴雨天数和雷暴天数也明显高于郊区。

城市的热岛效应、建筑物的阻碍和凝结核增多是城区降水增多的主要原因。由于热岛效应，城市上空容易产生热力对流，当空气中水汽充足时，热力对流有利于形成对流云和对流性降水。同时，城市高低参差的建筑物不仅能引起湍流，而且对移动滞缓的降水系统有阻碍作用，使其移动速度减慢，在城区滞留时间加长，从而导致降水强度的增大和降水时间的延长。此外，城市空气中凝结核多，可促进水汽凝结和雨滴增大，也有利于增加降水。

不过，城区大部分为不透水的路面和建筑物，自然降水的大部分被地下水道排走，加之城市植被覆盖率较小，气温高，相对湿度远比郊区低。

三、城市大气与大气污染

（一）城市大气

大气环境主要是指与人类密切相关的大气圈。地球的大气圈由围绕地球、高达几千米至几十千米的范围内的各种气体混合组成。大气圈按气体物质的组成比例可分为均质层和非均质层。对流层、平流层和中间层大气的化学组成按其体积成分比例基本上是一致的，称为均质层。均质层里有地球生物赖以生存的干洁大气，即除水汽以外的纯净空气，其主要成分见表2-2所示。

干洁空气的主要成分 表 2-2

气体种类	分子式	空气中的含量（%）	
		按体积	按质量
氮	N_2	78.09	75.52
氧	O_2	20.95	23.15
氩	A_r	0.93	1.28
二氧化碳	CO_2	0.03	0.03
臭氧	O_3	0.000001	

资料来源：杨小波．城市生态学 ［M］．北京：科学出版社，2001.

由于城市的形成，城市化、工业化进展的加快，在城市或城市群中由于人类对资源开发利用的强度大，人口密集，其空气的组成成分和其他地域有较大的不同，主要是增加了多种有害成分，由此就形成了城市大气环境。城市大气环境是人类利用和改造自然环境创造出来的高度人工化的城市环境和大气自然环境等诸要素的结合。

（二）城市大气污染

城市空气因子的变化主要表现为大气污染。大气污染是指在空气的正常成分之外，又增加了新的成分，或者原有成分骤然增加而危害人类健康和动植物的生长发育。据有关研究，1981～1990 年，我国城市大气污染是以总悬浮颗粒物和二氧化硫为主要污染物的煤烟型污染。少数特大城市属煤烟与汽车尾气污染并重类型。在大气污染物中，总悬浮颗粒物（TSP）是我国城市空气中的主要污染物，60.0％的城市 TSP 浓度年平均值超过国家二级标准；二氧化硫浓度年平均值超过国家二级标准的城市占统计城市的28.4％，南北城市差异不大；氮氧化物在南北城市都呈上升趋势，尤其是广州、上海、北京等城市，氮氧化物在冬季已成为主要污染物，表明我国一些特大城市大气污染开始转型。

1. 大气污染源类型

1）点源与面源

点源是指集中在一点或小范围内向空气排放污染物的污染源，如多数工业污染源。

面源是指在一定面积范围内向空气排放污染物的污染源。如居民普遍使用的取暖锅炉、炊事炉灶，郊区农业生产过程中排放空气污染物的农田等。面源污染分布范围广，数量大，一般较难控制。

2）自然污染源与人为污染源

大气污染物除了小部分来自火山爆发、尘暴等自然污染源之外，主要来源于人类生产和生活活动引起的人为污染。

3）固定源与流动源

固定源是指污染物从固定地点排出，如火力发电厂、钢铁厂、石油化工厂、水泥厂等。固定源排出的污染物主要是煤炭、石油等化石燃料燃烧以及生产过程排放的废气。

流动源主要是指汽车、火车、轮船等各种交通工具，它们与工厂相比，虽然排放量小而分散，但数目庞大，活动频繁，排放的污染物总量还是不容忽视的。随着我国城市大发展，汽车越来越成为最大的流动污染源，排放的污染物有一氧化碳、氮氧化物、碳氢化合物等。

2. 大气污染物种类

大气污染物种类很多，目前引起人们注意的有 100 多种，概括分为两大类。

1）颗粒状污染物

颗粒状污染物是指空气中分散的微小的固态或液态物质，其颗粒直径在 $0.005 \sim 100 \mu m$。颗粒状污染物一般可分为烟、雾和粉尘等。烟是指因蒸气冷凝作用或化学反应生成的直径小于 $1 \mu m$ 的微粒团。雾是直径在 $100 \mu m$ 以下的液滴团。由于空气中烟、雾常同时存在且难以区分，故常用"烟雾"一词表示。粉尘包括直径介于 $1 \sim 100 \mu m$ 的固体微粒，主要来自煤炭、石油燃料的燃烧和物质的粉碎过程。其化学组成十分复杂，有金属微粒、非金属氧化物及有机化合物等，危害作用有的由颗粒大小直接引起，有的由化学成分引起。粉尘根据粒子大小和沉降速度可再划分为飘尘和降尘，前者微粒直径小于 $10 \mu m$，后者微粒直径大于 $10 \mu m$。

环境空气中空气动力学当量直径小于等于 $100 \mu m$ 的颗粒物称为总悬浮颗粒物（TSP），小于等于 $10 \mu m$ 的称为 PM_{10}，即可吸入颗粒；空气动力学当量直径小于等于 $2.5 \mu m$ 的称为 $PM_{2.5}$，也称为细颗粒物。三者是环境空气质量评价的重要指标。其中，$PM_{2.5}$ 粒径小，活性强，易附带有毒、有害物质（例如，重金属、微生物等），且在大气中的停留时间长、输送距离远，对人体健康和大气环境质量的影响更大。

2）气态污染物

直接进入大气的气态污染物（即初级污染物）主要有：

（1）硫氧化物。大多数是二氧化硫（SO_2），部分是三氧化硫（SO_3）。在气体污染物中，二氧化硫是城市中分布很广、影响较大的污染物，主要是燃煤的结果。在稳定的天气条件下，二氧化硫聚集在低空，与水生成亚硫酸（H_2SO_3），当它氧化成三氧化硫时，毒性增大，并遇水形成硫酸，继之形成硫酸烟雾。硫酸烟雾的毒性更大，尤其是在风速低和逆温层引起的空气滞留的情况下，危害十分严重。

当空气中的二氧化硫以及氮氧化物与水汽结合，形成硫酸和硝酸，以降水形式降落到地面，使雨水 pH 值小于 5.6，就形成酸雨（acid rain），或确切地称为酸沉降（acid deposition）。除了二氧化硫以外，氮氧化物也是形成酸雨的重要污染物。酸雨的毒害程度比二氧化硫大，当空气中硫酸烟雾达到 $0.8 mL/L$ 时，会使人患病。酸雨还影响动植物生长，使水体酸化，腐蚀金属、油漆、含碳酸盐的建筑材料等。

（2）氮氧化物。氮氧化物主要是一氧化氮（NO）和二氧化氮（NO_2），它们是在高温条件下，由空气中的氮与氧反应而生成的，汽车排气是氮氧化物的主要来源。一氧化氮不溶于水，危害不大，但当它转变为二氧化氮时就具有和二氧化硫相似的腐蚀与生理刺激作用。

（3）碳氢化物。包括多种烃类化合物，主要来源是石油燃料的不完全燃烧和挥发，其中汽车占很大比例。

（4）碳氧化物。一氧化碳（CO）和二氧化碳（CO_2）都是空气中固有的成分，但自然情况下浓度很小。一氧化碳的本底浓度大约为 $0.1mg/m^3$，但在重污染地区可达 $80\sim150mg/m^3$，主要是汽车排放废气所致。一氧化碳是一种无色、无味、无臭的气体，人们不易察觉，但吸入人体后可降低血红素与氧的结合能力。当空气中的浓度达到 $120mg/m^3$ 时，可使人头痛、眩晕、感觉迟钝，浓度在 $360mg/m^3$ 时，即使几分钟，也可以损伤视觉，甚至可能产生恶心和腹痛。

二氧化碳在空气中的含量很低，对人体健康没有直接影响，但它可以吸收红外线，使近地面层的空气增温，产生温室效应。由于人类活动，空气中二氧化碳的浓度已经由 1880 年时的 $568mg/m^3$ 上升到目前的 $660mg/m^3$。当前，空气中二氧化碳的浓度增加的主要原因是化石燃料（煤、石油和天然气）的燃烧。仅 1990 年，化石燃料的燃烧向空气中排放的二氧化碳就达 5.5×10^9t。一般认为，随着二氧化碳浓度的增加，温室效应会有所加强，从而引起全球变暖。目前，"温室效应"理论主要指的就是人为大气污染所引起的全球气温上升。该效应的影响后果是深远的，最终可能导致全球气候的大规模变化。

3. 空气污染基本类型

不同城市或地区由于燃料性质和污染物种类的差异，具有不同的大气污染特点，比较典型的有煤炭型空气污染与石油型空气污染两个类型。

煤炭型空气污染的主要成分为二氧化硫和粉尘，它们主要来自燃煤过程中的废气。因为最早发生于 1940 年代的伦敦，所以也称为伦敦型空气污染。在冬季，由于燃煤取暖，排放的烟尘量大，加上冬季容易出现逆温，烟尘不容易扩散，因此空气污染最为严重。我国各大城市的空气污染源基本上属于此类。

石油型空气污染的主要空气污染物为光化学烟雾，污染主要是由石油和石油产品的燃烧及汽车排放的尾气引起的。石油燃料的燃烧和汽车行驶过程中排放的氮氧化物、碳氢化物和一氧化碳等废气物质，在阳光作用下发生一系列的化学反应，结果产生醛类、臭氧（O_3）和过氧化乙酰硝酸酯（PAN）等。由氮氧化物、碳氢化物及其光化学反应的中间产物、最终产物所组成的特殊化合物，称为光化学烟雾，它是一种次级污染物。光化学烟雾首先发现于 1940 年代的洛杉矶，所以该类污染也称为洛杉矶空气污染。光化学烟雾在夏秋季节最容易发生，正好与煤炭型空气污染的年变化相反。

4. 影响城市大气污染的环境因素

城市空气污染程度除了取决于污染物排放量之外，还与城市及其周围的气象、地理因素等有密切关系。

在气象因素中，风和湍流是直接影响大气污染物稀释和扩散的重要因素。风对污染物的作用表现在两个方面：第一，输送污染物的作用。污染物的去向决定于风向，污染源下风方向，空气污染总是比较严重。第二，稀释和冲淡污染物的作用。风速越大，污染物被空气稀释的作用也越大。大气湍流在直观上表现为风的阵性，即风速和风向的变化。湍流运动的结果使流场各部分充分混合，污染物随之得到分散、稀释，该现象即大气扩散。大气湍流强度与气温的垂直分布及大气稳定度有关。如果大气温度随高度增加而逐渐降低的程度越大，即气温垂直递减率越大，大气越不稳定，这时湍流将得以发展，大气对污染物的稀释扩散能力也越强。相反，如果气温递减率越小，大气越稳定。尤其是在现逆温层时，更是如此。例如，在副热带高压控制区，高空存在大规模的下沉气流，由于气流下沉的绝热增温作用，导致在下沉终止的高度出现逆温。这种逆温发生于地面以上的一定高度,形成的范围较大。逆温的存在像盖子一样起着阻止作用,如果延续时间长,对污染物的扩散会造成十分不利的影响。重庆市大气污染严重,就与这种逆温的出现有一定关系。

另外,由于太阳辐射是地面和大气的主要能量来源,其变化会影响到大气温度的垂直分布,因此在不同季节、一天中的不同时间及不同天气条件下,大气污染程度都会有一定变化。一般而言,夏季的垂直温差较大,冬季较小且容易出现逆温,容易发生大气污染;晴朗的白天垂直温差较大,在阴天或多云的天气条件下或在夜间气温垂直递减率较小时,大气污染程度要大一些。

地形、地貌、海陆位置、城镇分布等地理因素可以在一定范围内引起空气温度、气压、风向、风速、大气湍流等的变化,因而也会对大气污染物的扩散产生间接影响。例如,我国兰州等处于山谷地形中的工业城市往往空气污染程度要大一些。因为在山谷中,白天山坡上的温度比山谷中的高,气流沿谷底向上吹,形成谷风,夜间山坡的温度比谷底低,冷空气沿山坡向谷底吹,形成山风,这样工厂排放的污染物常在谷地和坡地之间回旋,不易扩散。又如,在沿海地区,由于水陆面导热率和热容量的差异,常出现海陆风。白天在太阳辐射下,陆地表面升温快,故形成从海面吹向陆地的海风,夜间正好相反,又形成从陆地吹向海面的陆风。海风一般比陆风要强,可深入内地几千米,高度达数百米。有些沿海工业城市,为了海运方便,将工业区建在海滨,生活区设在内地,因此在海风作用下,造成严重的空气污染。

必须指出,以上都是就单个常见因子的作用来叙述的。实际上常常是多个因子在起作用,并且因子之间存在着错综复杂的关系,在具体分析问题时还要综合考虑。

5. 大气污染对园林植物的影响

有害气体浓度达到一定浓度时,就会影响到园林植物的生长发育。反过来,园林植物也具有吸收有害气体、吸附尘粒、杀菌等净化的作用(净化功能见"城市植被功能"章节)。

(1)二氧化硫(SO_2)。当空气中的二氧化硫浓度达到$0.2\sim0.3mg/m^3$并持续一定时间的情况下,有些敏感植物可能受到伤害,达到$1mg/m^3$时有些树木出现受害症状,特别是针叶树则出现明显的受害症状。达到$2\sim10mg/m^3$时,一般树木均发生急性受害。二氧化硫对植物的危害还表现在其在降水条件下形成酸雨。

二氧化硫伤害植物的过程首先是通过气孔进入叶片后,被叶肉吸收,转变为亚硫酸盐离子,然后又转变为硫酸盐离子。亚硫酸盐离子在植物体内的浓度和毒性都大于硫酸盐离子,因此高浓度的亚硫酸盐离子是使植物中毒的主要原因。二氧化硫对植物的影响主要有以下几个方面:①气孔机能瘫痪。②叶片组织结构破坏。一般叶片内细胞失水变形,组织破碎,栅栏组织细胞的排列层次紊乱,细胞间隙增大,叶片明显变薄,细胞内发生质壁分离等。③光合作用一般受到抑制,叶绿素失去镁离子,使叶绿素a/b值变小。

(2)氯气。氯气是一种具有强烈臭味的黄绿色气体,主要来自化工厂、制药厂和农药厂。根据有关实验说明,氯气的浓度为$2mg/m^3$、作用$6h$,朝鲜忍冬即有25%的叶面积受害,小叶女贞3天后30%的叶面积受害,而侧柏、大叶黄杨、鸢尾等均不受害。

氯气对植物的杀伤力比二氧化硫大,在同样浓度下,氯气的危害程度约为二氧化硫的3倍。氯进入叶片后,能很快破坏叶肉细胞内的叶绿素,使叶片产生褪色伤斑,严重的甚至全叶漂白脱落。氯引起的伤斑与二氧化硫引起的伤斑比较相似,主要分布在叶脉间,呈不规则点状或块状。但氯引起的伤斑的特点是受伤组织与健康组织之间常没有明显界限，这是与二氧化硫所引起伤斑的不同之处。

（3）氟化物。氟化氢使植物受害的原因主要是积累性中毒，接触时间的长短是危害植物的重要因素。氟化氢通过气孔进入叶片后，很快溶解在叶肉细胞的水溶液内，经一系列反应转化成有机氟化物。氟的毒害作用在于它使光合作用长时间地受到抑制，并且它也是一些酶的抑制剂。空气中氟化氢浓度较高时，叶肉组织发生酸性伤害，叶脉间组织首先发生水渍斑，以后逐渐干枯，变为棕色或黄棕色，在健康组织与坏死组织之间形成一条明显的过渡带。氟化氢被叶片吸收后，还可经薄壁细胞间隙到达导管，然后随蒸腾流到达叶端或叶缘，因此，氟化氢引起的伤斑开始多集中于叶尖和叶缘，呈环带状分布，以后逐渐向内发展。

（4）臭氧。臭氧是光化学烟雾的重要成分之一。光化学烟雾是一种特殊的次生污染物。它是由汽车和工厂排出的氮氧化物和碳化氢，经太阳紫外线照射而产生的一种毒性很大的蓝色烟雾。臭氧进入气孔后损害叶肉的栅栏组织和表皮细胞，在叶片表面呈现出红棕色或白色的斑点，从而导致植物枯死。

6. 植物的抗污染能力及植物配置

绿色植物吸收有害气体主要是靠叶面进行的，庞大的叶面积在净化大气方面起到了重要的作用。但当大气中的有害气体超过了绿色植物能承受的阈值时，植物本身也会受害，甚至枯死。能危害植物的污染物最低剂量称为伤害阈值或临界剂量，它是污染物浓度和接触时间的综合作用结果，不同污染物危害植物的临界剂量是不同的，同一污染物危害对不同种类植物的危害程度也不同，有些植物较为敏感，另一些植物抗性较强。只有那些对有害气体吸收量大、抗性强的绿色植物才能在大气污染严重的地区顽强地生长，并发挥其净化作用。

吸收能力强的植物，一般叶子吸收积累污染物的含量高，年生长量大，生长迅速。速生和吸收能力强的植物多为抗性弱或较弱，抗性强的植物多生长慢，吸收污染物能力弱。抗性强和吸收能力强兼备的植物并不多。目前已知的对二氧化硫、氟化氢和氯气和酸雨抗性较强的树木有夹竹桃、珊瑚树、油茶、枸杞、大叶黄杨、小叶黄杨、侧柏、圆柏、木麻黄、沙枣、柽柳、棕榈、女贞、白皮松、海桐、小叶榕、印度榕等。吸收净化能力较强的有水杉、池杉、落叶松、落羽杉、杉木、柳杉、悬铃木、泡桐、杨树、臭椿、枫杨、木槿、赤杨、梓树、桃树、白桦、桑树、大叶桉、黄葛树、银桦等。大多数植物都能吸收臭氧，其中银杏、柳杉、樟树、夹竹桃、刺槐等净化作用较大。

利用园林树种营建城市环境保护林，可以兼顾观赏、美学等社会效益和净化空气等生态效益。具体在营建抗性强和净化能力强的城市环境保护林时，其树种选择和配置应注意以下几点：

（1）在污染源附近，如工厂、燃煤发电厂、车道附近，污染物浓度一般较高，应选择抗性强的树种，尤其是枝叶茂密、常绿的树种，以终年发挥作用。在人们经常活动，视线容易达到的地点，如行道树、商业区和居民区林网，尤其是树林边缘，应首先考虑抗性强的树种，其次为吸收净化能力，可增加抗性强树木的比例，提高林带的抗污染能力，避免树木受害，影响市容，确保城市绿化与美化效果。

（2）在远离污染源和人们视线的地方，特别是树林深处，应以吸收能力强的树种为主，以增大林网吸收净化污染的能力，提高整个城市的大气环境质量。

（3）适当配置一些大气污染敏感指示植物，进行长期连续的监测，综合指示大气污染程度，预报植物将要受害的程度。

（4）增加具有杀菌能力的树种的比例，营建兼有保健功能的林带。杀菌能力强的树种有：樟科、柏科、松科的一些种类及黑胡桃、柠檬桉、大叶桉、悬铃木、紫葳、橙、柠檬、枳、茉莉、薜荔、柳杉、稠李、苦楝、臭椿、白蜡等。有些植物的杀菌效果是比较明显的，如 $1hm^2$ 的圆柏林一昼夜能分泌 30kg 杀菌素，可以杀死白喉、伤寒、痢疾等病原菌。

四、城市土壤和土壤污染

1. 城市土壤性质的变化

城市建设和人类生活、生产活动对城市现有土壤的物理性质、化学性质和土壤生物活动都有很大影响。由于人流践踏、建房筑路活动以及路面铺装对周围土壤的影响，城市土壤的坚实度明显大于郊区土壤。一般越接近地表坚实度越大，人为因素对坚实度的影响主要表现在 20～30cm 范围。土壤坚实度的增大，导致土壤板结，不利于或阻绝土壤中气体与大气之间的交换，使土壤透气性下降，保水、透水性能都较差。降水时，地表径流增大，下渗水减少，在低洼处更容易积水；而在干旱时，土壤失水较快，从而影响到对根系的水分供应。此外，坚实的土壤还会使土壤微生物减少，土壤有机物分解缓慢，土壤中有效养分大大减少，而且较难形成团粒结构。

城市中经常有大量的建筑、生产、生活废弃物就地填埋，极大地改变了原自然土壤的剖面性质，形成具有自身特点的城市堆垫土层，其物理性质明显变差。由于砖瓦、石砾、煤渣、石灰渣、混凝土块和垃圾等新生体的类型不同，侵入的数量也不同，在不同地段对土壤性质改变的程度也不同。如果在土壤较黏重的地段，填埋适量的固体废弃物，有利于改善土壤通气状况。但当砖瓦、石砾等渣土混入过多时，又会使植物根系难以穿透而限制其生长，并且使土壤持水力下降。

在酸雨作用下，城市土壤的 pH 值总体上是下降的，土壤酸化比较明显，但有的地方由于城市垃圾和废水污染而出现碱化现象。另外，城市堆垫土的化学性质也会因废弃物的存在而发生变化。如灰渣土可使土壤钙镁盐类和土壤 pH 值增加，重金属含量也较高。

2. 土壤污染

因为固体垃圾或废物及大气或水体中的污染物的沉积、迁移与转化，经常造成城市土壤的污染。土壤污染可使土壤的性质、组成等发生变化，使土壤中污染物质的积累过程逐渐占据优势，破坏了土壤中微生物的自然平衡，导致土壤结构和质量恶化，土壤肥力下降，从而影响植物生长。土壤污染不像水体和大气污染那样直观，但一旦污染后，可通过多种途径直接或间接地危害人类的健康，其治理程度也更加困难。

土壤受污染的主要途径可分为以下主要类型：

（1）大气污染型。污染物质来源于被污染的大气，污染物主要集中在土壤表层。其中二氧化硫等酸性氧化物以酸雨形式污染土壤，使土壤酸化，破坏土壤肥力；其他污染物以飘尘、降尘形式降落，造成土壤的多种污染。土壤污染的程度因污染物组成成分、污染源类型和距离污染源的远近而不同。例如，在道路两侧，由于大量的汽车废气排放，土壤重金属含量普遍增加，尤其是铅、锌等，愈近公路含量愈高。

（2）水污染型。主要是指污水灌溉所造成的污染。我国许多城市，尤其是水源不足的城市，引用污水灌溉，使土壤受到不同程度的重金属、有机物和病原体污染。

（3）固体废弃物污染型。主要是城市垃圾、建筑废弃物所造成的污染。这些固体废弃物在堆放过程中通过扩散、降水淋洗等直接或间接地影响土壤。

五、城市水文特征和水体污染

1. 城市水文特征

城市气候的变化和城市地面的特殊性使得城市水文特征明显不同于郊区农村。城区大部分为不透水的路面和建筑物，植被少，水分蒸发和蒸腾量比郊区减少，渗透到地下的数量明显下降，但由于城市降水量及暴雨量增多，故城市地表径流显著增加（表2-3），地表径流通过城市完善的下水管道迅速流出城区。在洪水季节，城市的这种地表径流特点增加了产生迅猛洪水的可能性。

北京市城区与郊区水文特征比较 表2-3

	降水量 （mm）	径流总量 （mm）	地表径流 （mm）	地下径流 （mm）	蒸发量 （mm）	地表径流系数	地下径流系数
城区	675	405	337	68	270	0.50	0.10
郊区	644.5	267	96	171	370	0.15	0.26

资料来源：转引自：杨凯、袁雯，1993，有改动。

另外，城市水文特征与人为活动有密切关系。城市居民集中，用水量大，需要大量从城区以外地区引入，除了用水或提取地下水，人为进水量有时高达降水量的数倍以上，尤其是一些缺水城市中。这些城市的地下水位低，在长期过度利用地下水的一些城市，地面已出现下沉现象。例如，天津1966～1972年期间地面每年平均下沉了44.95mm。

2. 水体污染

水体污染是指进入水体的污染物质超过了水体的自净能力，使水的组成和性质发生变化，从而使动植物生长条件恶化，人类生活和健康受到不良影响。水体污染的最直接原因是工业废水的排放。

我国城市水环境质量从城市主要江河水系的监测结果看，一级支流污染普遍，二、三级支流污染较为严重。主要污染问题仍表现在江河沿岸大、中城市排污口附近，岸边污染带和城市附近的地表水普遍受到污染的问题没有得到缓解。城市地下水污染逐年加重，全国大城市水体富营养化严重。

目前，我国城市水环境污染有以下特点：城市地表水污染变化总趋势是污染加剧程度得到控制，但仍有日趋严重的可能。主要表现在化学耗氧量、生化需氧量、挥发酚、氰化物、氨氮、总汞等主要污染指标总体上呈严重趋势；城市饮用水水源地监测结果表明，一半以上的水源地受到不同程度的污染，主要污染物是细菌、化学需氧量、氨氮等；城市地下水污染重，三氮和硬度指标呈加重趋势。多数城市地下水受到污染，水井水质低于饮用水水质标准的程度逐渐增加；各主要水系干流水质虽基本良好，但各自都有一些严重污染的江段。各水系的环境条件不同，污染程度差异较大。

引起水体污染的主要污染物可归纳为以下四类：

（1）无机无毒物。无机无毒物主要包括氮、磷、无机酸、无机碱与一般无机盐等。当生活污水的粪便和含磷洗涤剂以及化肥等经雨水的冲洗而进入水体后，使水体中氮、磷、钾等植物营养物质增多，可促进水生藻类过度繁殖，造成水体富营养化（eutrophication）。水体富营养化后，水体中溶解的氧浓度明显下降，水体浑浊、透明度降低，严重时水生藻类死亡、产生毒素，致使水中生物死亡，水体腥臭难闻。

（2）无机有毒物。包括氰化物、砷化物及重金属中的汞、铬、镉、铅等，主要来自工矿企业排放的废水。重金属污染在水体中十分稳定，常被水中的悬浮物吸附沉入水底淤泥，成为长期的次生污染源。

（3）有机无毒物。多属于碳水化合物、蛋白质和脂类等，一般易于生物分解。

（4）有机有毒物。多属于人工合成的，如有机氯农药、合成洗涤剂、合成染料等，这类污染物不易被微生物分解，有些是致癌、致畸物质。

3. 植物对水体的净化作用

环境污染会危害植物，但反过来，植物也能保护环境，因为植物具有吸收积累和分解转化有毒物质的能力。我们可以选取吸收有毒物质能力较强的观赏植物，既可美化环境，也可以达到净化环境的目的。例如，可以利用水葱对酚的吸收、积累和代谢的特征，净化含酚废水。在 $18 \sim 20℃$ 条件下，水葱 50h 可以全部吸收 5L 水中的酚，甚至当酚浓度高达 $600mg/m^3$ 时也能被水葱吸收。水葱具有庞大的气腔和根茎，生活力较强，吸收能力高，而且干枯的植株漂浮水面，使水葱吸收的酚不至于重返水中或沉积于淤泥中。水葱还能降低水体的生化需氧量，对酸、碱性污水有一定的忍受性。用水葱对一些食品工厂的废水进行的实验表明，废水中的高锰酸钾耗氧量，两天内降低了 $70\% \sim 80\%$，溶解氧的含量从 $0.2mg/m^3$ 提高到 $2mg/m^3$；在两星期内，生化需氧量降低了 $60\% \sim 90\%$。因此，水葱净化污水，相当于微生物的净化作用，能提高水体的自净能力。据报道，芦苇也有净化含酚污水的能力。又如，可以利用芦苇、香蒲等植物吸收水体中多余的营养物质，消除湖泊的富营养，恢复水域中的养分平衡。

目前，国内外开始试验用凤眼莲、芦苇、香蒲、莲等水生植物建设污水处理塘或人工生态湿地，其特点是以大型水生植物为主体，植物和根际微生物共生，产生协同效应，净化污水。

4. 城市雨洪管理

随着城市化的快速发展，城市的数量不断增加，规模不断扩大，2011 年年末我国城镇化率突破 50%，2014 年已达到 54.77%。城市人口和经济活动高度集中，导致城市水资源日趋紧缺，城市下垫面条件也在不断变化，不透水面积的扩大，引起雨洪径流系数增大、地表径流量增加、城市滞水历时缩短，大量雨水径流通过排水管网短时间内集中排泄到河道，加大了城市河道行洪压力以及合流式排水管网的排水压力，使河道洪峰峰值增高和峰现时间提前，致使城市洪涝灾害问题日益突出。

国外对城市洪水和雨水的管理经历了不同的发展历程，总体来说是从对水的恐惧到以水为友的转变，从单纯以工程方式解决向以工程和非工程相结合的方式转变。具体来讲，是从建设以防洪为目的的管渠工程将雨水直接排入河流，到修建大量的处理设施集中对雨水进行处理，最后到分散式处理、尽量将雨水就地解决和处理的过程。我国城市面临的城市雨水问题较为复杂，包括城市缺水与雨水流失问题、暴雨洪涝灾害问题和雨水径流污染问题等，需要通过整体的、综合的、多目标的解决途径，而非单一目标或工程的方式来解决。

近年来，在我国形成了建设"海绵城市"的热潮，其理论与实践基础来自国内外最佳雨洪管理实践、城市雨洪管理、低影响开发、雨水资源化利用等理论技术研究与实践。2012年，我国学者首次提出"海绵城市"的概念。所谓海绵城市，即城市能够像海绵一样，在适应环境变化和应对自然灾害等方面具有良好的"弹性"，下雨时吸水、蓄水、渗水、净水，需要时将蓄存的水"释放"并加以利用。2014年住房和城乡建设部提出了"大力推行低影响开发建设模式，加快研究建设海绵型城市的政策措施"的要求，随后又发布了《海绵城市建设技术指南——低影响开发雨水系统构建（试行）》，2015年国务院印发了《关于推进海绵城市建设的指导意见》。

建设"海绵城市"的意义包括：①从资源利用的角度，城市建设能够顺应自然，通过构建建筑屋面—绿地—硬化地面—雨水管渠—城市河道五位一体的水源涵养型城市下垫面，使城市内的降雨更能够被积存、净化、回用或入渗补给地下；②从防洪减灾的角度，要求城市能够与雨洪和谐共存，通过预防、预警、应急等措施最大限度地降低洪涝风险、减小灾害损失，能够安全度过洪涝期；③从生态环境的角度，要求城市建设和发展能够与自然相协调。也就是说"海绵城市"应当能够很好地应对重现期从小到大的各种降雨使其不发生洪涝灾害，同时又能合理地资源化利用雨洪水和维持良好的水文生态环境。从建设途径来讲，海绵城市的建设：一是对原有生态系统进行保护，维持城市开发前的自然水文特征；二是对已破坏区域通过生态的手段进行恢复和修复；三是低影响开发。从统筹规划的角度看，海绵城市应将低影响开发系统、城市雨水管网系统和超标雨水径流排放系统统筹考虑，相互补充，相互依存。

1) 最佳雨洪管理实践

最佳雨洪管理实践（BMP，Best Management Practices）起源于美国，流行于欧美各国，主要有两种类型，即结构性的BMP和非结构性的BMP。前者主要涉及城市雨洪管理系统的物质组成，如路面材料、储水设施、渗透系统和过滤系统等；后者主要涉及新的管理实践的引进或对已有管理实践的改进，如常规雨水管理、不渗水区域的控制、民众教育和相关法规等。不同国家根据具体情况其BMP有所差别，在德国最广泛的BMP利用类型是"分散暴雨管理的概念"，技术上叫作"湿地过滤沟系统"。在法国因为经济和美学的因素，频繁使用滞留池塘。在雅典，甚至用来划船比赛的池塘也被用作滞留盆地。但是BMP因为需要大块的土地和比较高的费用而使其应用范围受到限制。

2) 城市雨洪管理

城市雨洪管理（Urban Stormwater Management）包括控制非点源污染、最佳雨洪管理实践、水敏感规划与设计、整体水资源管理等相关理论与实践经验，是针对城市开发建设区域内的屋顶、道路、庭院、广场、绿地等不同下垫面降水所产生的径流，采取相应的集、蓄、渗、用、调等措施，以达到减小城市降雨径流量、削减洪峰流量、延迟雨洪汇流时间，同时增加城市生态水源补给量，美化城市环境，改善城市小气候，回补地下水，减缓地面沉降等目的。它涉及管理学、水文学、环境学和生态学等学科，是将资源利用于灾害防范之中的系统工程，是解决城市洪涝灾害、缺水及城市水环境污染等问题的一个很好的途径。

未来城市雨水资源化利用将是多方面的，其主要的发展方向包括：①把城市雨水资源化利用纳入城市整体规划中，将城市雨水利用与城市建设、生态建设和水资源优化配置统一考虑，把城市雨水资源的集水、蓄水、排水、处理、回用、入渗地下等纳入城市建设规划之中。②加强城市雨水资源化利用的科学研究，从社会、经济、生态、科学、技术等不同角度入手，由理论基础研究与试点示范工作开始对城市雨水资源进行开发和利用，将雨水通过有效途径回收并加以利用，节约生活用水资源，缓解城市供水紧张状况。③对原有排水设施进行改造，在今后的排水管网新建和改造中，要做到雨污分离。结合城市建设，利用已有的排水渠道、管网，在有利地形增设水窖、水柜，先蓄后排，蓄排结合。逐步扩大雨水利用途径，提高雨水利用效率和代用自来水的比重。④城市雨水资源的综合利用，一是利用先进技术将雨水净化后对地下水进行回灌，使城市地下水的水位缓慢回升。二是通过城市水环境调蓄和净化城市雨水径流，达到保护生态环境和减轻城市排水管网负担的目的。⑤制定城市雨水资源化利用的法律法规，推行城市雨水资源化利用的技术规范与标准，完善雨水的管理与监督机制。

3）低影响开发雨水系统

传统的雨水处理技术是以"排"为主，排放模式多以管道、渠道、水池、泵站等为主，难以应付快速发展的城市带来的多重水问题，同时面临当今水资源短缺的问题，雨水的排放同样造成了一种水资源的浪费。1990年代由美国马里兰州的Prince George's County提出了低影响开发理念（LID，Low Impact Development），该理念的核心在于维持场地开发前后水文特征不变，即可通过渗透、储存等方式尽可能减少雨水外排。

低影响开发系统强调雨水为一种资源，不能随项目的开发直接任意排放。与传统利用管道（渠）排放的雨水系统不同，低影响开发系统不仅强调采用小型、分散、低成本且具有景观功能的雨水措施控制径流总量和污染物水平，而且强调在规划设计阶段到项目实施阶段的源头就要系统地考虑应用低影响开发的理念和措施，以实现维持场地原有水文条件的总体目标。从我国城市发展看，低影响开发技术和传统技术的结合是缓解我国城市水涝、控制径流污染、保护水源、高效利用雨水资源、改善城市景观和生态环境的经济有效的途径。

低影响开发技术措施具有高效、简单化的特点，技术措施类型可分为渗透技术、储存技术、转输技术和截污净化技术。其中，渗透技术包括下凹式绿地、生物滞留设施、透水铺装、绿色屋顶、渗井和渗透塘等；储存技术包括雨水蓄水池、雨水罐、雨水湿地和湿塘等；转输技术包括植草沟和渗管（渠）等；截污净化技术包括植被过滤带和初期雨水弃流设施等。

六、城市植被

（一）植物群落生态学基础

1. 植物群落的概念

植物群落可定义为特定空间或特定生境下植物有规律的组合，换言之，在一定的地段上，群居在一起的各种植物种群所构成的一种有规律的集合体就是植物群落。

植物群落的概念具有具体和抽象两重含义，说它是具体的，是因为我们确实很容易找到一个区域或地段，如一片树林、一片草原、一片园林，都可以看做是一个群落在那里，我们可以观察或研究一个植物群落的结构和功能；它同时又是一个抽象的概念，指的是符合植物群落定义的所有植物种群集合体的总称。一个地区范围内的植物群落的总和称为该地区的植被，例如中国植被、重庆植被、高山植被、城市植被等。

植物群落是植物生态学中最重要的概念之一，因为它强调了这样一个事实，即各种不同的植物能在有规律的方式下共处，而不是任意散布的。

一定空间内生活在一起的各种动物、植物和微生物种群的集合体称为生物群落。群落内的各种生物彼此间相互影响、紧密联系，并与环境发生相互影响、相互联系，由此形成生态系统。

2. 植物群落的基本特征

1）具有一定的物种组成

每个植物群落都是由一定的植物种群组成的，因此，物种组成是区别不同植物群落的首要特征。一个植物群落中物种的多少（物种丰富度）及各物种的个体的数量（物种均匀度），是度量群落物种多样性的基础。物种多样性与植物群落、生态系统的稳定性有密切关系，可用于评价一个地区植物资源的丰富程度、城市园林绿化水平等。

2）不同物种之间的相互影响

植物群落中的物种有规律地共处，即在有序状态下生存。虽然，植物群落是植物物种的集合体，但不是说一些种的任意组合便是一个群落。一个群落的形成和发展必须经过植物对环境的适应和植物之间的相互适应。植物群落并非植物的简单集合，哪些植物能够组合在一起构成群落，取决于两个条件：第一，必须共同适应它们所处的无机环境；第二，它们内部的相互关系必须取得协调、平衡。因此，不同植物之间的种间关系是决定植物群落物种组成与结构的重要因素。

3）具有形成群落环境的功能

植物群落对其居住环境产生重大影响，并形成群落环境。如森林中的环境与周围裸地就有很大的不同，包括光照、温度、湿度与土壤等都经过了植物及其他生物群落的改造。即使植物非常稀疏的荒漠群落，对土壤等环境条件也有明显的改造作用。

4）具有一定的外貌和结构特征

植物群落的外貌是认识植物群落的基础，也是区分不同植被类型的主要标志，如森林、草原和灌丛等，首先就是根据外貌区别开来的。而植物群落外貌随季节的变化，称为季相。如落叶阔叶林在一年四季的外貌变化。群落的外貌决定于群落的生活型组成。

群落的结构特点，包括形态结构或物理结构、生态结构、营养结构等。物理结构主要指植物群落的成层性，包括地上成层性与地下成层性。地上成层性是群落内不同植物物种之间在利用光资源方面生态位分化的结果，森林群落一般包括乔木层、灌木层、草本层、地被层（枯枝落叶与苔藓等组成）；地下成层性是群落内不同植物物种之间在利用水分、营养元素方面生态位分化的结果。植物群落的成层性促进了植物对资源的充分利用。

5）一定的动态特征

植物群落的动态变化形式包括季节动态、年际动态、群落演替与植被更替（演化）。其中，群落演替是较为重要的一种动态变化。植物群落演替就是一种群落类型被其他群落类型所取代的过程。任何一类演替系列，虽然发展速度不同，最终结果总是达到稳定阶段的植被，这个终点称为演替顶极或顶极群落。一般而言，顶极群落是适应本地气候条件或土壤、地形特点的群落类型。

6）一定的分布范围

任一植物群落都分布在特定地段或特定生境上，不同植物群落的生境和分布范围不同。无论从全球范围看还是从区域角度讲，各种各样的植物群落类型，基本上都取决于热量和水分这两个主导因子及其组合情况，并遵循着纬度、经度和海拔而成地带性有规律分布。依照这种规律分布的植被为地带性植被，如缙云山的常绿阔叶林即属于我国亚热带的地带性植被类型，华北地区的落叶阔叶林为暖温带的地带性植被类型。

7）群落的边界特征

在自然条件下，有些群落具有明显的边界，可以清楚地加以区分；有的则不具有明显边界，而处于连续变化中。但在多数情况下，不同群落或生态系统之间都存在生态交错带或生态过渡带。

（二）城市植被的概念与特点

1. 城市植被概念

城市植被是指城市里覆盖着的生活植物的总称，包括城市里的公园、校园、广场、道路、苗圃、寺庙、医院、企事业单位、农田以及空闲地等场所所拥有的森林、灌木丛、绿篱、花坛、草地、树木、农作物等所有植物。尽管城市里或多或少残留或被保护着自然植被的片断，但城市植被不可避免地受到人为干扰的影响。人类在城市建设过程中，一方面破坏或摒弃了许多原有的自然植被或乡土植物，另一方面又引进了许多外来植物和建造了许多新的植被类型，最终改变了城市植被的组成、结构、类群、动态、生态等自然特性，而具有不同于自然植被的性质和特性。因此，城市植被应属于以人工植被为主的一个特殊的植被类型。

城市植被是城市生态系统的重要组成部分，是城市生态系统中的生产者，也是城市环境中具有生命特性的重要组分。但是城市植被作为植物的生产者的作用属于次要的地位，而其美化和净化环境的作用则是主要的功能。绿色空间的大小及其生态效能都是城市环境质量的重要参数，在城市规划中占据着重要地位。

"城市绿地"是一个与城市植被概念相类似，且易混淆的常用术语。依据城市规划术语标准，城市绿地是指城市专门用以改善生态、保护环境、为居民提供游憩场地和美化景观的绿化用地。但关于绿地一词，人们有不同的理解，近年来常出现"城乡绿地"、"特殊绿地"（如都市农业用地）等词语，有学者认为绿地是指"配合环境，创造自然条件，适合于种植乔木、灌木和草地植物而形成一定范围的绿化地面或地区"；或认为，"城市绿地泛指城市区域内一切人工或自然的植物群体、水体及具有绿色潜能的空间，它构成城市系统内重要的执行自然'纳污吐新'负反馈调节机制的子系统，是优化城市环境，保证系统整体稳定性的必要成分"等。因此，城市绿地不宜取代城市植被这一科学术语，但绿地的主要构成者是植被。

2. 城市植被的特点

城市植被毫无疑问具有完全不同于自然植被的人工化的特征，它不仅表现在植被所在的生境特化了，而且植被的组成、结构、动态过程等也改变了。

1）植被生境的特化

城市环境的特点就是人工化，城市化的进程改变了城市环境，也改变了城市植被的生境。例如，建筑、道路和其他硬化地面，改变了其下的土壤结构和理化性质以及土壤微生物的生存条件；人工化的水系和水污染大大改变了自然水环境；而污染了的大气在直接影响到植物正常生理活动的同时，还改变了光、热、湿和风等气候条件。所以，城市植被处于完全不同于自然植被的特化生境中，属于以人工为主的一个特殊的植被类群。

2）植被区系成分的特化

一般来说，城市植被的区系成分与原生植被具有较大的相似性，尤其是残存或受保护的原生植被片断部分，但是，城市植被种类组成远较原生植被为少，尤其是灌木、草本和藤本植物，并且城市植被中乡土植物在植被区系成分中所占比例远较农村或郊区为少。另一方面，人类引进的或伴人植物的比例明显增多，外来种类对原生植被区系成分的比率，即归化率的比重越来越大，并已成为城市化程度的标志之一。并且，在一些城市中开始出现外来有害植物。

因此，在城市绿化的过程中，应注意对树种的选择。从环境生态学的角度讲，一个地方的原生植被及乡土植物绝不是偶然的，而是植物在千百万年来对当地生境的适应，又可以说是大自然的选择。所以，应该最大限度地保留和选择反映地方特色的地方植物种类，在区系成分上尽量减少外来成分所占的比例，这样，不仅符合生态学原理，也可以通过城市绿化来反映地方的景观特色，同时这也是城市生态园林建设的标志之一。

3）植被格局的园林化

城市植被在人类的规划、设计、布局和管理下，大多数是园林化格局。如城市森林、树丛、绿篱、草坪或草地、花坛是按照人的意愿配置和布局的，都是人类精心镶嵌而成的，所谓与周边环境的协调也是以人的审美观为依据的。乔木、灌木、草本等各类植物种类的选择配置也是按照人的意愿进行的。城市植被基本上是在人类的培育和管理下形成的园林化格局，因此，城市园林的研究是城市植被研究的主要内容之一。

城市园林是城市生态系统的重要组成部分，有其不可替代的生态功能和社会功能，要为全社会提供良好的城市生存环境，是显示城市环境优美和社会繁荣进步的重要内容。因此，城市园林建设实际上就是城市植被建设和城市生态建设的一个重要组成部分。

4）生物多样性及结构趋于简化

在城市植被中，人们对植物种类的选择是按照人的需求，人们会按照城市道路的要求来选择行道树种，按照公园、庭院等的要求来选择树种和花卉，按照城市草坪的要求来选择草的品种，而不是遵照植物群落的生态规律来选择。这样会有大量的原生植物被摒弃掉，生物多样性趋于简化，植被结构分化明显，并趋于单一化。例如，除了残存的自然森林或受保护的森林外，城市森林一般都缺乏灌木层和草本层，藤本植物更为罕见。行道树和草坪的植物种类常常是单一的。

城市植被的动态变化，无论是形成、更新和演替都是在人为干预下进行的。城市植被的动态变化过程实际上是按照人的绿化政策和规划进行的实施过程。

3. 城市植被的类型及分布

城市植被的分类系统，从不同的研究角度可以有不同的分类方法。从人类干预程度来分，城市植被可以分为：

（1）自然植被：包括森林、灌木丛、草地等；

（2）半自然植被：包括森林、灌木丛、草地等；

（3）人工植被：包括农田作物、人工林、人工灌木丛、人工草地等。

自然植被一般是在城市化过程中残留下来或被保护起来的自然植被，很少受到人类的破坏，植物群落还保存着自我调节的能力。多数是人类有意识保留下来的城市森林、城市周边自然防护林以及在特殊生境中残留下来的特殊自然植被类型。半自然植被为侵入人类所创造的城市生境中的伴人野生植物群落和在城市化进程中保留下来的、但是在植物群落中各自然要素之间的基本联系已经遭到一定程度的破坏、植物群落的整体自动调节功能受到很大破坏的植物群落。人工植被为按人的愿意和周边环境条件的要求，在城市化过程中人工创建起来的植物群落，包括农田作物、行道树林、公园、庭院、街头绿地植物等园林植被。农田作物指的是在城市化的过程中，人类在城市市区范围内，仍保留的农田里种植的农作物，包括大田作物和果园等。人工林指建造和经营在城市范围内，以乔木为主体的人工建造的城市植物群落，即包含在城市范围内以乔木为主体的人工绿化实体。人工灌木丛指建造和经营在城市范围内，以灌木为主体的人工建造的城市植物群落，即包含在城市范围内以灌木为主体的人工绿化实体。人工草地指的是建造和经营在城市范围内，以草本植物为主体的人工建造的城市植物群落，即包含在城市范围内以草本植物为主体的人工绿化实体，但不包括农田作物。

（三）城市植被的功能

1. 吸收二氧化碳、放出氧气

在城市生态系统中，人们关注绿色植物的光合作用，主要不是有机物的生产量，而主要是在其光合作用过程中吸收二氧化碳，放出氧气。当然，植物也有呼吸作用，但光合作用吸收的二氧化碳比呼吸作用排出的二氧化碳多 20 倍，因此，总量上是吸收二氧化碳，放出氧气。

植物可以说是天然的绿色氧气工厂，大气中氧气的大部分来自陆地上的植物。据统计，$1hm^2$ 阔叶林每天可以吸收 1000kg 二氧化碳，放出 730kg 氧，只要 $10m^2$ 的森林，就可以把一个人一昼夜呼出的二氧化碳吸收掉。生长茂盛的草坪，吸收二氧化碳的效率为 $1.5g/(m^2 \cdot h)$，按每人每小时呼出的二氧化碳约 38g 计算，只要有 $25\sim50m^2$ 的草坪就可以把一个人一昼夜呼出的二氧化碳吸收掉。可见，一般城市如果每人平均有 $10m^2$ 树林或 $25\sim50m^2$ 草坪，就可以保持空气中二氧化碳和氧气的平衡，使空气新鲜。

2. 净化作用

1）吸收有害气体

许多园林植物对城市大气中的二氧化硫、一氧化碳、氟化物、臭氧、氯气等有害气体具有不同程度的吸收作用。植物通过吸收有毒气体，降低大气中有毒气体的浓度，从而达到净化大气的效果。

植物净化有毒气体的能力，除与植物对有毒物质积累量有相互关系外，还与植物对毒物的同化、转移能力密切相关，即因植物的种类的不同而有很大差异。另外，还与叶片年龄、生长季节、大气中有毒气体的浓度、接触污染的时间以及其他环境因素，如温度、湿度等有关。一般老叶、成熟叶的吸收能力高于嫩叶，在夏季生长季节，植物的吸毒能力较大。

2）滞尘作用

植物滞尘的方式包括停着、附着和粘着等三种。叶片光滑的树木其吸尘多为停着；叶面粗糙、有绒毛的树木，其吸尘方式多为附着；叶分泌黏液的多为粘着。根据南京植物研究所在水泥厂附近的调查，各种树木叶片单位面积上的滞尘量如表 2-4 所示。

各种树木叶片单位面积上的滞尘量（g/m²）　　　　　　　　　　　表 2-4

树　种	滞 尘 量	树　种	滞 尘 量	树　种	滞 尘 量
刺楸	14.53	楝 树	5.89	泡桐	3.53
榆树	12.27	臭 椿	5.88	五角枫	3.45
朴树	9.37	构 树	5.87	乌桕	3.39
木 槿	8.13	三角枫	5.52	樱花	2.75
广玉兰	7.10	桑 树	5.39	腊梅	2.42
重阳木	6.81	夹竹桃	5.28	加拿大杨	2.06
大叶黄杨	6.63	丝棉木	4.77	黄金树	2.05
刺槐	6.37	紫葳	4.42	桂花	2.02
女贞	6.63	悬铃木	3.73	栀子	1.47

资料来源：引自《大气污染防治手册》，1987 年。

园林树木减尘的效果是非常明显的。北京地区测定，园林树木地带对飘尘的减尘率为 21％～39％，而南京地区测得的结果为 37％～60％。由于树木高大，林冠稠密，因而能减小风速，也促进了尘粒沉降。

绿地也能起减尘作用，生长茂盛的草皮，其叶面积为所占地面的 20 倍以上。同时，其根茎与土壤表层紧密结合，形成地被，有风时不易出现二次扬尘，对减尘有特殊作用。

选择滞尘树木时，应注意树叶总面积大、叶面粗糙、多绒毛，能分泌黏液的树种。如核桃、毛白杨、构树、臭椿、板栗、侧柏、华山松、刺楸、朴树、重阳木、刺槐、悬铃木、女贞和泡桐等都是比较好的滞尘树种。由于绿色植物的叶面积远远大于它的树冠的占地面积，如森林叶面积的总和是其占地面积的 70～80 倍，生长茂盛的草皮也有 20～30 倍，因此，其滞尘的能力是很强的。蒙尘的植物经雨水冲洗后，又能恢复其滞尘的能力。

一般阔叶树比针叶树滞尘能力强，森林比单株滞尘能力强，林带高宽而密度大比短窄的稀疏林效果好，如法桐林减尘率达 35％，刺槐林减尘率达 29.7％。

所有的植物都有滞尘作用，根据环境特点，正确选择和确定树种、种植方式、绿化面积以及布置方式等，就能充分的发挥绿化地滞尘作用。

3）减少空气中的含菌量

空气中的各种有毒细菌多随灰尘传播，植物的吸尘作用可大量减少其传播，另一方面植物本身还能分泌出具有杀菌能力的挥发性物质——杀菌素。洋葱、大蒜汁能杀死葡萄球菌、链球菌及其他细菌。柏木、银白杨的叶子在 20min 内能杀死全部原生动物（赤痢阿米巴、阴道滴虫等），柠檬桉只要 2min、法桐 3min、松柏 5min 也都具有杀死全部原生动物的效力。柠檬桉叶放出的杀菌素可杀死肺炎球菌、痢疾杆菌及多种致炎球菌、流感病毒；桧柏、松树可杀死白喉、肺结核、伤寒、痢疾等病菌；某些香料林木也有消灭结核菌的作用。因之，空气中的含菌量，在森林外每立方米 3 万～4 万个，而森林内则仅 300～400 个，1hm² 圆柏林一昼夜能分泌 30kg 杀菌素，可以消除一个小城市的细菌。国外也有类似的研究，据报道某市在绿化区的医院庭院内每立方米空气中的细菌为 7624 个，远离绿化

区的医院内则为 12372 个，而火车站附近的闹市街道则达 54880 个之多。

杀菌能力强的树种有：夹竹桃、稠李、高山榕、樟树、桉树、紫荆、木麻黄、银杏、桂花、玉兰、千金榆、银桦、厚皮香、柠檬、合欢、圆柏、核桃、假槟榔、木菠萝、雪松、刺槐、垂柳、柳杉、云杉、柑橘、侧柏等。

4）净化水体

植物可以吸收水中的溶解质，许多水生植物和沼生植物对净化城市污水有明显作用。如芦苇能吸收酚及其他二十几种化合物，每平方米土地上生长的芦苇一年内可积聚 6kg 污染物质。所以，有些国家把芦苇作为污水处理的最后阶段。又如水葫芦能从污水中吸取银、金、汞、铅等金属物质，还具有降解镉、酚、铬等化合物的能力。

植物还可减少水中的细菌数量。如在通过 30m 宽的林带后，由于树木根系和土壤的作用，一升水中所含细菌数量比不经林带的减少 1/2。芦苇的根系可以消除水中的大肠杆菌。

5）净化土壤

植物的地下根系能吸收大量有害物质而且有净化土壤的能力，有的植物根系分泌物能使进入土壤的大肠杆菌死亡。有植物根系分布的土壤，好气性细菌比没有根系分布的土壤多几百倍至几千倍，故能促使土壤中的有机物迅速无机化，既净化了土壤，又增加了肥力。

城市中一切裸露的土地加以绿化后，不仅可以改善地上的环境，也可以改善地下的土壤环境。

3. 改善局部气候

植物有遮阳蔽荫作用，叶面的蒸腾作用能降低气温，调节湿度，对改善城市局地气候有着十分重要的作用。大面积的森林、宽阔的林带、浓密的行道树及其他公园绿地，对城市各地段的温度、湿度和通风都有良好的调节作用。

1）调节气温

测试资料表明，当夏季城市气温为 27.5℃ 时，草坪表面温度为 22～24.5℃，比裸露地面低 6～7℃，比柏油路表面温度低 8～20.5℃。有垂直绿化的墙面表面温度为 18～27℃，比清水砖墙表面温度低 5.5～14℃。在炎夏季节，林地树荫下的气温较裸地低 3～5℃，较建筑物处甚至可低 10℃ 左右。

夏季时，人在树荫下和直射阳光下的感觉会有很大差异。这种温度感觉的差异不仅仅是 3～5℃ 的气温差，而主要是太阳辐射热的差异。茂盛的树冠能挡住 50%～90% 的阳光辐射热。据测，夏季树荫下与阳光直射的辐射温度可相差 30～40℃ 之多。

对绿荫下的建筑物来讲，由于窗口树荫的影响阻挡太阳直接辐射进入室内；又因建筑物的屋顶、墙面和四周地面在绿荫之下，其表面所受到的太阳辐射热是一般没有绿化之处的 1/15～1/4，使传入室内的热量大大减少。这是导致夏季室温减低的一个重要原因。

大片绿地和水面对改善城市气温有明显作用。如杭州西湖、南京玄武湖、武汉东湖等，其夏季气温比市区要低 2～4℃。因此，在城市地区及其周围大面积绿化，特别是炎热地区，对于改善城市的气温是有积极作用的。应提高绿化覆盖率，将全部裸土用绿色植物覆盖起来，还应尽可能考虑建筑的屋顶绿化和墙面垂直绿化。

2）调节湿度

绿色植物因其叶面蒸发面积大，一般从根部吸入水分的99％通过叶面蒸腾掉，特别是在夏季。据北京园林局测算，1hm² 的阔叶林，一天能蒸腾 2500t 水，比同面积裸露土壤蒸发量高 20 倍，相当于同面积水库蒸发量。从试验得知，树木在生长过程中，每形成 1kg 干物质，大约需要蒸腾 300～400kg 的水。

由于绿化植物具有如此强大的蒸腾水分的能力，不断地向空气中输送水蒸气，故可以提高空气湿度。一般森林的湿度比城市高 36％，公园的湿度比城市其他地区高 27％。即使在冬季，由于绿地里风速较小，土壤和树木蒸发的水分不易扩散，绿地的相对湿度也比非绿地区高 10％～20％。另外，行道树也能提高相对湿度 10％～20％。由此可知，绿地中舒适、凉爽的气候环境与绿色植物调节湿度的作用是分不开的。

绿地对小气候的改善作用与植物群落的立体结构有很大关系。重庆市主城区不同群落结构在改善小气候方面的生态效益差异如表 2-5 所示。

不同立体结构植物群落的生态效益（2004、2005 年 4～6 月多次数据平均值） 表 2-5

	平均减少光照	平均降低温度（℃）	平均增加湿度（％）
草地	17.98％	0.5675	4.4454
灌丛	46.74％	1.0683	4.8819
乔草结构，郁闭度 0.2～0.4	50.76％	0.7267	5.1356
乔灌草结构，郁闭度 0.2～0.4	73.85％	1.2422	5.0335
乔木单层，郁闭度大于 0.6	83.86％	2.1589	4.5039
乔草结构，郁闭度大于 0.6	89.50％	1.7733	4.7161
乔灌草结构，郁闭度大于 0.6	90.19％	2.4652	6.7363

3）防风沙、调节气流的作用

风沙常常给人们的生产、生活带来一些困难，大风沙还给人类带来灾难。绿色的林带植物则不仅能防止风沙，而且对水土保持、调节气流有其积极作用，通常成为保证农业增产的重要措施，也是城市防止风沙、调节气流的主要手段。

位于城市冬季盛行风上风向的林带，可以有效地降低风速，一般由森林边缘深入林内 30～50m 处，风速可减低 30％～40％，深入到 120～200m 处，则平静无风。在夏季，则又会产生林源风，无风时，由于绿地气温较低，冷空气向空旷地流动而产生微风，可以调节气流。植物的防风沙效果还与绿地结构有关。同样条件下，8 行林带与 2 行林带的减风效果不同，前者可减低风速 50％～60％，后者为 10％～15％。但也并非林带越密越好，多行疏林较成片密林的防风效果要好。

4. 降低城市噪声

植物的粗糙树干和茂密的枝叶是天然的吸声器。比较好的隔声树种有雪松、桧柏、龙柏、水杉、悬铃木、梧桐、垂柳、云杉、山核桃、柏木、臭椿、樟树、榕树、柳杉、栎树、桂花、女贞等。

植物降低噪声的效果与林带的宽度、高度、位置、配置方式以及树种等有密切关系。据测定，在公路旁一条宽 30m、高 15m 左右的林带，能够使噪声减少 6～10dB，相当于减少声能量的大部分。40m 宽的林带可以减低噪声 10～15dB。快车道的汽车噪声，穿过

12m 宽的悬铃木树冠，到达树冠后面的三层楼窗户时，与同距离空地相比，其削减量是 3～5dB。由 2 行桧柏及 1 行雪松构成不同宽度的林带，噪声通过 18m 宽的林带后，降低了 16dB，而通过 36m 宽度的林带后，降低了 30dB。通常比空地上同距离的自然衰减量多 10～15dB。可见有林带比无林带效果好，而林带宽比林带窄为好，但林带过宽则又占地过多。为了提高消声防噪作用，必须科学地组织城市绿化，一般应注意以下几方面：

（1）降噪林带宽度：在城市中最好是 6～15m，在郊区可以宽一些，最好是 16～30m。如能有条件建立多条窄林带，其隔声效果将比只有一条宽林带为好。

（2）降噪林带高度：一般越高越好，林带中心树行高度最好在 10m 以上。

（3）降噪林带长度：防护林带的长度应不小于声源至受声区距离的 2 倍。如防声林与公路平行，则应与公路等长，以防公路车辆噪声。

（4）降噪林带的位置：防声林带的位置应尽量靠近声源，而不是靠近受声区，这样防声效果好。一般林带边缘至声源的距离为 6～15m。

（5）降噪林带的配置：应以乔木、灌木和草地相结合，形成一个连续、密集的障碍带。树种应选高大的、树叶密集的、叶片垂直分布均匀的乔木。要尽量采用针叶树种或一年中大部分时间能保留叶子的落叶树种，以保证全年防声。在热带、亚热带地区，最好种植树叶密集、树皮粗糙、叶形较小且表面较为粗糙的树种。在城市居住区多采用前排种植茂密的灌木，其后种一排高大的乔木来阻隔道路上的汽车噪声，占地不多，效果很好。但要注意与通风、采光同时考虑，不能顾此失彼。

5. 保护生物多样性

城市植被的保护和建设，特别是植物园的建设是生物多样性保护的重要内容。

第三节 城市生态系统

一、生态系统概述

1. 生态系统的概念、特点

生态系统是特定地段中全部生物与物理环境的统一体。具体来讲，生态系统为一定空间内生物成分和非生物成分通过物质循环、能量流动和信息交换而相互作用、相互依存所构成的生态学功能单位。

生态系统不论是自然的还是人工的，都具有以下共同特性：

（1）生态系统内部具有自我调节能力。生态系统的结构越复杂，物种数目越多，自我调节能力也越强。但生态系统的自我调节能力是有限度的，超过了这个限度，调节也就失去了作用。

（2）生态系统具有能量流动、物质循环和信息传递等三大功能。能量流动是单方向的，物质流动是循环式的，信息传递则包括营养信息、化学信息、物理信息和行为信息，构成了信息网。

（3）生态系统是一个动态系统，要经历一个从简单到复杂，从不成熟到成熟的发育过程，其早期发育阶段与晚期发育阶段具有不同的特性。

（4）生态系统是一个开放系统。自然生态系统需要太阳光能，并经常与其他生态系统发生物质和能量交换；人工生态系统如城市生态系统也与外界发生物质和能量交换。

2. 生态系统的组成成分

生态系统中包括以下六种组分：

（1）无机物：包括氮、氧、二氧化碳和各种无机盐等。

（2）有机化合物：包括蛋白质、糖类、脂类和腐殖质等。

（3）气候因素：如温度、湿度、风和降水等，太阳辐射也可归入此类。

（4）生产者：指能利用无机物制造食物的自养生物，主要是各种绿色植物，也包括蓝绿藻和光合细菌。

（5）消费者：指以其他生物为食的各种动物，包括植食动物、肉食动物、杂食动物和寄生动物等。

（6）分解者：主要指分解动植物残体、粪便和各种复杂有机物的细菌、真菌，也包括原生动物和蚯蚓、秃鹫等食腐动物。分解者能将有机物分解为简单的无机物，而这些无机物通过物质循环后可被自养生物重新利用。分解者和消费者都是异养生物。

在生态系统的组分中，无机物、有机化合物、气候因素统称为非生物成分，生产者、消费者、分解者统称为生物成分。生物成分中，生产者与分解者是生态系统的必需成分。

3. 生态系统的结构

生态系统结构包括物种结构、空间结构和营养结构，其中最主要的是营养结构。

1）食物链和食物网

植物所固定的能量通过一系列的取食和被取食关系在生态系统中传递，我们把生物之间存在的这种能量传递关系或取食与被取食关系称为食物链。我国民谚"大鱼吃小鱼，小鱼吃虾米"就是食物链的生动写照。一般食物链都是由4～5个环节构成的，如草-昆虫-小鸟-蛇-鹰，最简单的由三个环节构成，如草－兔－狐狸。

许多食物链经常互相交叉，形成一张无形的网，把许多生物包括在内，这种复杂的取食关系就是食物网。一个复杂的食物网是使生态系统保持稳定的重要条件。

食物链主要有两种类型：捕食食物链和碎屑食物链。前者是以活的动植物为起点的食物链，后者是以死的生物或腐屑为起点的食物链。在大多数陆地生态系统和浅水生态系统中，能量流动主要通过碎屑食物链，净初级生产量中只有很少一部分通向捕食食物链。只有在某些水生生态系统中，捕食食物链才成为能量流动的主要渠道。

2）营养级和生态金字塔

一个营养级就是指处于食物链某一环节的所有生物种的总和，因此，营养级之间的关系不是指一种生物与另一种生物的关系，而是指一类生物和处于不同营养级上另一类生物之间的关系。例如，所有自养生物都处于食物链的起点，即食物链的第一环节，构成第一个营养级；所有以生产者为食的动物属于第二营养级，又称植食动物营养级；所有以植食动物为食的肉食动物为第三营养级。以此类推，还有第四个营养级（即二级肉食动物营养级）和第五个营养级等。由于食物链的环节是受限制的，所以营养级的数目也不可能很多，一般限于3～5个。营养级位置越高，归属于这个营养级的生物种类和数量就越少，当少到一定程度时，就不能再维持另一个营养级中生物的生存。

能量从低一级营养级向高一级营养级传递时，其转移效率是很低的。下面营养级所储存的能量只有大约10％能够为上一营养级所利用，其余大部分能量被消耗在该营养级的呼吸作用上，以热能的形式释放到大气中。生态学称之为1/10定律。

生态金字塔是指各个营养级之间的数量关系，这种数量关系可采用生物量单位、能量单位和个体数量单位，生态金字塔也相应地分别称为生物量金字塔、能量金字塔和数量金字塔。

4. 生态系统的功能

1）生物生产

生态系统的生物生产包括初级生产和次级生产两个过程。初级生产是生产者，主要是绿色植物通过光合作用，把太阳能转变为化学能的过程，又称为第一性生产。消费者和分解者利用初级生产所制造的物质和能量进行新陈代谢，经过同化作用转化成自身物质和能量的过程，称为次级生产或第二性生产。

植物在单位面积、单位时间内，通过光合作用固定的物质或能量称为总初级生产（量）（gross primary production，GPP），常用单位：$J/(m^2 \cdot 年)$ 或 $g/(m^2 \cdot 年)$。植物的总初级生产（量）减去呼吸作用消耗的（R），余下的有机物质或能量即为净初级生产（量）（net primary production，NPP）。可用下列公式表示：

$$GPP = NPP + R \quad 或 \quad NPP = GPP - R$$

有机物质积累的速率称为生产力（productivity）或生产率（rate of production）。实践中常用生物量（biomass）或现存量（standing crop）表示初级生产力，生物量有时间积累的含义，现存量是指特定时刻、一定面积现存的生物量，即除去动物捕食和被分解的枯枝落叶等部分之外的净初级生产量部分。

次级生产所形成的有机物（消费者体重的增加和数量的增多）的量称为次级生产量。简单地讲，次级生产就是异养生物对初级生产物质的利用和再生产过程。

2）能量流动与物质循环

生态系统的基本功能为物质循环和能量流动。物质循环和能量流动使生态系统各个营养级之间和各种成分之间相互联系，成为一个完整的功能单位。但能量流动和物质循环的性质是不同的，能量流经生态系统最终以热的形式消散，即能量流动是单方向的，因此生态系统必须不断地从外界获得能量。而物质的流动是循环式的，各种物质都能以可被植物利用的形式重返环境。能量流动和物质循环都是借助于生物之间的取食过程而进行的，这两个过程密切相关，不可分割，因为能量是储存在有机分子键内，当能量通过呼吸作用被释放出来用以作功时，该有机化合物就被分解，并以较简单的物质形式重新释放到环境中去。

物质循环可在三个不同层次上进行：生物个体、生态系统层次、生物圈层次。生态系统层次是生态系统中营养物质的循环，生物圈层次为生物地球化学循环，可分为水循环、气体型循环和沉积型循环。

有毒有害物质的循环是指那些对有机体有毒有害的物质进入生态系统，通过食物链富集或被分解的过程。与大量元素相比较，尽管有毒有害物质的数量少，但随着工农业的发展，人类向环境中投放的化学物质与日俱增，生物圈中的有毒有害物质的种类与数量相应增多，它对生态系统各营养级的生物的影响也越来越大，甚至已引起生态灾难。

有毒有害物质一经排放到环境中便立即参与生态系统的循环，它们像其他物质循环一样，在食物链营养级上循环传递。所不同的是大多数有毒物质，尤其是人工合成的大分子有机化合物和不可分解的重金属元素，在生物体内具有浓缩现象，在代谢过程中不能被排除，而被生物体同化，长期停留在生物体内，造成有机体中毒、死亡。这正是环境污染造成公害的原因。

5. 生态系统的发育和演替

生态系统与生物有机体一样，具有从幼期到成熟期的发展过程，这一过程称为生态系统的发育。它大体上包含着演替和进化两个方面，其中生态系统进化是系统在长的时间尺度上的变化，生态系统演替是相对较短的时间尺度上的变化。

生态系统的演替是指一个类型的生态系统被另一个类型的生态系统所替代的过程。它的演替是以生物群落的演替为基础的，实际上群落演替是生态系统发育的主要部分。E. P. Odum（1969）曾总结生态系统发育过程中群落演替的结构和功能重要特征的变化，如表 2-6 所示。生态系统随着演替或发育，往往是结构趋于复杂、多样性增加、功能完善和稳定性增加。

生态系统发育过程中结构和功能的特征变化　　　　　　　　　　　表 2-6

生态系统特征	发　展　期	成　熟　期
群落的能量学		
1. 总生产量/群落呼吸（P/R 比率）	大于或小于 1	接近 1
2. 总生产量/现存生物量（P/B 比率）	高	低
3. 生物量/单位能流量（B/E 比率）	低	高
4. 净生产量（收获量）	高	低
5. 食物链	线状	网状
群落的结构		
6. 总有机物质	较少	较多
7. 无机营养物质的贮存	环境库	生物库
8. 物种多样性—种类多样性	低	高
9. 物种多样性—均匀性	低	高
10. 分化物质多样性	低	高
11. 分层性和空间异质性—结构多样性	组织较差	组织良好
生活史		
12. 生态位宽度	广	狭
13. 有机体大小	小	大
14. 生活史	短，简单	长，复杂
营养物质循环		
15. 矿质营养循环	开放	关闭
16. 生物和环境交换率	快	慢
17. 营养循环中腐屑的作用	不重要	重要
稳态		
18. 内部共生	不发达	发达
19. 营养物质保存	不良	良好
20. 稳定性（对干扰的抗性）	低	高
21. 熵值	高	低
22. 信息	低	高

资料来源：改自：E. P. Odum，1969.

依据基质的不同，自然生态系统的演替可分为两类：旱生演替和水生演替。

旱生演替始于干旱缺水的裸露基质，从最早出现的先锋植物群的地衣开始，经历苔藓、草本、灌木直到出现相对稳定的森林生态系统。这一系列的演替过程，就是一个演替系列。森林是不断演替到达的终点，即顶级群落。

水生演替始于水体环境。如湖泊向森林的演替，经历沉水植物、浮水植物、挺水植物、草本湿生植物直到灌木、乔木和森林生态系统。这一系列演替中生物量不断增大，植株高度增加，改造环境的能力加大。

人为干扰和自然干扰对生态系统的演替趋势常有很大的影响作用。生态系统的退化就是逆向演替的结果，往往表现为生态系统结构简单化、多样性减少、生产力下降等方面。另一方面，人们可通过积极性的干扰措施加快进展演替的速度，以尽快形成稳定的、结构复杂的生态系统类型。

6. 生态平衡

一个自然生态系统常常趋向于达到一种内稳定状态或平衡状态，使系统内的所有成分相互协调。这种平衡状态主要是靠负反馈机制来调节的。当生态系统中，某一成分发生变化时，它必然会引起其他成分出现一系列变化，这些变化反过来抑制和减弱最初发生变化的那种成分，这个过程就叫负反馈。

由于生态系统具有自我调节机制，所以在正常情况下会保持生态平衡。生态平衡是指生态系统通过发育和调节所达到的一种稳定状况，它包括结构和功能的稳定和能量输入与输出上的稳定。生态平衡是一种动态平衡，因为能量流动和物质循环总在不间断地进行，生物个体也在不断地更新。在自然条件下，生态系统的演替总是向着物种多样化、结构复杂化和功能完善化方向发展，直到使生态系统达到成熟的最稳定状态。

生态系统的稳定性目前主要从抵抗力与恢复力两个方面来衡量。处于平衡状态的生态系统能在很大程度上克服和消除外来的干扰而保持自身稳定性（即具有一定的抵抗力），或者在遭受干扰后，能够恢复到原来的结构和功能（即具有一定的恢复力）。因此，抵抗力和恢复力是维持生态平衡的两个重要途径，也是生态系统稳定性的两个方面。

生态系统的自我调节能力是有限度的，当外来干扰因素超过一定限度时，即超过生态平衡阈值时，生态系统的自我调节功能本身就会受到损害，从而引起生态失调。

二、城市生态系统的特点

1. 城市生态系统的概念

城市为人口集中、工商业发达、居民以非农业人口为主的地区，通常是周围地区的政治、经济和文化中心。或者说，城市是以人为中心的、以一定的环境条件为背景的、以经济为基础的社会、经济、自然综合体。按照系统学的观点，这个综合体称为城市系统，从生态学的角度又可把城市系统称为城市生态系统。

对城市生态系统概念的理解，因学科、研究方向等不同而有一定差异。代表性的定义有以下几种：

（1）城市生态系统是城市居民与周围环境组成的一种特殊的人工生态系统，是人们创造的自然—经济—社会复合生态系统。

（2）城市生态系统是以人为中心的自然—经济—社会复合人工生态系统。

（3）城市生态系统是以城市居民为主体，以地域空间和各种设施为环境，通过人类活动在自然生态系统基础上改造和营建的人工生态系统。

（4）城市生态系统是特定地域内的人口、资源、环境（生物的和物理的、社会的、经济的、政治的和文化的）通过各种相生相克关系建立起来的人类聚居地或自然—经济—社会复合体。

2.城市生态系统的构成

社会学家把城市生态系统划分为城市社会和城市空间两大部分。城市社会由城市居民结构（人口、劳动和智力等结构）和城市组织结构（政治、经济、文化、群众和家庭等结构）组成，反映了城市的主体，即人的能力、需求、活动状况等，同时反映了城市职能特点。城市空间就是城市环境，由人工环境和自然环境两部分叠加构成。人工环境是指基础设施、生产设施和生活设施等建成区环境，自然环境可分为土地、空气、淡水、食物、能源等自然资源和城市所在地区的自然环境条件，即地域资源两个方面。

环境学家认为城市生态系统由生物系统和非生物系统两部分组成。生物系统包括城市居民和各种生物，其特点是居民占据主导地位，其他生物如植物、动物等数量少、栖息环境差，占据次要地位，但对维持城市生态系统平衡发挥了重要的作用。非生物环境包括人工物质、环境资源和能源三个子系统。人工物质系统是城市生态系统的主要组成部分，它是城市生态系统不同于自然生态系统的主要原因；环境资源系统一方面是生物系统的基本支撑，提供城市生态系统所需的各种资源，另一方面可以消纳城市生态系统的各种废弃物，特别是有害的污染物质，但当有害废弃物超过系统的自净功能时，会破坏整个环境资源系统；能源系统提供整个城市生态系统运转的能量，包括其他生物所需的和人类活动所需的能量，而后者占主要部分。

还有将城市生态系统分为社会生态、经济生态、自然生态等三个子系统，每个部分分别包括生物与非生物两个方面。社会生态子系统以人口为中心，以满足城市居民的就业、居住、交通、供应、文娱、医疗、教育及生活环境等需求为目标，为经济系统提供劳力和智力，它以高密度的人口和高强度的生活消费为特征。经济生态子系统以资源流动为核心，由工业、农业、建筑、交通、贸易、金融、信息、科教等下一级子系统所组成，物资从分散向集中的高密度运转，能量从低质向高质的高强度聚集，信息以从低序向高序的连续积累为特征。自然生态子系统以生物结构和物理结构为主线，包括植物、动物、微生物、人工设施和自然环境等，以生物与环境的协同共生及环境对城市活动的支持、容纳、缓冲及净化为特征。

总之，城市生态系统可以简要表示如图2-3所示。

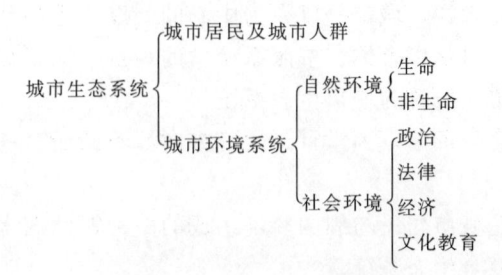

图2-3　城市生态系统

在城市环境系统中，城市植被或城市绿地系统是有生命的主要组成部分，是优化城市环境，保证系统整体稳定性的必要成分。

3. 城市生态系统的特点

1）城市生态系统的人为性

城市生态系统是人工生态系统，人是生态系统的主体，这有三方面的含义：①城市生态系统是人类发展到一定阶段的产物，是按照人类的意愿规划建设的，并由人类来管理的。因此，在城市生态系统中人是主导因素，人类活动的正确与否即能否与自然资源、环境保持和谐的关系，决定了城市生态系统能否可持续发展。②以人为主体的城市生态系统的生态环境，除具有阳光、空气、水、土地、地形地貌、地质、气候等自然环境条件外，还大量地加进了人工环境的成分，同时使上述各种城市自然环境条件都不同程度地受到了人工环境因素和人的活动的影响，使城市生态系统的环境变化显得更加复杂和多样化。③作为生物属性的人类，在城市生态系统中其生物量远远超过植物和动物的生物量。据调查，在东京23个区，人类现存量是610000kg/km^2，而植物现存量是60000kg/km^2；在北京市区，人类现存量是976000kg/km^2，植物现存量是130000kg/km^2；在伦敦，人类现存量是410000kg/km^2，植物现存量是280000kg/km^2。所以，次级生产者与消费者主要是人类。在自然生态系统中，能量在各营养级中的流动都是遵循生态金字塔规律的，城市生态系统却表现出倒金字塔形的特点，营养关系出现倒置，并且食物链简化，系统自我调节能力小。

2）城市生态系统的不完整性

城市生态系统缺乏分解者或者分解者功能微乎其微，城市生态环境的自然调节能力严重下降，废弃物不可能由分解者就地分解，几乎全部需要输送到化粪池、污水厂或垃圾处理厂进行处理。

城市生态系统生产者数量少，其作用也发生改变。城市中的植物，其主要任务已不是提供营养物质，而是美化景观，净化空气。城市居民需要的植物产品需要从外部提供。

3）城市生态系统的开放性

首先，城市生态系统不是一个"自给自足"的系统，城市生态系统在物质和能源方面对外部生态系统有强烈的依赖性，并产生数量惊人的废弃物。其次，一个城市生态系统在人力、资金、技术、信息等方面也对外部系统有不同程度的依赖性，同时，它也向外部系统输出人力、资金、技术、信息，使得外部系统的运行也相当程度上被城市的辐射力及其性质所影响和制约。

三、城市生物多样性保育与生态恢复

1. 城市生物多样性保育

1）城市生物多样性及其保育的意义

生物多样性（biodiversity）是指生物及由之构成的系统的总体变异性和多样性，一般包括遗传多样性、物种多样性、生态系统多样性等三个层次，一些学者认为还应包括景观多样性。遗传多样性是指同一物种内遗传构成上的差异或变异，物种多样性是指物种的丰富程度，是最容易被人们认识的多样性层次，生态系统多样性是指生态系统本身的多样性和生态系统之间的差异性。

城市生物多样性包括在城市范围内的植物、动物、微生物的物种多样性，以及生物的遗传或基因多样性、生态系统的多样性。目前，我国大多数城市面临着生物多样性丧失的现象，主要表现为：①本土植物或乡土植物保护和利用不足，古树名木保护力度不够，城市园林绿化植物物种减少、品种单一，过分强调绿地景观功能，导致景观的趋同性和重复性；②城市区域的地带性植被减少，城市自然生境、自然植被和生态系统破坏严重，许多野生动物的栖息地岌岌可危；③城市河流、湖泊、自然湿地面临高强度的开发建设，江河断流、洪涝、污染、湖泊萎缩、地下水位下降，水生生态系统与湿地生态系统存在面积减少、环境恶化的情况；④部分外来或入侵物种已经对本地区的生态系统造成严重影响；⑤城市环境污染严重，生态系统结构简单化，城市植被破碎化，使城市生态系统多样性功能削弱或丧失。

生物多样性保育对于城市生态园林建设而言有着重要的意义。首先，生物多样性保育是提升、促进城市园林绿化水平的重要内容，也是提高园林绿地生态系统功能的前提；其次，生物多样性保育能充分反映出城市园林绿化的地方特色，通过城市绿化中乡土植物的应用、代表着本区域类型的植物群落和生态系统的恢复与重建，能够构筑出具有区域特征和城市个性的绿色景观。同时，生物多样性保育可以改变掠夺式利用资源的观念，促进人与自然和谐关系的发展，保障城市的可持续发展。

2）城市生物多样性保育策略

随着生态园林思想的不断深入，城市园林绿化的一个重要工作内容就是保护和恢复城市生物多样性。目前，国内外关于城市生物多样性保育的主要策略或手段可概括为：①保护生物多样性较为丰富的自然生境，包括自然山体、自然植被、自然水体、自然湿地等，通过就地保护的手段保护野生动植物，以及野生动植物的栖息地、古树名木、自然植物群落与自然生态系统类型。②充分利用动物园、植物园、树木园等专类公园、郊野公园、森林公园，通过迁地保护手段保护重要的野生动植物或珍稀濒危动植物。并通过生态恢复与重建，营造多样的野生动植物栖息地。如退化河流、湿地生态系统的生态恢复与重建，可以为涉禽类等野生动物觅食、生存和繁衍提供庇护空间，促进野生动物的迁入，增加野生动物多样性。③提高城市园林绿地覆盖率，构建承载生物多样性保育的城市生态网络。这样，不仅为植物多样性的增加提供空间，也为动物的栖息与迁移活动提供了保证。④城市园林绿化尽量选用本地植物，保护与合理利用野生园林植物资源，构建野生树木园、野生花卉园、自然湿地等。不要一味地排除杂草，适当保留与利用野生草本植物、城市杂草群落，增加城市植物多样性。⑤模拟自然植物群落，并利用植物群落的边缘效应、生境异质性，营造园林植物群落的层次多样性、生活型多样性、物种多样性。在公园、道路与街道之间，通过植物种类、植物群落类型的差异性，构建多样的城市绿地或植物群落类型，提高城市总体的植物多样性。

2. 城市退化生态系统的恢复与重建

1）生态恢复的含义

生态系统在各种自然干扰、人为干扰的作用下，常常发生逆行演替，导致生态系统的结构破坏或简单化，功能不完善或丧失，生物多样性下降，稳定性减弱，系统生产力下降。这种现象称为生态系统退化，退化生态系统又称为受害或受损生态系统。

狭义的生态恢复是指生态系统或植被在干扰消除后，通过进展演替恢复到干扰前原始状态的过程。广义的生态恢复包括生态恢复（狭义上）、生态修复与生态重建。其中，生态修复是沿着进展演替的方向，生态系统或植被在结构复杂化、功能完善化、物种多样化、生产力等方面有一定程度上的提高。生态重建，又称替代、复垦等，是沿着进展演替的趋势，重新建设的生态系统或植被类型，虽然在结构、功能方面有所改善，但与干扰前的原始类型有所不同。如结合景观性、游憩需要开展的生态恢复。总体而言，生态恢复是指根据生态演替的原理，对于退化的生态系统或植被通过一定的生物、生态以及工程的技术与方法，调整、配置和优化系统内部及其与外界的物质、能量和信息的流动过程及其时空秩序，使生态系统的结构、功能和生态学潜力尽快地、成功地恢复到一定的或原有的乃至更高的水平。

2）生态恢复的工作步骤

根据生态系统退化机制的不同，生态恢复的对象或工作内容有所差异，目前主要是退化基质或土壤、水体，以及退化植被、生态系统的生态恢复。

退化生态系统的恢复与重建一般分为下列几个步骤：①明确被恢复对象，并确定系统边界；②诊断分析退化机制，包括引起退化的主导因子、退化过程、退化强度的诊断与辨识；③确定恢复目标，包括目标植物、目标植物群落类型；④生态恢复的自然、经济、技术可行性分析；⑤恢复与重建的生态规划与风险评价，建立优化模型，提出具体的技术措施与实施方案；⑥进行实地恢复与重建的优化模式试验与模拟研究；⑦恢复后的定位动态监测与评价。

3）生态恢复与重建的基本原则

退化生态系统的恢复与重建要求在遵循自然规律的基础上，通过人类的作用，根据技术上适当、经济上可行、社会能够接受的原则，使受害或退化生态系统重新获得健康并有益于人类生存与生活。生态恢复与重建的原则一般包括自然法则、社会经济技术原则、美学原则等三个方面。自然法则是生态恢复与重建的基本原则，具体包括：①地理学的区域性、差异性与地带性原则。如植被恢复选择目标植物群落类型、主要目标植物种类时，要依据地带性植被、潜在植被，即主要选择与当地气候、土壤等相适应的、稳定的植物群落类型。②生态演替原则。③生物多样性原则，包括景观多样性。如根据生境的空间异质性，构建或布局多样性的植物群落、生态系统类型。④植被恢复以群落为单位的原则，群落的构建要考虑生态位互补、物种间的相互作用。⑤物质循环与转化原则。⑥整体性与系统性原则，等。

第四节 景观生态学及景观生态规划

一、景观生态学的基础知识

1. 景观的概念及基本特征

1）景观的含义

景观（landscape）有多种含义。第一种是美学上的含义，与风景同义。景观作为审美对象，是风景画及风景园林学科的对象。第二种是地理学上的理解，将景观作为地球表面气候、土壤、地貌、生物各种成分的综合体，与生态系统或生物地理群落含义相近。第三种含义是景观生态学的理解，将景观视为空间上不同生态系统的聚合。一个景观包括空间上彼此相邻，功能上互相有关，发生上有一定特点的若干生态系统的聚合。Forman 和 Gordon（1981）将景观定义为"以类似方式重复出现的，相互作用的若干生态系统的聚合所组成的异质性的土地地域"。

景观的这三方面的含义尽管存在明显差异，但有历史上的联系。景观生态学中的景观概念是从直观的美学观，到地理上的综合观，又到景观生态学上的异质地域观逐步发展而来的。例如，风景画就反映了多样性和异质性的特点。同质性构不成图画，很多风景画中，既有森林，又有草原、草地、村庄和河流等。

2）景观的特征

Forman 和 Gordon（1981）认为，一个景观应该具备下述四个特征：①生态系统的聚合；②各生态系统之间的物流、能流和相互影响；③具有一定的气候和地貌特征；④与一定的干扰状况的集合相对应。

从结构上说，一个景观是由若干生态系统所组成的镶嵌体。例如，在我国北方山区经常可见这样的聚合：山麓地带分布着村庄；村庄中间有一条公路，通向附近村镇；在村庄附近有一条河流，走向大致与公路相同；河川地带是农田，河川两岸的山坡，坡度较小，多为黄土母质，引水上山后种上果树，成为果园，远处的山较陡，阴坡是次生林，主要树种是山杨、白桦、蒙古栎，阳坡由于坡陡，土层薄，作为草场，放牧山羊。上述的村庄、河流、公路、农田、次生林、草场就组成一个景观。这类聚合不仅在一个村庄出现，而且在不少山区村庄重复出现，并且在一个景观中，农田、果园、森林、草场可能各是一块，也可能有的不仅一块。

从功能上说，上述各种生态系统（村庄、河流、公路、农田、次生林、草场）互相作用。一方面是很多环境成分如风、热、水以及矿物养分在相邻的生态系统之间流动；另一方面是动物和植物的种子、孢子、花粉等也会在生态系统之间运动。最显著的是水流。水流顺坡而下，会影响低处的果园、农田和村庄。地表径流很大时，就会冲毁果园、农田、村庄和道路，并影响到河流的水文状况。

景观的形成主要受两方面因素的影响，一是地貌和气候条件，二是干扰因素。气候和地貌对一定地区的自然条件综合起着决定性的影响，所以一个景观必然具有一定的气候地貌特征。干扰是指引起景观或生态系统的结构、基质发生重大变化的离散性事件，它可能是自然的，如天然火、暴风、泥石流等，也可能是人为的，如开垦和采伐等。一个景观内所受的干扰因素不一定相同，但从景观整体来看，它与一定的干扰状况集合是对应的。一定的干扰集合造成一定的景观。

2. 景观要素

景观是由不同生态系统组成的镶嵌体，而其组成单元（各生态系统）则称为景观要素或景观成分。景观要素有三种基本类型：斑块、廊道和基质。一般来说，城市景观生态学研究的对象多为绿地斑块和廊道，都是有生命的，但有时也研究基质，如城市建设用地作为基质对动物活动的影响，等。

1）斑块

斑块是在外貌上与周围地区（基质）有所不同的一块非线性地表区域。斑块依来源方式不同，分为干扰斑块、残存斑块、环境资源斑块和引入斑块四类，而引入斑块又可分为聚居斑块与种植斑块。在一个本底内发生局部干扰，就可能形成一个干扰斑块，如森林中的火烧迹地。残余斑块是由于它周围的土地受到干扰而形成的，如城郊所包围的小片林地。自然保护区或风景名胜区，也多为岛状分布的残存斑块。由于残余斑块受到长期隔离，种群较小，易发生遗传漂变，因而容易局部灭绝。例如，金佛山的银杉林斑块。如果斑块的产生是缘于环境的异质性，如森林中的沼泽，那么它们属于环境资源斑块。当人们向一块土地引入生物，就形成了引入斑块，其中引入植物的，如松树人工林或树木园，称为种植斑块。种植斑块的重要特点，是其中的物种动态和斑块周转率极大地决定于人的活动。如果停止这类活动，则有的种要从本底向种植斑块迁入，种植种要被天然种代替，并最终消失。因此，种植斑块的稳定性最差，如要长期维持，则需很大的投入。

斑块的大小和形状在自然保护区和园林景观规划设计方面具有重要意义。斑块大小的生态学意义主要表现在物种—面积关系上，斑块形状则与边缘效应密切相关。以圆形斑块和长条形斑块为例，可以容易地看出斑块的生态作用。这两种斑块的本质区别在于内部—边缘比例的差异。如果斑块大小相同，则圆形斑块的内部与边缘比值较高，长条形比值较低，狭长条形，甚至可能全为边缘。如果斑块形状相同，且斑块均为圆形，则斑块越小，边缘所占比例越大。由于有些生物仅生存或主要生存于群落边缘，而另一些主要生存于群落内部，所以斑块形状及斑块大小所引起的内部—边缘比例肯定要影响一些物种的生态过程。

不同大小和形状的斑块配置，在园林设计中更受到注意，如是采取规正的几何形，还是采取复杂多变的形状，一直是设计艺术中的重要内容之一。

另外，斑块数量和斑块的分布格局也是很重要的斑块属性。

2）廊道

廊道，或走廊，是两边与基质有显著区别的狭带状土地，也可以说是带状斑块。林带、树篱、河流植被带都是廊道。廊道有着双重的性质，一方面它将景观不同部分隔离开来，另一方面它将景观另外不同部分连接起来，对象不同，所起的作用也不同。

有些廊道是无生命特征的，如道路本身。但有些廊道是由植被、水体等生态性结构要素组成的，这种廊道称为生态廊道。生态廊道的连接作用对保护自然保护区中的大型兽类是十分重要的。利用植被走廊将自然保护区的几个区域，或者几个保护区连接起来，可以在不增加太多面积的情况下扩大珍稀物种的活动范围。关于生态廊道的宽度，在景观生态规划设计时需要考虑到生态功能需求问题。如道路林带要达到保护生物多样性的目的，生态廊道的宽度最少要达到30m宽，最好在60m宽以上，因为后者不仅具有边缘环境，也具有较大比例面积的内部环境，可以为林带内部物种、边缘物种提供较充分的空间，达到增加物种多样性的目的。而河流沿岸的河岸植被带宽度在30m左右时可达到拦截吸收河岸两侧高低向河流方向流动的氮磷等物质的作用。

近年来，国内许多城市开始建设绿道（greenway）。绿道是在生态廊道与林荫道的基础上发展而来的，但绿道的功能具有复合性，即不仅具有生态廊道的作用，也具有通勤功能、游憩功能、保护历史文化遗迹的作用。生态廊道相互交叉，交织成网，称为生态网络。城市生态网络对城市景观的连接性有重要作用，是城市景观生态建设的重要内容。

廊道在美学观赏方面也有重要作用。我国传统园林讲究"曲径通幽"，指的是把园林中观赏路径设计成为弯曲的形状，以便使一些景点藏在幽静之处，慢慢展开，从而使人感到出乎意料的效果。公园中也有一些人工建筑的走廊，如颐和园昆明湖东侧的长廊，就有很高的艺术价值，它把颐和园北部和南部连接起来，人们在走廊中行进时既可俯视湖面，又可仰视万寿山。杭州西湖的苏堤，既是西湖的著名走廊式景点，也是连接南北两山的通道。

3）基质

基质又称本底、基底，是占面积最大，连接度最强，对景观的功能所起的作用也最大的景观要素。一般而言，基质对景观动态起着控制作用。例如，在森林地区，采伐迹地和火烧迹地是不稳定的，它们内部树种更新和恢复，要依靠周围森林提供种源并给予其他方面的影响。所以，森林应为本底，而采伐迹地和火烧迹地视为斑块。不过，当采伐迹地或火烧迹地面积很大时，残余森林常呈岛状分布，此时它们应视为残余斑块。

由于四周景观性质不同，自然保护区内部的生物资源和风景资源的存在和保护与周围基质关系十分密切。因此，自然保护区规划应该研究清楚景观基质的结构特点和变化特点等。

3. 景观的总体结构

1）景观异质性和景观多样性

异质性是景观的重要属性，它指的是构成景观的不同生态系统。景观异质性的来源主要是干扰以及异质的立地或生境条件。

景观多样性实质是生态系统多样性，只是往往在高于生态系统的层次上使用该词，换句话讲，它是指生态系统集合的多样性。一般而言，多种共存的生态系统，如果与异质的立地条件相适应，才能使景观的总体生产力达到最高水平，才能保证景观功能的正常发挥，并使景观的稳定性达到一定水平。例如，大面积的同质针叶林，会促使森林火灾的蔓延，若针叶林中间夹有河流、湿地和落叶阔叶林等，则可对火灾有一定的阻遏作用。

在自然保护区或风景区规划时，应该注意研究景观异质性和多样性与保护生物多样性的关系。Forman 认为，生物多样性＝f（＋生境多样性，－（＋）干扰，＋面积，＋年龄，＋本底异质性，－隔离度，－边界不连续性）。因此，在确定面积的基础上，可以通过调整生境异质性、干扰程度和隔离度等因素来达到保育生物多样性的目的。

2）景观的结构类型

Forman 和 Gordon（1986）认为，景观的结构类型可分为以下四类：

（1）分散的斑块景观。一种或多种斑块分散在本底中，如荒漠中的绿洲、城市中的公园、农区的残余森林等。

（2）网状景观。这种景观以相互交叉的走廊占优势。例如，农田中的林网、城市中的交通管道等。

（3）交错景观。占优势的两种景观要素彼此交错，但具有共同的边界。例如，山区农田和林地的交错分布。

（4）棋盘景观。这种景观由相互交错的棋盘格子组成，如人为管理的择伐区和农田轮作区等。

按照大小和形状不同的斑块在空间的排列方式的不同，景观的空间结构还可分出其他不同的类型。如，①规则式均匀格局，例如城市中的小学多为均匀分布；②聚集格局，例如农田多聚集在村庄附近；③线状格局，如河岸植被带，公路、铁路等；④平行格局，有些山地的山顶植被互相平行分布。

景观格局是景观异质性的具体表现，同时又是包括干扰在内的各种生态过程在不同尺度上作用的结果。研究景观格局的目的是，在似乎是无序的景观斑块镶嵌体中，发现其潜在的规律，确定产生和控制空间格局的因子和机制，比较不同的空间格局及其效应。

4. 景观生态学的研究内容

景观生态学是研究一个地区内生境类型的格式及它们对物种分布和生态系统过程影响的学科。具体来讲，景观生态学研究景观的结构、功能和变化以及景观的规划管理。景观的结构指的是不同景观要素之间的空间关系（包括能量、物质和物种分配与各种生态系统的形状、大小、数目和分布格式等）。景观的功能指的是各种景观要素之间的相互作用，目前研究和应用的重点是生态流，指即不同生态系统之间的物流、能流和物种流。景观的变化是指景观在结构和功能上随时间的变化。景观管理是将景观生态学的原理，应用于实践，具体包括：①景观生态分类。根据景观要素的组成结构和功能特点，划分景观生态类型。②景观生态评价，即根据景观生态类型，进行景观生产力、生态系统服务功能评估，评价各生态类型对各种利用途径或方式的适宜性，并结合经济社会条件、投入产出，作出生态效益和经济效益的综合分析。③景观生态规划。

5. 景观生态学的基本原理

1）景观结构和功能原理

每一个景观都是异质性的，在不同的斑块、走廊和本底之间，种、能量和物质的分配不同，相互作用，即功能也不同。

2）多样性与异质性原理

景观异质性使稀有的内部种的多度减少，边缘种和要求两个以上景观要素的动植物种的多度增加，因此景观的异质性可提高物种共存的机会。

3）物种流动原理

物种在景观要素之间的扩展和收缩，既影响到景观异质性，也受异质性控制。

4）营养再分配原理

由于风、水或动物的作用，矿物营养可流出或流入某一景观，或者在一景观的不同生态系统之间再分配。景观中矿物营养再分配的速度，随干扰强度的增加而增加。

5）能量流动原理

在景观内，随着空间异质性的增加，会有更多的能量流通过景观要素之间的边界。

6）中度干扰假说

在不受干扰的条件下，景观水平结构逐渐向同质性方向发展，适度干扰可增加异质性，而严重干扰则在大多数情况下使异质性迅速降低。

7）景观稳定性原理

稳定性是指景观对干扰的抗性及其受干扰后的恢复能力。从景观要素来说，可分为三种情况：第一，当某一景观要素基本上不存在生物量时，该系统的物理特性极易变化，不存在生物多样性问题；其次，当某一景观要素生物量较小时，则该系统对干扰的抵抗力较弱，但恢复力较强；第三，当某一景观要素生物量很高时，则对干扰的抵抗力强而恢复力弱。作为景观要素整体的景观，其稳定性决定于各种要素所占比例及其空间格局。

二、景观生态规划的含义

景观生态规划是以一种多学科知识为基础，运用生态原理和系统分析技术，为科学地管理和最佳利用土地，保证人、植物和动物及其赖以生存的资源都有适宜生存或存在空间的土地利用规划。景观生态规划是在景观规划和生态规划的基础上发展起来的。

生态规划一般是指按照生态学原理，对某地区的社会、经济、技术和生态环境进行全面的综合规划，以便充分、有效地利用各种自然资源条件，促进生态系统的良性循环，使社会经济持续稳定、健康地发展。生态规划的雏形是土地利用规划。从 19 年代起，人们开始把生态学思想作为规划的重要理论和基础。1969 年，McHarg 出版了《Design with Nature》（中文版：《设计结合自然》或《设计遵从自然》）一书。该书系统地提出了生态规划的思想和方法，指出，生态规划是在通盘考虑了全部或多数因素，并在无任何有害或多数无害的条件下，确定土地最适宜的利用。以后，很多人把社会学、经济学和生态学研究融合在一起，来探讨生态环境和生态规划问题。我国学者马世俊提出了社会—经济—自然复合生态系统的理论，王如松等据此开展了天津市城市发展生态对策的研究，为城市生态规划作出了一定的贡献。

景观规划的本质是土地利用规划，公园、自然风景区、城市和居住区的规划都属于景观规划的范畴。景观规划很早就自觉或不自觉地运用了一些生态学原理，但随着生态规划思想的发展和成熟以及景观生态学的发展，特别是 3S 技术（全球定位技术、遥感技术和地理信息系统）的运用，城市规划和景观建筑学等受到深刻的影响，景观规划逐步发展为景观生态规划。

从方法论来看，景观生态规划就是结合了生态规划思想的景观规划。目前，多数的景观生态规划实际上就是基于生态学分析途径的景观规划，即广义上的景观生态规划（俞孔坚等，2005），如 1960 年代 McHarg 的《Design with Nature》以及 2002 年 F. Steiner 的《生命的景观——景观规划的生态学途径》（第二版）的景观规划途径；但也有一些工作是基于景观结构与过程或景观格局与功能分析基础上的景观生态规划，属于狭义上的景观生态规划。

景观生态规划的基本任务是保护人类健康，增强自然资源的经济价值，使各种资源得到最佳利用；保护自然界的生态完整，保持人类居住环境的美学价值。

景观生态规划有三个特点，即明确的生态观、多学科性和系统分析技术的运用。

三、景观生态规划的分析步骤

（一）景观生态调查与分类

1. 景观生态调查

景观生态调查的主要目标是收集规划区域的资料与数据，其目的是了解规划区域的景观结构与自然过程、生态潜力及社会文化状况，从而获得对区域景观生态系统的整体认识，为以后的景观生态分类与生态适宜性分析奠定基础。

在理想状况下，规划人员要进行从区域尺度到地方尺度的不同层次的调查工作。R. Forman（1995）认为，应该"从全球范围思考，从区域范围规划，在地方范围实施"。

对生态规划而言，区域层次上的大河流域和地方层次上的小河流域都是理想的分析单元。流域（watershed）是一条河流及其支流的排水区，也称为汇水区（catchment area）。一个流域或其他景观可通过地图制图学来理解。在规划中，流域分析强调了相互联系、相互影响的生态学观点。

根据资料获得的手段、方法不同，通常可分为历史资料、实地调查、社会调查和遥感及计算机数据库等四类。收集资料不仅要重视现状、历史资料及遥感资料，还要重视实地考察，取得第一手资料。这些资料包括生物、非生物成分的名称及其评价，景观的生态过程及与之相关联的生态现象和人类对景观影响的结果及程度等，具体如下。

1）自然地理因素

（1）区域气候因素。包括气候类型，平均温度（逐月平均温度，最低温度，最高温度），平均降水量（逐月平均降水量），盛行风向，风速及持续时间，相对湿度。区域气候调查后，要问答以下问题：什么是规划区的区域气候特点？规划区的区域气候如何影响人们的居住位置、建筑和生活方式？

（2）地质因素。包括基岩类型和特征，岩石露头，表面沉积物（风化物），岩石滑坡、泥质滑坡等。

（3）地形因素。包括自然地理区（地貌类型，如中山：海拔高度 1000～3000m，相对高度 500～1000m；低山：海拔高度 500～1000m，相对高度 200～500m），高程（海拔高度），坡面：坡度、坡向、山坡部位。一般通过地理信息系统，以数字地形模型、地面图像分析来表示。

（4）土壤因素。包括土壤类型、土壤质地、土壤养分含量、酸碱度、土壤渗透性、侵蚀潜力、排水潜力等。

（5）水文因素。包括地下水与地表水两个方面。地下水方面：地下水位、出水位置及出水量、水质等；地表水方面：分水岭和汇水区，湿地，湖水水面，河水流量；洪水威胁区，水的物理性质、化学性质、水体富营养化；湿地动植物；供水系统，污水处理系统，工业、生活废水及其排放地点，雨水排放系统及及其排放地点，对水质影响的固体垃圾处理场，鱼类养殖场，等。

（6）植被因素。包括植被类型，群落组成特点及其分布，物种丰富度，生长型组成，演替特点，季相，群落外貌剖面图，生态过渡带及边缘剖面，珍稀植物。

（7）动物因素。

2）土地利用及人为特征

包括区界、交通、建筑设施、场地利用、公共建筑以及土地利用发展史，土地利用现状，聚落模式，建筑物与开放空间类型，地块与街道组合。

3）社会、经济因素

社会影响：规划区财力物力、居民的态度和需求、附近区情况、历史价值；政治和法律约束：行政范围、分区布局、环境质量标准；经济因素：土地价值、税收结构、地区增长潜力等。

4）遥感资料和计算机数据库资料将成为景观生态规划的重要资料

2.景观生态分类

景观生态分类和制图是景观生态规划及管理的基础。景观生态分类可从结构和功能两方面考虑。

1）结构性和功能性分类

功能性分类根据景观生态系统的生态功能属性（生物生产、环境服务和文化支持）来划分归类，同时考虑体现人的主导性和应用价值。包括两方面的内容：一是类型单元间的空间关联与耦合机制，组合成更高层次的类型；二是景观单元对人类社会的服务能力。主要是区分景观生态系统的基本功能类型，并归并所有单元于各种功能类型中。

结构性分类以景观生态系统的固有结构特征为主要依据，侧重于对系统内部特征的分析，主要目的是揭示景观生态系统的内在规律和特征。

2）景观生态分类指标的选择

基本要求是以尽可能少的依据和指标反映尽可能多而全面的特性，一般是选取能代表景观整体特征的几个综合性指标。具体指标的选取，则要根据收集到的资料和规划区景观格局与生态过程的分析，综合考虑规划区域的自然、人类需要和社会经济条件，依据规划目标和一定的原则，选取最能揭示景观的内部格局、分布规律、演替方向的指标作为分类体系，划分景观生态类型。

一般包括三个步骤：首先，根据遥感影像（航片、卫片）解译，结合地形图和其他图形文字资料，加上野外调查成果，选取并确定景观生态分类的主导要素和指标，初步确定个体单元的范围及类型。第二步，详细分析各类单元的定性和定量指标，表列各种特征，通过聚类或其他统计方法确定分类结果。第三步，依据类型单元指标，经判别分析，确定不同单元的功能归属，作为功能性分类结果。

3. 景观生态图制作

根据景观生态分类的结果，客观而概括地反映规划区景观生态类型的空间分布模式和面积比例关系，就是景观生态图。景观生态图的意义在于它能划分出一些具体的空间单位，每一单位具有独特的非生物与生物要素以及人类活动的影响，独特的能流、物流规律，独特的结构和功能，针对每一个这样的空间单位，可以拟定自己的一套措施系统，以求得在保证其生态环境效益的前提下，获取经济效益和社会效益的统一。因此，景观生态图可作为景观生态规划的基础图件。

地理信息系统可以将有关景观生态系统空间现象的景观图、遥感影像解译图和地表属性特征等转换成一系列便于计算机管理的数据，并通过计算机的存贮、管理和综合处理，根据研究和应用的需要输出景观生态图。

（二）景观的空间格局与生态过程分析

不同的景观具有明显不同的景观空间格局，自然景观具有原始性和多样性，如极地、荒漠、苔原、热带雨林和自然保护区等；而经营景观是单一种群的农业及林业生物群落，代替了物种丰富的自然生物群落，成为大多数区域景观的基质，城镇与农村居民区成为控制景观功能的镶嵌体，公路、铁路及人工防护林网与交错的天然与人工河道、水体与残存的森林共同构成景观格局；人工景观表现为大量人工建筑物成为景观的基质而完全改变了原有的地面形态和自然景观，人类系统成为景观中主要的生态组合。因此，在景观生态规划中，往往对能流、物质平衡、土地承载力及空间格局等与规划区发展和环境密切相关的生态过程进行综合分析。

由于人类经济活动的影响，使景观中生态系统能流、物流过程带有强烈的人为特征。

一是经营或人工景观生态系统的营养结构简单，自然能流的结构和通量被改变，而且，生产者、消费者和分解者难以完成物质的循环再生和能量的有效利用。二是景观生态格局改变，许多旅游区、自然保护区、城镇和农村等的镶嵌体和廊道增加，并成为景观生态系统物流过程的控制器，使物流过程人工化特征明显。三是辅助物质与能量的大量投入以及人与外部交换更加开放。如以自然过程为基础的农业依赖于化肥的投入，工业则依赖于其他区域的原料投入。四是由于工农业活动的影响，景观的自然物流过程失去平衡，导致水土流失、土地退化加剧，以及有害废物的积累和水体污染等问题。通过对规划区生态过程（物流、能流）的分析，可以深入认识规划区景观与当地经济发展的关系。

景观格局与过程分析对景观生态规划有重要的意义，成功的规划与设计在于我们对规划区景观的理解程度，因为景观生态规划的中心任务是通过组合或引入新的景观要素而调整或构建新的景观结构，以增加景观异质性和稳定性，而对景观格局和生态过程的分析有助于做到这一点。

（三）生态适宜性分析

1. 生态适宜性分析的含义

景观生态适宜性分析是目前开展景观生态规划的重要技术手段。其以景观生态类型为评价单元，根据区域景观资源与环境特征、发展需求与资源利用要求，选择有代表性的生态特性（如降水、土壤肥力、旅游价值等），从景观的独特性（稀有性及被破坏后可能恢复的时间尺度）、景观的多样性（斑块多样性、种类多样性和格局多样性）、景观的功效性（生物生产能力和经济密度等）、景观的宜人性或景观的美学价值入手，分析某一景观类型内在的资源质量以及与相邻景观类型的关系（相斥性或相容性），确定景观类型对某一用途的适宜性和限制性，划分景观类型的适宜性等级。

2. 生态适宜性分析方法

生态适宜性分析方法有整体法、因子叠合法、数学组合法、因子分析法和逻辑组合法五类。其中以 I. McHarg 创立并系统化的因子叠合法和捷克和斯洛伐克的数学组合法最为常用。

（1）因子叠合法。首先根据规划目的选择各因素（或因素分级），如植被可分为森林和灌丛、草丛；坡度分为＞25％、10％～25％和＜10％三级等，并以同样的比例尺用不同颜色表示在图上，成为单因素图层（overlays），例如坡度图、植被类型图、娱乐价值图和野生动物生境分布图等。然后按照项目要求，把单因素图层用叠加技术进行叠加，就可得到各级综合图。由单因素图层叠加产生的各级综合图逐步揭示出具有不同生态意义的景观（或区域），每一区域都暗示了最佳的土地利用。有的生态上极为敏感，景观独特，宜保持原貌而为保存区（preservation）；有的敏感性稍低，景观较好，宜在指导下作有限的开发利用，称为保护区（conservation）；还有生态敏感性较低，自然地形及植被意义不大，适于开发而成为开发区（development）。在这三类中，视具体情况，可再进一步细分。因子叠加法是较早形成的一种生态适宜性方法，具有操作较为简便的特点，但也存在没有考虑各因子相对重要性的问题。图 2-4 展示了重庆市南川区绿地系统规划工作过程中的生态适宜性分析的部分结果（刘磊等，2010）。首先选取高程、坡度、土地利用现状等因子，形成单因子分类图，然后利用因子叠加法完成绿地建设的适宜性综合分析图。

（2）数学组合法。捷克和斯洛伐克的景观生态规划（LANDEP）中注重计算机在规划

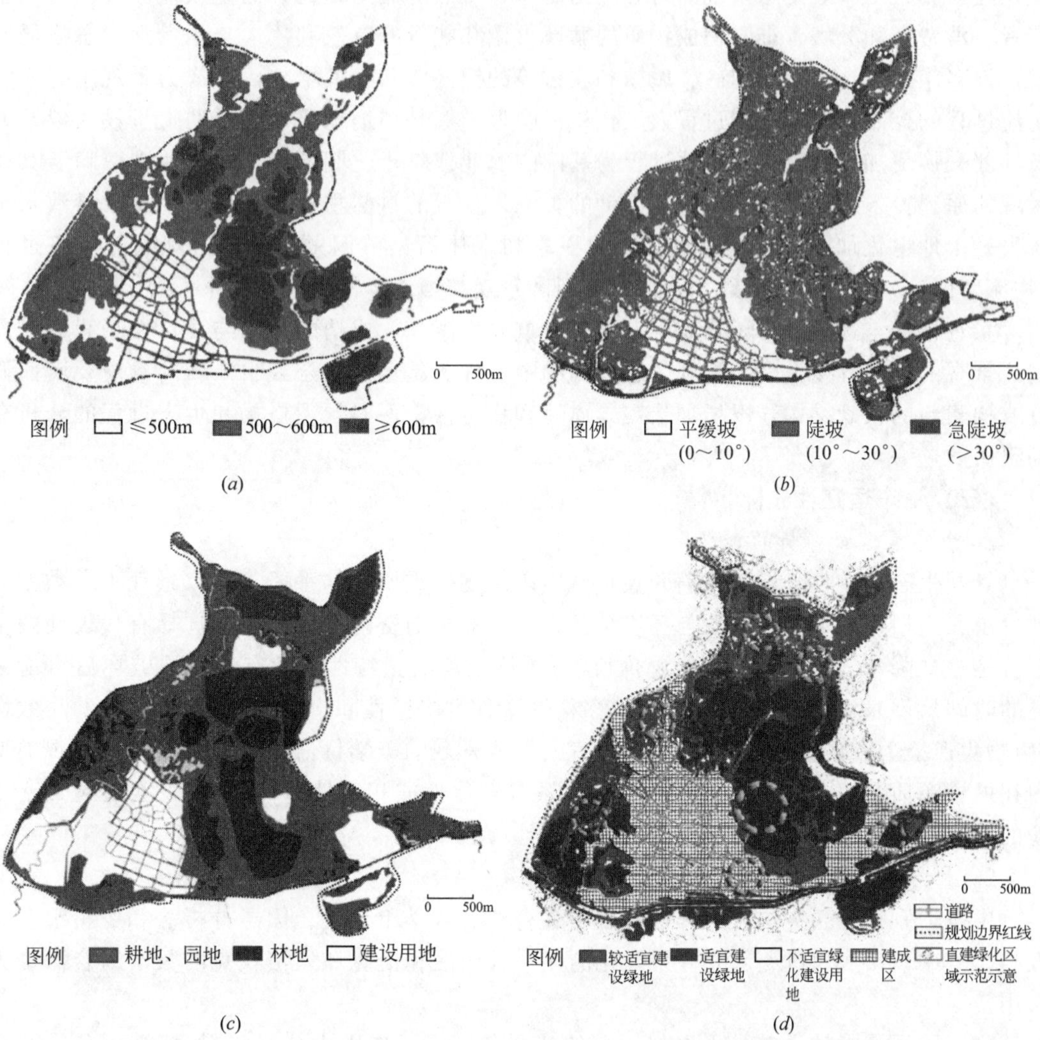
0 500m
图例 ≤500m 500～600m ≥600m
(a)
0 500m
图例 平缓坡 (0～10°) 陡坡 (10°～30°) 急陡坡 (>30°)
(b)
0 500m
图例 耕地、园地 林地 建设用地
(c)
0 500m
道路
规划边界红线
图例 较适宜建设绿地 适宜建设绿地 不适宜绿化建设用地 建成区 直建绿化区域示范示意
(d)

图 2-4 重庆市南川区城市绿地建设的部分生态适宜性分析示意图

(*a*) 高程因子图；(*b*) 坡度因子图；(*c*) 归并后的土地利用现状分类图；(*d*) 综合分析图

中的运用，着眼于整体系统化和局部自动化。它把景观特性对不同的人类活动的各种适宜性等级改为数量值，并赋予因素不同的权重，在给因素赋权重时考虑到一项给定活动的可行性，预测给定活动对该点的局部影响，局部的活动对具体景观生态特性（如生态稳定性）的影响等；景观的总适宜性是局部适宜性的总和，局部适宜性表示为一个给定的景观生态类型和一项给定活动的最大可能适宜性的百分比。此种方法解决了 I. McHarg 的因子叠合法无加权、麻烦、不能数学运算等问题，使景观规划师能利用和处理更多的信息，规划更具科学性和系统性。

GIS 在规划中的应用可为定量描述景观适宜性等级提供有利条件。

3. 景观功能区划分

对每一个给定类型可提出不止一个利用方式的建议，在这些建议中根据景观生态适宜性的分析结果，还要考虑如下特征：①目前景观或土地的适宜性；②目前景观的特性、类型和人类活动的分布；③其他人类活动对给定景观生态类型的适宜性；④寻求各种供选择建议的可能性、必要性和目的；⑤在备选的景观利用方案中，若改变现有的景观或土地的利用方式有无可能，如果有，技术上是否可行。

功能区的划分从景观空间结构产生，以满足景观生态系统的环境服务、生物生产及文化支持三大基础功能为目的，并与周围地区景观的空间格局相联系，形成规划区合理的景观空间格局，实现生态环境条件的改善、社会经济的发展以及规划区持续发展能力的增强。

（四）景观生态规划方案评价及实施

因为由景观生态适宜性分析所确定的方案与措施，主要是建立在景观的自然特性基础之上，然而，景观生态规划并不是不发展社会经济，而是在促进社会经济发展的同时，寻求最适宜的景观利用方式。因此，对备选方案需进行：

（1）成本效益分析。规划方案与措施的每一项实施需要有资源及资金的投入，同时，实施的结果也会带来经济、社会和生态效益，对各方案进行成本—效益分析与比较，进行经济上的可行性评价。

（2）对区域持续发展能力的分析。方案的实施必然对当地和相邻区域的生态环境产生影响，有的方案与措施可能带来有利的影响，从而改善当地生态环境条件，有的方案可能会损害当地或邻近地区的生态环境条件。对备选方案的评价结果和初选方案的结果可以用表格形式来表达，也可用计算机制图表示，供决策者参考。

在确定了某一方案后，需要制订详细措施，促使规划方案的全面执行。随着时间的推移，客观情况的改变，需要对原来的规划方案不断修正，以满足变化的情况，达到对景观资源的最优管理和景观资源的可持续性发展。

Forman（1995）认为，一个合理的景观规划方案应具有以下几个特征：①考虑规划区域较广阔的空间背景；②考虑规划区较长的历史背景，包括生物地理史、人文历史和自然干扰；③规划中要考虑对未来变化的灵活性；④规划方案应有选择余地，其中最优方案应基于规划者明智的判断，而不涉及环境政策，这样可供选择的折中方案才能清晰、明确。同时，景观规划中五个要素必不可少：时空背景、整体背景、景观中的关键点、规划区域的生态特性和空间特性。

四、景观生态学原理与技术在景观规划中的应用

1. 生态适宜性分析在景观生态规划中的应用案例

以厦门市沿海岸线景观生态规划为案例，说明生态适宜性分析及其在景观生态规划方面的指导作用。

该案例中，陈小华与张利权（2005）应用数字组合法，针对厦门市沿海岸线多功能开发的发展要求，进行了港口航道建设、海水养殖、滨海旅游和环境保护等多目标的景观生态适宜性分析，并依据城市发展规划对沿海岸线及近岸海域的发展要求，提出厦门市沿海岸线及近岸海域的景观生态规划方案。

1）多目标的生态适宜性分析

首先，选取了与上述四个发展目标密切相关的六个生态因子：近岸海域水深、近岸人口密度、滨海景观价值、珍稀海洋生物保护区分布、岸线类型、近岸海域水质。根据这些生态因子的特征以及它们对发展目标的影响，将其进行分级（4～5级），每级对应不同的等级标度（表2-7）。每个因子与各发展目标的相关性则用不同的权重值加以表示（表2-8），各因子的权重是通过AHP法（Analytic hierarchy process，层次分析法）来确定。层次分析法是一种定性与定量相结合的决策分析方法。该方法通过在各因子之间进行简单的相对重要性比较，得出各相关因子相对重要性的矩阵形式，再通过判断矩阵的最大特征根及其对应的特征向量，计算出各因子的权重值。然后，应用ArcView软件将以上生态因子信息分别数字化，得出每个生态因子的单因子图层，并利用该GIS软件的空间分析模块Spatial Analyst对每个单因子图层进行栅格化并分级，最后依托ArcView进行单因子图层加权叠加，分别得出港口航道建设、海水养殖、滨海旅游和环境保护发展目标的景观生态适宜性综合评价图（图2-5）。

厦门市沿海岸线景观生态适宜性分析的生态因子及其分级 表2-7

生态因子	因子等级标度					单位
	5	4	3	2	1	
近岸海域水深	<20	20～15	15～10	10～5	5～0	m
近岸人口密度	>5	2～5	0.5～2	0.1～0.5	<0.1	万人/km²
滨海景观价值	景观要素极少	要素较少	要素集中	要素很集中	无	—
珍稀海洋生物保护区分布	非保护区		单一物种外围保护区	多物种外围保护区	核心保护区	—
岸线类型	其他类型	泥质	砾石	沙质		—
近岸海域水质	17.9～21.4	21.4～24.9	24.9～28.3	28.3～31.8	>31.8	无量纲

资料来源：改自：陈小华，张利权，2005.

厦门市沿海岸线多目标景观生态适宜性分析的生态因子权重 表2-8

	近岸海域水深	近岸人口密度	滨海景观价值	珍稀海洋生物保护区分布	岸线类型	近岸海域水质
港口航道建设	0.40	0.15	0.21	0.09	0.12	0.03
滨海旅游	0.03	0.07	0.36	0.11	0.26	0.17
海水养殖	0.04	0.10	0.34	0.08	0.17	0.27
环境保护	0.02	0.15	0.16	0.33	0.06	0.28

资料来源：改自：陈小华，张利权，2005.

以港口航道建设为发展目标的景观生态适宜性分析所得到的综合图层见图2-5（a），厦门市沿海岸线及近岸海域可分成以下三类区域：①适宜区，综合评价值为3.04～3.65，该区域的平均水深在15m以上，区域内无重要景观，沿岸人口密度中等；②基本适宜区，综合评价值为1.84～3.04，平均水深一般超过10m，区域内无重要景观，沿岸人口密度较小；③不适宜区，综合评价值为1.24～1.84，最大水深小于8m的区域，沿岸景观较好，部分岸线景观价值高，人口密度较大，有珍稀海洋生物核心保护区位于其间。以滨海旅游为发展目标的生态适宜性分析所得到的综合图层见图2-5（b），厦门市沿海岸线及近岸海域分成以下三类区域：①适宜区，综合评价值为1.24～2.18，沿岸有丰富的自然或人文景观，岸线属于沙质岸滩；②基本适宜区，综合评价值为2.18～2.78，沿岸景观价值较高，但部分海域水质较差，岸线一般为泥质滩涂；③不适宜区，综合评价值为 2.78～4.23，沿岸无重要景观和沙质岸滩，而且大部分海域水质较差。以海水养殖为发展目标的生态适宜性分析所得到的综合图层见图 2-5（c），厦门市沿海岸线及近岸海域分成以下三类区域：①适宜区，综合评价值为 3.51～4.20，沿岸无重要景观和沙质岸滩，海水水质较好，岸线大多为泥质滩涂，沿岸人口密度较小；②基本适宜区，综合评价值为 2.97～3.51，沿岸景观价值一般，海水水质较好，沿岸人口密度较小；③不适宜区，综合评价值为 142～2.97，沿岸景观价值较高，海水水质差，部分岸线是沙质海滩，而且沿岸人口密度大，部分海域是珍稀海洋生物核心保护区。根据以环境保护为发展目标的生态适宜性分析综合评价结果（图 2-5d），以及厦门海域生态环境要素、生态环境敏感性与环境保护的空间分异规律，可将沿海岸线及近岸海域划分为以下三类区域：①生态保育区：综合评价值为 1.24～2.20，具珍稀海洋生物核心保护区，沿岸景观价值较高，海水水质较好，部分岸线为沙质海滩；②生态缓冲区：综合评价值为 2.20～3.30，部分区域沿岸景观价值较高，海水水质较差，以及部分具珍稀海洋生物核心保护区的海域；③生态重建区：综合评价值为 3.30～3.85，区域内无珍稀海洋生物核心保护区，沿岸无重要景观和沙质岸滩，海水水质差。

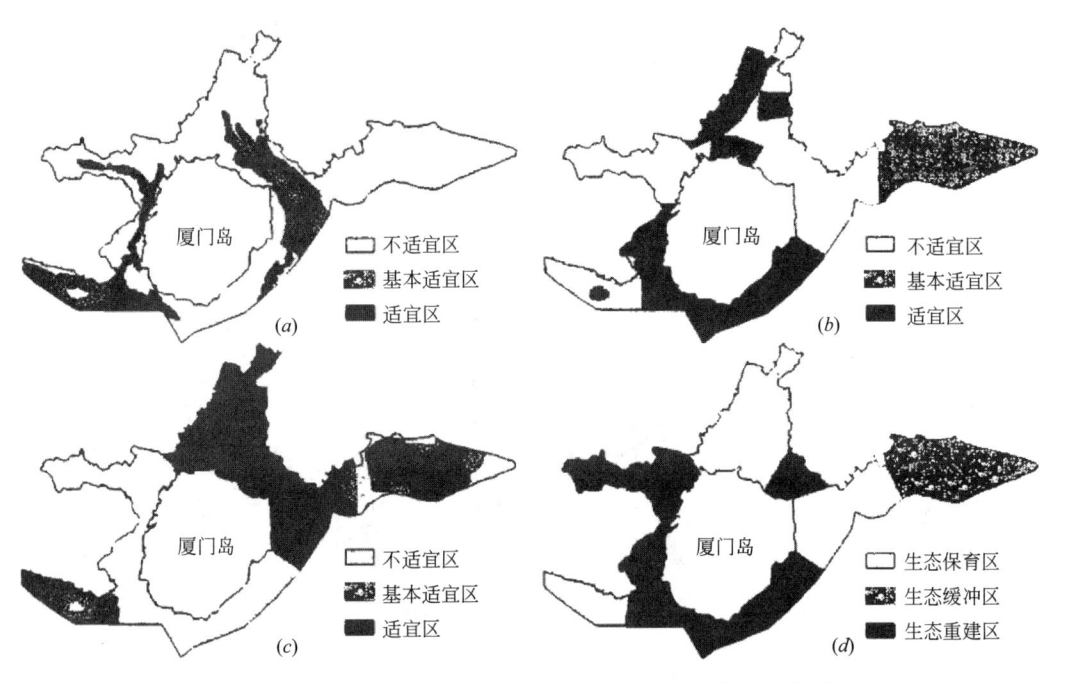

图 2-5　厦门市沿海岸线多目标景观生态适宜性分析示意图
（a）港口航道建设；（b）滨海旅游；（c）海水养殖；（d）环境保护

2）沿海岸线景观生态规划

根据城市发展规划对沿海岸线的发展要求，港口航道建设、滨海旅游、海水养殖与生态环境之间的关系，以及上述多目标的生态适宜性分析结果，作者提出了厦门市沿海岸线及近岸海域的景观生态规划方案（图 2-6）。①西海域生态重建与污染综合防治区。该区生态环境严重恶化，属生态重建区，迫切需要进行生态修复；同时，该区可兼顾港口发展和滨海旅游开发。②九龙江入海海口港口建设与河口湿地生态系统保育协调区海沧岸线具得天独厚的水深条件，很适合发展港口，同时该区域是九龙江入海口，具重要的河口湿地资源，还有鸡屿白鹭保护区。③马銮湾生态环境综合整治区。马銮湾处于半封闭状态，湾内水体与外海的正常交换被阻断，加上湾内水产养殖过度，导致整个生态系统严重退化。④同安湾海水养殖与污染综合防治区。同安湾具有水浅、水质较好、沿岸无重要景观等特点，目前开发程度较低。该区域比较适合发展海水养殖，同安湾西岸可以兼顾滨海旅游开发。海水养殖和陆源污染物的排放都将成为同安湾生态系统健康的威胁，因此必须做好污染的综合防治。⑤大嶝三岛海域海水养殖与滨海旅游综合发展区。该区域有广阔的滩涂资源，水质较好，适合海水养殖发展。大嶝三岛具有很好的区位优势，而且具有较丰富的历史文化背景，可以发展滨海旅游。⑥厦门岛南岸滨海旅游与污染综合防治区。厦门岛南岸（鼓浪屿北侧至厦门国际会展中心）具有丰富的自然景观和人文景观，如鼓浪屿、万石山国家风景区以及沿岸的沙滩等，该区域是厦门市滨海旅游开发的主要岸线。良好的海水水质是提升滨海旅游环境的必要条件，本海域内的污染防治对滨海旅游的发展非常重要。⑦厦门岛东北海域港口建设与珍稀海洋生物保护协调区。厦门岛东北海域包括岛内的高崎国际机场至厦门国际会展中心的岸线，以及同安区的刘五店至澳头的岸线。该岸线较适合发展港口，尤其是刘五店岸线的水深条件最好，港区建设对同安区的经济发展意义重大。然而，本区的钟宅、五通、澳头、刘五店四点连线所围的海域也是中华白海豚核心保护区。因此，该区域的主要任务是协调好港口建设与珍稀海洋生物保护。

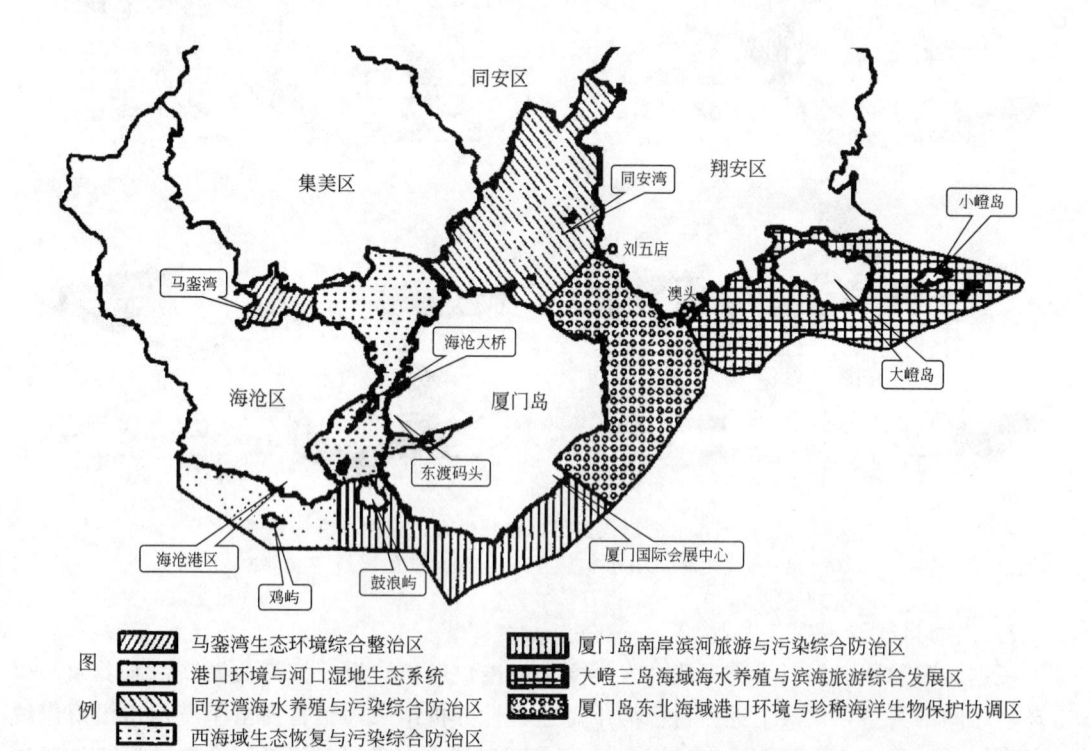

图 2-6 厦门市沿海岸线景观生态规划示意图

从该案例可以看出，生态适宜度分析是一种重要的景观生态分析方法。基于生态学分析途径的景观规划，对规划的生态合理性具有重要意义。

2. 景观生态学原理在园林景观规划设计中的应用概述

景观生态学与园林风景的管理有密切关系。无论自然形成的园林风景，还是人工营造的园林风景，尽管人们欣赏的是美景，但美景也要存在于健康的生物系统之中。所以，在园林规划设计中，不仅要注意观赏上的美学要求，也要充分考虑到景观结构在生物学和生态学上的合理性（徐化成，1996）。近年来，应用景观生态学原理与技术进行的城市规划、园林规划方面的工作越来越多。

1）城市绿地系统、风景区的景观生态规划

在大中空间尺度上，基于景观生态分类、景观格局与功能分析，根据"斑块—廊道—基质"、"网络—结点"的景观结构模型进行绿地布置。

2）中小空间尺度上的景观生态规划设计

从生态学的角度而言，景观的空间尺度一般在数千米以上。但根据 Pickett（1995）的观点，景观也可以从任意尺度上的空间异质性来理解。因此，只要规划区内存在生态系统的多样性和异质性，即可进行景观生态规划或设计。如对城市绿地空间的景观生态设计（叶德敏等，2006）。

3）不同尺度层次上景观生态学原理的综合应用

有些景观生态规划工作是在不同尺度层次上进行的。在确定绿地系统的空间结构的过程中，依据于景观生态学中的尺度效应原理，并结合实际将规划区域复杂的景观系统分成宏观、中观和微观三个尺度层次（尺度划分是相对的），在区域宏观尺度层次，根据景观基质特征的不同，利用生态绿化廊道，将整个区域分成不同的景观区。在分区中尺度层次，以"斑块—廊道—基质"景观构成模式进行绿地布置。在具体规划设计的微观尺度层次，根据绿地斑块的配置原理、廊道宽度原理等一系列景观生态学的原理对绿地进行具体的规划布局。最终形成层次分明、功能互补、具有良好的景观和生态功能的绿地系统结构。

复习思考题

1. 名词解释：热岛效应、水体富营养化、酸雨或酸沉降、温室效应、煤炭型空气污染、石油型空气污染、光化学烟雾、物种多样性、顶级群落、地带性植被、城市植被、本地植物、生态系统、生态系统生产力、生态系统稳定性、生态廊道、基质或本地、生物多样性。

2. 简述城市生态学的研究特点、主要研究内容。

3. 简述城市环境的含义、组成及其特点。

4. 城市环境污染有哪些主要类型？

5. 简述城市气候的主要特点。

6. 简述城市热岛效应的形成原因。

7. 颗粒状污染物与气态污染物有哪些主要类型？

8. 石油型与煤炭型空气污染有哪些不同？

9. 举例说明重庆地区有哪些大气污染源类型？

10. 举例说明重庆地区有哪些植物抗污染能力较强？

11. 针对空气污染问题，园林植物选择与配置应注意哪些原则？

12. 简述城市的水文特征及城市雨洪管理的有关理论特点。

13. 引起水体污染的污染物有哪些类型？

14. 举例说明重庆地区有哪些植物净化水体的能力较强？

15. 城市土壤性质的变化主要表现在哪些方面？引起土壤污染的污染物有哪些类型？

16. 简述植物群落的基本特点。

17. 识别植物类型的首要标志是什么？群落的外貌决定于哪种群落物种组成特征？

18. 植物群落的动态特征变化表现在哪些方面？

19. 植被地带性分布表现在哪些方面？由哪些因素影响决定？

20. 简述城市植被的特征。

21. 根据人工干扰程度的不同，城市植被可分为哪些类型？

22. 简述城市植被的功能。

23. 生态系统有哪些组成成分？食物链一般有多少营养级？

24. 生态系统有哪些功能？物质循环可在哪些层次上反映出来？

25. 简述生态系统进展演替的主要趋势？

26. 生态平衡是如何调节的？

27. 简述城市生态系统的组成成分与城市生态系统的特点。

28. 简述生态恢复的基本原则。

29. 简述景观的美学、地理学、生态学的含义。

30. 简述景观的基本特征与景观形成的主要影响因素。

31. 景观有哪些景观要素类型？

32. 简述斑块大小、形状的生态学意义。

33. 生态廊道宽度设置多宽比较合适？

34. 简述生态适应性分析的含义及其常用方法。

35. 简述景观生态规划的工作内容。说明景观生态分类的类型。

36. 在海绵城市建设中，低影响开发雨水系统的渗透技术有哪些？

第三章　园林植物栽培及养护管理

第一节　园林植物繁殖育苗概述

一、园林植物播种繁殖育苗

种子繁殖在园林育苗中占有重要的地位。用种子繁殖所得的苗木称为播种苗或实生苗，实生苗具有一定的遗传变异性，可塑性大，有利于引种驯化和定向培育创造新品种。同时，实生苗根系发达，有利于苗木的生长发育，对不良的生长环境适应性强，其抗旱、抗寒、抗风等能力一般强于营养繁殖苗。

1. 播种前种子的处理

1) 种子精选与消毒

种子精选是指清除种子中的各种夹杂物，如种翅、鳞片、果皮、果柄、枝叶碎片、瘪粒、破碎粒、石块、土粒、废种子及异类种子等的过程。精选后提高了种子纯度，有利于贮藏和播种，播种后发芽迅速，出苗整齐，便于管理。

种子消毒可杀死种子本身所带的病菌，保护种子免遭土壤中的病虫侵害。这是育苗工作中一项重要的技术措施，多采用药剂拌种或浸种方法进行。

（1）浸种消毒。把种子浸入一定浓度的消毒溶液中，经过一定时间，杀死种子所带病菌，然后捞出阴干待播的过程称为浸种。常用的消毒药剂有 0.3％～1％的硫酸铜溶液，0.5％～3％的高锰酸钾溶液，0.15％的甲醛（福尔马林）溶液，0.1％的升汞溶液，1％～2％的石灰水溶液，0.3％的硼酸溶液和 200 倍的托布津溶液等。消毒前先把种子浸入清水5～6h，然后再进行药剂浸种消毒。

（2）拌种消毒。把种子与混有一定比例药剂的园土或药液相互掺合在一起，以杀死种子所带病菌和防止土壤中病菌侵害种子，然后共同施入土中。常用的药剂有赛力散、西力生、敌克松、呋喃丹、福美锌、退菌特、敌百虫等。

2) 种子催芽

种子催芽就是促进种子萌发，种子的催芽是园林苗圃在育苗生产实践中一项常用的技术措施。

常用的种子催芽方法有：

（1）清水浸种法。多数园林种子用清水浸种后，都可能使种皮变软，吸水膨胀，提早发芽。浸种的水温和时间，依不同树种而异，如温水和热水浸种必须充分搅拌，一方面使种子受热均匀，一方面防止烫伤种子。浸种的用水量要相当于种子的 2 倍，一般为 24～48h 或更长一些，并且应每天换水 1 次。

（2）机械损伤法。擦伤种子，改变其透性，增加种子的透水透气能力，从而促进发芽。常将种子与粗沙、碎石等混合搅拌（大粒种子可用搅拌机进行），以磨伤种皮。

（3）酸碱处理。把具有坚硬种壳的种子，浸在有腐蚀性的酸、碱溶液中，经过短时间处理，使种壳变薄，增加透性，促进发芽。常用药品有浓硫酸、盐酸、氢氧化钠等。常用95％的浓硫酸浸 10～120min，或用 10％的氢氧化钠浸 24h 左右。浸后必须用清水冲洗干净，以防止影响种胚萌发。

（4）层积催芽法。将种子与湿沙混合分层埋藏于坑中或混沙放于木箱或花盆中埋于地下，坑中竖草把，以利通气。混沙量不能少于种子的 3 倍，种子可在 0～10℃的低温条件下保持 1～4 个月或更长时间。在这期间应注意检查，当有 40％～50％的种子开始裂嘴时即可取出播种。当将近播种时，种子还没有开始裂嘴，则可将种子转至背风向阳或室内温度高的地方促其萌动后播种。

除以上常用播种催芽法外，亦可采用微量元素的无机盐类处理种子，如硫酸锰、硫酸锌等，也可用有机药剂和生长素处理，如酒精、胡敏酸、萘乙酸、赤霉素等以及用电离辐射处理种子，进行催芽。

2. 播种育苗

1）播种

播种是育苗工作的重要环节之一。它影响到苗木的生长期、出圃的年限、幼苗对环境条件的适应能力以及土地的使用、苗木的管理措施等。

适时播种期应依不同树种的生物学特性和各地的气候条件来确定。我国大部分地区一般树种的播种常以春、秋两季为主。

2）苗木的密度与播种量

苗木密度是单位面积（或单位长度）上苗木的数量。合理的密度可以克服由于过密或过稀所引起的缺点，从而达到苗木的优质高产。

确定苗木的密度要依据树种的生物学特性、植物生长的快慢、圃地的环境条件。对生长快、生长量大、所需营养面积大的树种播种时应稀一些，如泡桐、枫杨等，幼苗生长缓慢的树种可播得密一些。

苗木密度的大小，取决于株行距，尤其是行距的大小。播种苗床的一般行距为 8～25cm 左右；大田育苗一般行距为 50～80cm。针叶树一年生播种苗为 150～300 株/m²；速生针叶树可达 600 株/m²；阔叶树大粒种子或速生树种为 25～120 株/m²；生长速度中等的树种为 60～160 株/m²。

3）播种量的计算

播种量是单位面积（或单位长度）上播种种子的重量，对于大粒种子等可用粒数表示。计算播种量主要根据以下条件：①单位面积的产苗量（A）；②种子品质指标，即种子纯度（p）、千粒重（w）、发芽率或发芽势（G）；③种苗的损耗系数（C）。

播种量（X）可按下列公式计算：$X = C \cdot (A \cdot w / p \cdot G \cdot 1000^2)$

C 值因树种、圃地条件、育苗技术水平等而异，一般变化范围大致如下：用于大粒种子（千粒重在 700g 以上），$C = 1$；用于中小粒种子（千粒重 3～700g），$1 < C < 2$；用于小粒种子（千粒重在 3g 以下），$C = 10～20$，如杨树。

4）播种育苗方式

园林苗圃中的育苗方式可分为苗床育苗和大田育苗两种。

（1）苗床育苗。用于生长缓慢、需要细心管理的小粒种子以及量少或珍贵树种的播种。如侧柏、金钱松、马尾松、桉树、杨、柳、紫薇、连翘、山梅花等。

我国南方多雨地区多采用高床育苗。床面高于地面的苗床称为高床，整地后取步道土壤覆于床上，一般高于地面 15～30cm，床面宽约 100cm。床面的提高可促进土壤通气，提高土温，增加肥土层的厚度，并便于侧方灌水及排水。

（2）大田育苗。树木种子直接播于圃地，便于机械化生产和大面积地进行连续操作，工作效率高。

大田育苗分为平作和垄作两种。平作在土地整平后即播种，一般采用多行带播，能提高土地利用率和单位面积产苗量，便于机械化作业，但灌溉不便，宜采用喷灌。垄作，目前使用较多的为高垄。高垄通气条件较好，地温高，有利于排涝和根系发育，适用于怕涝树种，如合欢等。一般要求垄距 60～80cm，垄高 20～50cm，垄顶宽度 20～25cm（双行播种宽度可在 45cm），垄长 20～25cm，最长不超过 50cm。

5）播种方法

（1）撒播。撒播是将种子均匀地播于苗床上，其优点是产苗量高，但不便于进行管理。

（2）点播。按一定的行距将种子播于圃地上。一般只应用于大粒种子，如银杏、七叶树等。依种子的大小及幼苗生长的快慢来确定株行距，一般最小行距不小于 30cm，株距不小于 10～15cm。为了利于幼苗生长，种子应侧放，使种子的尖端与地面平行施置，覆土深度为种子横径的 1～3 倍。

（3）条播。按一定的行距将种子均匀地撒在播种沟中。

6）苗期的抚育管理

（1）遮荫、降温保墒。遮荫可使苗木不受阳光直接照射，可降低地表温度，防止幼苗遭受日灼危害，保持适宜的土壤温度，减少土壤和幼苗的水分蒸发，同时起到了降温保墒的作用。一般树种在幼苗期间都不同程度地喜欢庇荫环境，特别是喜荫树种，如白皮松、云杉等松柏类及小叶女贞、椴树、含笑、天女花等阔叶树种，都需要遮荫，防止幼苗灼伤。一般透光度以 50%～80% 较宜，荫棚一般高 40～50cm，每日上午 9 时至下午 5 时左右放帘遮荫，其他时间或阴天可把帘子卷起。

（2）间苗和补苗。间苗是为了调整幼苗的疏密度，使苗木之间保持一定的间隔距离，占有一定的营养面积、空间位置和光照范围，使苗木生长整齐、健壮。一般间苗 1～2 次即可。速生树种或出苗较稀的树种，可行一次间苗，即为定苗。一般在幼苗高度达 10cm 左右时进行间苗；生长速度中等或慢长树种，出苗较密的，可进行两次间苗，第一次间苗在幼苗高达 5cm 左右时进行，当苗高达 10cm 左右时再进行第二次间苗，即为定苗。

（3）截根和移栽。一般在幼苗长出 4～5 片真叶，苗根尚未木质化时进行截根，截根深度以 5～15cm 为宜。目的是控制主根的生长，促进苗木的侧根、须根生长，加速苗木的生长，提高苗木质量的同时也提高移植后的成活率。适用于主根发达、侧根发育不良的树种，如核桃、栎类、梧桐等树种。

结合间苗进行幼苗移栽，可提高种子的利用率，对珍贵的或小粒种子的树种，可进行苗床或室内盆播等，待幼苗长出 2～3 片真叶后，再按一定的株行距进行移植，移栽的同时也起到截根的效果。幼苗移栽后应及时进行灌水和给以适当的遮荫。

（4）中耕除草。中耕即为松土，作用在于疏松表土层，减少水分蒸发，增加土壤保水蓄水能力，促进土壤空气流通，加速微生物的活动和根的生长发育。中耕和除草相结合进行。

（5）灌水与排水。灌水量及灌水次数，应根据不同树种的特性、土壤类型、气候、季节及生长时期等具体情况来确定。目前多采用地面灌水，有条件的地区可采用喷灌。

（6）施肥。施肥的时间分施基肥和施追肥两种。基肥多随耕地时施用，以有机肥为主，适当配合施用不易被土壤固定的矿物质肥料，如硫酸铵、氯化钾等。也可在播种时施用基肥，称为种肥，种肥常施用腐熟的有机肥或颗粒肥料，撒入播种沟中或与种子混合随播种时一并施入，苗木在生长初期对磷肥敏感，用颗粒磷肥做种肥最为适宜。

施用追肥的方法有土壤追肥和根外追肥两种，根外追肥是利用植物的叶片能吸收营养元素的特点，而采用液体喷雾的施肥方法，对需要量不大的微量元素和部分化肥做根外追肥其效果较好，既可减少肥料流失又可收效迅速。在根外追肥时，应注意选择适当的浓度。一般微量元素浓度采用 $0.1\% \sim 0.2\%$；一般化肥采用 $0.2\% \sim 0.5\%$。

不同的树种，不同的生长时期，所需肥料的种类和肥量差异很大，在使用追肥的种类和施用量上应适当改变，在苗木的生长期中氮素的吸收量比磷、钾等都多。一年生的实生苗（播种苗）在速生期吸收氮量最大，所以应在速生期（一般 6～8 月）追施大量氮肥；而两年生以上的播种移植苗则在生长期的上半期吸收氮量最大，应在生长的上半期追施大量氮肥；在夏末秋初以后，为了防止苗木徒长，应停止追施氮肥，以促使苗木充实，有利其顺利越冬。

（7）病虫害防治。对苗木生长过程中发生的病虫害，其防治工作必须贯彻"防重于治"和"治早、治小、治了"的原则，以免扩大成灾。

（8）防寒越冬。苗木的组织幼嫩，尤其是秋梢部分入冬时不能完全木质化，抗寒力低，易受冻害；早春幼苗出土或萌芽时，也最易受晚霜的危害。可以通过适时早播，延长苗木生长季；在生长季后期多施磷、钾肥，减少灌水，促使苗木生长健壮、枝条充分木质化，提高抗寒能力；亦可进行夏秋修剪、打梢等措施，促进苗木停止生长，使组织充实，同时增加抗寒能力。也可以采取苗木覆盖措施，即冬季用稻草或落叶等把幼苗全部覆盖起来，次年春季撤除覆盖物，此法与埋土法类似，可用于埋土有困难或易腐烂的树种。或者采取搭霜棚（暖棚）措施防寒越冬，做法与荫棚相似，但棚不透风，白天打开、夜晚盖好。目前，许多地区使用塑料棚，上面盖有草帘等，也有的使用塑料大棚，来保护小苗越冬。假植也是防寒越冬的一种方法，即结合翌春移植，将苗木在入冬前掘出，按不同规格分级埋入假植沟中或在窖中假植，此法安全可靠，既是移植前必须做的一项工作，又是较好的防寒方法，是育苗中多采用的一种防寒方法。

二、园林植物营养繁殖育苗

营养繁殖是以母树的营养器官（根、茎、叶）的一部分来繁殖苗木的方法。它是利用植物的再生能力、分生能力以及与另一植物通过嫁接合为一体的亲和力来进行繁殖的。再生能力是指植物营养器官（根、茎、叶）的一部分能够形成自己没有的其他部分的能力。如用叶插长出芽和根；用茎或枝插长出叶及根；用根插长出枝和叶。分生能力是指某种植物能够长出专为营养繁殖的一些特殊的变态器官，如鳞茎、球茎、根蘖、匍匐枝等，这种现象在花卉上更常见。而乔灌木的营养繁殖，主要是利用植物的再生能力和通过嫁接合为一体的能力来进行的。用营养繁殖方法培育出来的苗木称为营养繁殖苗，简称营养苗。

营养繁殖不是通过两性细胞的结合，而且由分生组织直接分裂的体细胞所产生的。因此，营养繁殖所得的新植株其遗传性是和母体完全一致的（偶尔发生的芽变除外）。这样就可将不同类型、品种的园林植物加以繁殖，保持其优良性状，而不致产生像种子繁殖那样的性状分离现象。同时，新株个体发育阶段，也在母体该部分的基础上继续发展，不像种子繁殖是个体发育的重新开始，因此通过营养繁殖所得的幼苗可加速成长，提早开花结实。许多园林植物的种类或品种不结种子或种子很少如重瓣花、无核果、多年不开花以及雌雄异株植物等，多依靠营养繁殖方法进行育苗。并且通过营养繁殖方法，还可繁殖或制作特殊形式的树木，如龙爪槐、树月季、梅桩等。综合应用各种营养繁殖方法，可大大增加名贵树种或优良品种的繁殖系数，对于用种子繁殖困难的树种或品种，采用营养繁殖更为必要。但营养繁殖苗的根系不如实生苗的根系发达（嫁接苗除外），抵抗不良环境的能力较差，且寿命较短。对于一些树种，长期进行营养繁殖，生长势会逐渐减弱或发生退化现象，目前对这一问题还有争议。

在园林苗木的育苗中，常用的营养繁殖方法有分株、压条、扦插和嫁接。

1. 分株繁殖

分株方法适用于易生根蘖或茎蘖的园林树种。如刺槐、臭椿等，树种常在根上长出不定芽，露出地面形成一些未脱离母株的小植株，这种是根蘖。珍珠梅、黄刺玫、绣线菊、迎春等灌木树种，多能在茎的基部长出许多茎芽，也可形成许多不脱离母体的小植株，这是茎蘖，这类花木都可以形成大的灌木丛，把这些大灌木丛用刀或铣分别切成若干个小植丛，进行栽植。或把根蘖从母树上切挖下来，形成新的植株，这种从母树上分割下来而得到新植株的方法就是分株。

在分株过程中要注意根蘖苗一定要有较完好的根系，茎蘖苗除要有较好的根系外，地上部分还应有1～3个基干，这样有利于幼苗的生长。分株方法完全可靠，成活率高，并且在较短的时间内可以得到大苗，但繁殖系数小，不便于大面积生产，且所得苗木规模不整齐，因此多用于少量的繁殖或名贵花木的繁殖。

2. 压条繁殖

压条繁殖法是利用生长在母树上的枝条埋入土中或用其他湿润的材料包裹，促使枝条的被压部分生根，以后再从母株割离，成为独立的新植株。压条法多用于花灌木。

分离压条的时期，须以根的生长状况为准，须有良好的根群方可分割。对于较大的枝条不可一次割断，应分2～3次切割。初分离的新植株应特别注意保护，注意灌水、遮荫等，怕冷的植物应移入温室越冬。

压条法比扦插法简单易行，而且此法常可以一次获得少数的大苗，因此对于小规模的需要或业余栽培等是个经济可靠的繁殖方法。但因压条繁殖的效率较低，一次难以产生大量苗木，各株压条管理的要求也不一致，因此成本较高，不适合大规模经营。

3. 嫁接繁殖

嫁接是将欲繁殖的枝条或芽接在另一种植物的树体或根上，形成一个独立新植株的繁殖方法。通过嫁接繁殖所得的苗木称为嫁接苗，供嫁接用的枝或芽称为接穗，而承受接穗带根的植物部分称为砧木。

由于嫁接繁殖是将砧木、接穗两个植株的部分结合在一起，两者是相互影响的，嫁接除具有其他营养繁殖方法的优点外，还具有其他营养繁殖所无法起到的作用：可增强苗木的抗性和适应性；可使一树多花，提高观赏价值；能更换优良品种；治树体创伤，使老树复壮。

但是嫁接繁殖也有一定的局限性，如嫁接繁殖受限于植物的亲缘关系，不是所有植物都可以嫁接繁殖。此外，嫁接还需要较高的技术。

4. 扦插育苗

扦插繁殖是用植物营养器官的一部分（如枝、芽、根、叶等）作为插穗，在一定条件下，插在土、沙或其他基质中，使其生根发芽，成为完整、独立的新植株。扦插育苗简便易行，成苗迅速，又能保证母本的优良性状，所以扦插早已成为园林植物的主要繁殖手段之一。

根据扦插材料的不同，扦插方法分为三种：绿枝扦插、硬枝扦插与叶插。其中，绿枝扦插又称软枝扦插，一般是指于生长期用半木质化的新梢进行扦插。叶插一般可分全叶插、叶柄插和叶块插，对于全叶插的叶片要使其与基质密接，并在叶脉处切断，叶柄插则把叶柄的2/3插入基质。由于叶插一般都在夏季，叶片蒸腾量大，所以应注意扦插期间的保湿和遮阳。

根据扦插设施的不同，扦插育苗方式也分为三种：

（1）露地扦插。一般大型苗圃主要进行露地育苗。应选土层深厚、疏松肥沃、排水良好、中性或微酸性的沙质壤土为宜，如土壤不适宜就必须改良。育苗量较小时也可在地面上用砖砌成宽约90～120cm、高35～40cm的扦插床，搬运客土作床，在床底先铺上5cm厚的小石砾后再填入客土，以利排水、通气。因为早春温度回升慢，要进行春插，可以用地膜覆盖在地面（或扦插床），然后打孔插，这样地温上升快，有利生根。也可以采用小拱棚覆盖，把整个床畦覆盖起来，这样不仅地温上升快，而且床面湿润，空气湿度也大，可提高成活率。但要注意防止光照过强，温度过高，及时通风换气，并在拱棚上加遮阳网。

（2）地热温床扦插。一般扦插育苗，先生根后萌芽是成活的关键。为了提高插穗基部温度，可采用床土底部铺设地热线的方法。温床可用砖砌成，先在最下面铺5cm左右的排水材料，再铺一层珍珠岩隔热，再在上面铺设地热线（线距10cm左右），最后填入床土或培养基质（河沙、锯末、珍珠岩等），厚度稍大于插条长度，地热线由温控仪控制，一般保持插穗基部在20～25℃为宜。

（3）弥雾苗床扦插。为了使插穗顺利生根成活，就要使它们尽快生根，在未生根前保持活力，这就需要一个适合的温度和土壤环境，尤其是创造一个近饱和的空气湿度条件。在插穗叶面上维持一层薄的水膜，促进叶片的生理活动，能显著提高绿枝扦插成活率。弥雾装置普遍采用电子叶自动控温喷雾系统。

5. 其他营养繁殖育苗法

1）鳞茎分株法

适用于具有鳞茎的球根花卉，如郁金香、风信子、水仙、朱顶红等。这类植物茎矮化成盘状，又称鳞茎盘，其上着生由叶变态而成的多肉肥厚的鳞片，鳞茎盘顶端的中心芽和鳞片间的侧芽，为植物体发育的新个体。分离方法是母球种植一年后，其叶原茎分化伸

长，发育成侧鳞茎，采收挖掘出，待干燥后将小球分离即可。

2）球茎繁殖法

球茎是由茎肥大变态成球状或扁球状，顶端及节间上有芽，叶成薄膜状包裹在外面，主要种类有：唐菖蒲、番红花等。繁殖方法是：球茎通过顶芽的生长发育，基部膨大成新球茎进行自然增殖，同时母球和新球间的茎节上的腋芽伸长分枝，继而先膨大可形成小球茎，小球茎栽种一年即成新球。

3）根茎繁殖法

根茎是植物的地下茎肥大变态而成的一些种类，如美人蕉、荷花、睡莲等，根茎节上的不定芽生长膨大形成新的根茎，根茎繁殖时通常在新老根茎的交界处分割，保持每节有2～3个芽进行栽种。

三、园林苗木质量标准与评价

苗木质量是指苗木在其类型、年龄、形态、生理及活力等方面满足特定栽培环境条件下实现栽植目标的程度。苗木质量对栽植成活率有很大影响。通常将优良苗木简称壮苗。壮苗表现出生命力旺盛，抗性强，栽植成活率高，生长较快的特征。出圃苗木应是生长健壮及树形、骨架基础良好的苗木，苗木在幼年期应培育出良好的树体和骨架基础，使之树形优美、长势健壮，符合绿化要求。

苗木质量评价的指标包括形态指标、生理指标和苗木活力等，有时观赏价值也可作为评价指标。

1. 形态指标

壮苗通常应具备以下特征：

(1) 根系发达，有较多的侧根和须根，根系有一定长度。

(2) 苗干粗而直，有与粗度相称的高度，枝条充分木质化，枝叶繁茂、色泽正常、上下匀称。高径比是苗高与地径之比，它反映了苗木高度与苗粗之间的关系。

(3) 苗木茎根比值较小。茎根比是指苗木地上部分鲜重与根系鲜重之比。茎根比小的苗木，根系多，质量好。各树种的茎根比依树种不同而异，如1年生播种苗的茎根比，落叶松多在1.40～3.00，柳杉多在1.50～2.50；2年生油松以不超过3.00为好。

(4) 无病虫害和机械损伤。

(5) 针叶树有发育正常而饱满的顶芽，且顶芽无二次生长现象。

2. 生理指标

1）苗木水势

大量研究和生产实践证明，定植后苗木死亡的一个重要原因就是苗木水分失调。过去主要是以含水量来反映苗木水分状况，目前采用水势评价苗木水分状况。

2）碳水化合物贮量

苗木栽植后能否迅速长出新根，是园林苗木成活及生长表现的关键之一。根的萌发及生长需消耗大量碳水化合物。碳水化合物含量与苗木栽植后的生长表现关系十分密切，成为苗木正常生长的限制因素。

3）导电能力

植物组织的水分状况以及植物细胞膜的受损情况与组织的导电能力紧密相关，因此通过对苗木导电能力的测定，可在一定程度上反映苗木的水分状况和细胞受害情况，以起到指示苗木活力的作用，也可以对越冬贮藏休眠苗木进行苗木病腐和死活的鉴定。

3. 根生长活力

根生长活力（Root Growth Potential）是评价苗木活力最可靠的方法。苗木不论在形态和生理上的各种变化都会在根生长活力上反映出来，从而预测出苗木的成活潜力，准确评价苗木质量。根生长活力的意义不仅在于它能反映苗木的死活，更重要的是它能指示不同季节苗木活力的变化情况，这对于了解种苗活力大小、抗逆性强弱、选择最佳起苗和绿化时期有重要意义。根生长活力的不足之处在于其测定时间较长，一般需 2～4 周。

第二节　园林植物施工栽植

一、基本概念及原理

（一）基本概念

以下名词术语均参考了国家及北京、上海、南京等地方绿化施工规范，为了便于城市绿化施工统一管理，规范以下名词用语。

绿化工程：树木、花卉、草坪、地被植物等的种植工程。

种植土：理化性能好，结构疏松、通气，保水、保肥能力强，适宜于园林植物生长的土壤。

客土：由别处移来用于置换栽植地点原生土的外地土壤，通常是适宜于园林植物生长的土壤。

种植土层厚度：植物根系正常生长发育所需的土壤深度。

基肥：植物种植或栽植前，施入土壤或坑穴中以作为底肥的肥料，多为充分腐熟的有机肥。

起挖：将要移植的苗木，从生长地连根（裸根或带土球）掘起的操作。

装运：将起挖出的苗木吊装、运输到栽植地点的过程。

假植：苗木起运到目的地后，因诸多原因不能及时定植的情况下，将苗木根系用湿润土壤进行临时性的埋植。

定植：按规范要求将苗木植入目的地树穴内的操作。

种植穴（槽）：种植植物挖掘的坑穴。坑穴为圆形或方形的称种植穴，长条形的称种植槽。

鱼鳞穴：为防止水土流失，对树木进行浇水时，在山坡陡地筑成的众多类似鱼鳞状的土堰。

浸穴：种植前的树穴灌水。

胸径：苗木主干离地表面 1.3m 处的直径。

基径：苗木主干贴近地面处的直径。

分枝点高：乔木从地面至树冠第一个分枝点的高度。

枝下高：指从地表面到树冠枝条最低点的垂直高度。

树池透气护栅：护盖树穴，避免人为践踏，保持树穴通气的铁箅等构筑物。

（二）栽植成活原理

园林植物栽植遵循水分平衡原理，即苗木的根系所吸收的水分与树冠消耗的水分总是处于一种平衡状态。用公式表示：苗木根系吸收水分≈树冠蒸腾的水分＋树冠其他生命活动消耗的水分（如光合作用消耗的水分）。

园林苗木的"栽植"，绝不可以被简单地理解为狭义的"种植"，而是一个系统的、动态的操作过程。在园林绿化工程中，苗木栽植更多地表现为"移植"。一般情况下，它包括起挖、装运和定植三个环节。

园林苗木的栽植对象是有生命的多年生木本植物材料，在挖掘、运输和定植过程中可能发生一系列对树体的损伤。

首先，根部在起挖过程中所受的损伤严重，特别是根系先端具主要吸水功能的须根大量丧失，使得根系不再能满足地上部分枝叶蒸腾所需的大量水分供给。

其次，苗木起挖后，根系处于易干燥状态，树体内的水分由茎叶移向根部，当茎叶水分损失超越生理补偿点后，即干枯、脱落，芽亦干缩，而根的再生又是依赖消耗树干和树冠下部枝叶中储存物质的水平。

再有，苗木在挖掘、运输和定植过程中，为便于操作及日后的养护管理，提高栽植成活率，通常要对树冠进行程度不等的修剪。这些对树体的伤害直接影响了苗木栽植的成活率和植后的生长发育。

因此，要确保栽植苗木成活并正常生长，应对苗木栽植的原理有所了解。要遵循树体生长发育的规律，选择适宜的栽植树种；掌握适宜的栽植时期，采取适宜的栽植方法，提供相应的栽植条件和管护措施；要特别关注树体水分代谢生理活动的平衡，协调树体地上部和地下部的生长发育矛盾，促进根系的再生和树体生理代谢功能的恢复，使树体尽早、尽好地表现出根壮树旺、枝繁叶茂、花果丰硕的蓬勃生机，圆满达到园林绿化设计所要求的生态指标和景观效果。

（三）栽植的"三适"原则

1. 适树适栽

根据树种的不同特性采用相应的栽培方法，特别是根据其水分平衡调节适应能力来采取相应的措施。

对于易栽成活的树种（如黄葛树、红檵木等），可采用裸根栽植，不易成活的树种（如天竺桂、桂花等）须带土球并采取相应的水分调节措施。

一般园林树木的栽植，对立地条件的要求为：土质疏松、通气透水。对根际积水极为敏感的树种，如雪松、广玉兰、桃树、樱花等，在栽植时可采用抬高地面或深沟降渍的地形改造措施。

2. 适时适栽

落叶树种多在秋季落叶后或在春季萌芽前进行，因为此时树体处于休眠状态，生理代谢活动滞缓，水分蒸腾较少且体内贮藏营养丰富，受伤根系易于恢复，移植成活率高。

常绿树种栽植，在南方冬暖地区多为秋植，或于新梢停止生长期进行；冬季严寒地区，易因秋季干旱造成"抽条"而不能顺利越冬，故以新梢萌发前春植为宜；春旱严重地区宜雨季栽植。

受印度洋干湿季风影响，有明显旱、雨季之分的西南地区，以雨季栽植为好。抓住连阴雨或"梅雨"的有利时机进行。

3. 适法适栽

1）裸根栽植

此法多用于常绿树小苗及大多数落叶树种。裸根栽植的关键在于保护根系的完整性，骨干根不可太长，侧根、须根尽量多带。

从掘苗到栽植期间务必保持根部湿润，防止根系失水干枯。根系打浆是常用的保护方式之一，可提高移栽成活率20％以上。浆水配比为：过磷酸钙1kg＋细黄土7.5kg＋水40kg，搅成浆糊状。为提高移栽成活率，运输过程中，可采用湿草覆盖的措施，以防根系风干。

2）带土球移植

常绿树种及某些裸根栽植难于成活的落叶树种，如黄角兰、玉兰等，多带土球移植。大树移植和生长季节栽植亦要求带土球进行。

对直径在30cm以下的小土球，可采用束草或塑料布简易包扎，栽植时拆除即可。

如土球较大，使用蒲包包扎时，只需稀疏捆扎蒲包，但栽植时须剪断草绳撤出蒲包物料，以使根系与土壤紧密接触，利于水分和无机养分的吸收，并促进新根萌发。如用草绳密缚，土球落穴后，也以剪断绳缚为宜，以利根系透气、恢复生长。

二、栽植前的准备

园林植物栽植是一种时效性很强的系统工作，其准备工作是否及时、完善会影响到栽植进度和质量，影响到植物的栽植成活率及其后植物的生长状况，影响设计景观效果的表达和生态效益的表达，因而必须做好各项准备工作。做到植物栽植要有目的、有计划、有准备地进行。

（一）编制施工计划和工具材料的准备

进行人员、材料的组织和调配，制定相关的技术措施和质量标准。

工具材料准备的主要内容有：剪、锯、绳；树穴换土用的筐、车；埋设树桩用的桩、锤；浇水用的水管、水车；吊装苗木用的车辆；包裹树体以防蒸腾或防寒用的稻草、草绳；栽植用土、树穴底肥、灌溉用水等材料。

施工计划准备的主要内容有：组织计划，包括组织准备阶段与现场施工准备；施工方案准备；工程进度计划表；质量保证措施；养护管理措施；质量、安全保证体系。

（二）调查立地条件

移入地的土壤、水分、光照、气候、空气质量等立地环境条件，要尽可能与苗木原生长环境条件一致或相似，才能提高苗木移栽成活率。在移栽前，调查苗木及周边立地条件，为苗木移栽作准备。

移植前应对移植大树的生长情况（生长势）、立地条件（土壤）、周围环境（光照，树冠、干阴阳面）和交通状况等作详细的调查研究，制定移栽的技术方案。

（三）地形与土壤准备

依据设计图纸进行种植现场的地形处理，使栽植地与周边道路、设施等的标高合理衔接，排水降渍良好，并清理有碍苗木栽植和植后树体生长的建筑垃圾和其他杂物。

乔木种植地平整，回填的栽植土已达到自然沉降的状态，地形的造型和排水坡度符合设计要求且恰当，无低洼和积水处。

通常情况下，园林场所的土壤在理化性质上与苗木原生环境迥异。栽植前对土壤进行测试分析，明确栽植地点的土壤特性是否符合栽植树种的要求，是否需要采用适当的改良措施。特别是土壤的排水性能，尤应格外关注。

移植前应对栽植地作土壤的理化性质分析，若是建筑垃圾土、盐碱土、重黏土、沙土及含有其他有害成分的土壤，或在栽植土层下有不透水层，应进行改良后方可栽植。

对排水不良或地下水位过高的种植穴，可在穴底铺 10~15cm 沙砾（或石谷子土）或铺设渗水管、盲沟，或抬高地面，以利排水。

乔木土球或根系下有效土层必须不小于 30cm。同时，土壤进行消毒后方可栽植。

（四）苗木的准备

1. 苗木选择

苗木选择应当在乔木定植 6 个月以前进行。因此，景观设计受托方应与乔木施工方紧密配合，尽早确定景观种植设计的乔木种类，以便选苗并及时进行移栽前的断根处理。

选苗应按景观设计要求选择乔木的品种和规格。

苗木选择的一般标准为无病虫害、树叶茂盛、姿态美观、生长健壮、再生能力强的苗木。

2. 提前断根

对移栽的大树必须在移栽前 1~2 年进行切根（缩坨）。切根范围按预定所挖土球的规格小 10cm，以树干为中心分年度环行交替切根；切根时间一般在春季苗木萌芽前，也可在夏季地上部分停止生长后或秋季落叶前根部生长期进行。以树干胸径的 3~5 倍为半径划圈。沿圈挖宽 30~40cm、深 50~70cm 左右的沟，遇粗侧根用手锯或电锯锯断，保持切口平滑，防腐烂。而后填入疏松肥沃土壤。每填 20~30cm 即夯实，填满土后浇水。遇大风或连续降雨，注意提前撑扞或拉绳打桩固定树体，以免意外发生。如果时间允许，可分年断根。采用头年断一半根系，来年再断另一半根系的方法。此外，对于根系修剪的刀口要求小且平整，有利于新生根的生长。

3. 截干和整枝

挖掘大树时，其根系不可避免地会受到较大的破坏，而新的根系的形成需要一段时日。为减少树体蒸腾，通常用截干和整枝打叶的办法保持其水分的平衡。

1）截干

萌蘖能力强的阔叶树如樟、杨、法国梧桐等，可以把树冠全部锯掉，只保留主干。萌蘖能力弱的阔叶树如广玉兰，可以去掉 1/3~1/2 的侧枝，保留部分树冠即可。常绿针叶树如雪松、水杉等不宜截头，可在不影响美观的前提下，修除主干下部侧枝，间隔去掉上部部分侧枝。截干修枝的伤口要平滑，以利愈合。截后要用塑料薄膜或稻草包扎伤口，以减少水分的蒸发。

2）修剪

断根后，根据所断根占整个根的比例修剪枝叶。对伤口不易愈合和不能及时形成愈伤组织的树种，应采用人工强行疏叶的方法替代枝条修剪。

裸根移植一般采取重修剪，一般剪掉全部枝叶的 1/2 以上。带土球移植则可适当轻剪，剪去枝条的 1/3 即可。常绿树移植前一般只需轻剪。落叶树和再生能力强的常绿阔叶树如榉树、无患子、香樟等可进行适当的树冠修剪。而对常绿针叶树和再生能力弱的常绿阔叶树如广玉兰、深山含笑等只需适当疏枝打叶。

修剪对象一般为：病虫枝、徒长枝、重叠枝、异势枝、弱枝、过密枝。注意切口要隐蔽、平滑，尽量在竖直地面方向。大的切口应用蜡或沥青封口，防积水腐烂。

（五）定点放线

依据施工图进行定点测量放线，对设计图纸上无精确定植点的苗木栽植，特别是树丛、树群，可先划出栽植范围，具体定植位置可根据设计思想、树体规格和场地现状等综合考虑确定。以树冠长大后株间发育互不干扰、能完美表达设计景观效果为原则。

（六）树穴开挖

挖掘树穴前，应向有关单位了解地下管线和隐蔽物埋设情况。

按设计位置挖树穴，树穴的规格应根据根系、土球大小而定。树穴的平面形状以便于操作为准，多以圆、方为主。树穴的大小和深浅应根据苗木规格和土层厚薄、坡度大小、地下水位高低及土壤墒情而定。树穴应较根系或土球的直径加大 60～80cm，深度加深20～30cm。

定植坑穴的挖掘，上口与下口应保持大小一致，切忌呈锅底状，以免根系扩展受碍。

挖穴时如遇有妨碍根系生长的建筑垃圾，特别是大块的混凝土等，应予清除。

树穴挖好后，有条件时最好施足基肥，腐熟的植物枝叶、生活垃圾、人畜粪尿或经过风化的河泥、阴沟泥等均可利用，用量每穴 10kg 左右。基肥施入穴底后，需覆盖深约20cm 的泥土，使其与新植苗木根系隔离，不致因肥料发酵而产生烧根现象。

地势较低处种植不耐水湿的树种时，应采取堆土种植法，堆土高度根据地势而定，以根部不积水为准。在土层干燥地区应于种植前浸穴。排水不良的种植穴，在穴底铺 10～15cm 厚沙砾或铺设渗水管、盲沟排水。

三、苗木的栽植

（一）苗木的起挖

1. 起挖准备

（1）时间选择。乔木起挖时间应避开高温酷热及光照强烈的天气，选择阴天早晨或傍晚进行，以减少乔木的水分蒸发。

（2）固定措施。挖掘高大乔木或冠幅较大的乔木时，应当设立支柱或缆风绳来固定树体，减小挖掘过程中环境风对土球、乔木根系的破坏。

2. 挖掘要点

（1）起苗要达到一定深度，要求做到：少伤侧根、须根，保持根系比较完整和不折断苗干，不伤顶芽（萌芽力弱的针叶树）。

（2）严格按植物的取土粒径及包装要求实施挖取工作：即挖取的土球大小为乔木基径的 6～8 倍，土球的高度一般为土球直径的 2/3 左右，土球规范，包装结实，不裂不散（草绳绑扎方式为菊瓣式，绑扎必须牢固，菊瓣间露土小于 3cm）。

（3）起挖时碰到粗大根必须用锋利的铲或锯子切断，不可用锹硬性铲断，以免振散土球，严禁裂根。

（4）带毛泥球移植的乔木，必须挖到根系分布层以下，方能放倒乔木，去土时要保护好根系（特别是切根后新萌的嫩根），应多带护心土。

3. 挖后处理

（1）根系修剪。起苗后要立即在庇荫避风处，修剪过长的主根、侧根和受伤部分，并进行根部伤口消毒处理，防止受伤根系腐坏。

（2）根系保湿。起苗后对根系喷保湿剂或沾泥浆，用湿润的麻片、草绳、青苔等材料包裹，保持根部湿润。

（3）枝叶修剪。应在满足景观设计效果的前提下进行适量修剪，并充分考虑乔木品种、树冠生长情况、移植季节、挖掘方式、运输条件、种植地条件等因素，尽量提高乔木成活率。

重点剪除树冠上的折断枝、过密枝、重叠枝、轮生枝、下垂枝、徒长枝、病虫枝，修剪伤口应光滑平整，剪后涂防腐剂或包扎剪口。

具有明显主干的高大落叶苗木，应保持原有树形，适当疏枝，对保留的主侧枝应在健壮芽上短截，可剪去枝条的1/5～1/3。

落叶乔木可在抽稀后进行强截，多留生长枝和萌生的强枝，修剪量可为1/5～4/5。

常绿阔叶乔木，采取收缩树冠的方法，截去外围的枝条，适当疏稀树冠内部不必要的弱枝，多留强的萌生枝，修剪量可为1/5～3/5。

常绿针叶乔木及树冠规则的乔木（如塔形树、柱形树等）以疏枝为主，少修剪，修剪量可达1/5～2/5。

用作绿篱的灌木，在种植后按设计要求整形修剪；攀缘类和藤蔓性苗木，可对过长枝蔓进行短截。

反季节栽植：苗木须提前采取疏枝、环状断根等处理；苗木栽植时应进行强修剪，仅保留原树冠的1/3，修剪时剪口应平而光滑，并及时涂抹防腐剂，以防水分蒸腾、剪口冻伤及病虫危害；加大土球体积，可摘叶的应摘除部分叶片，但不得伤害幼芽。

（4）收枝扎冠。乔木的树冠均采用全冠幅的保护，取树后，应及时进行多次收枝。理顺细小枝叶后收紧分枝；再把整理好的各分枝依次收紧。上车前、后分别收枝。取树后应及时采取措施（多次进行收枝等）保证乔木的冠幅、枝杆不受到损失。确有特殊情况的，断枝必须经过需方同意。收扎树冠时应由上至下，由内至外，依次向内收紧，大枝扎缚处要垫橡皮等软物，不应挫伤乔木。

（5）枝叶保湿。喷水或抗蒸腾剂，并用草绳或麻布包扎树干及主枝，减少水分蒸发和移植过程中的擦伤。

（6）不能及时移植或装运的乔木，要立即临时假植。选地势高、背风、排水良好的地方假植。假植要疏摆、深埋、培碎土、踏实、不透风。假植后要经常检查，防止乔木风干、霉烂和遭受鼠、兔危害，必要时设置防风障。

4. 裸根起挖

大部分落叶树种可行裸根起挖。挖掘应尽可能多地保留吸收功能的根系，并防止发生主根劈裂。移植苗木挖掘过程中所能携带的有效根系，水平分布幅度为主干直径的6～8倍；垂直分布深度为主干直径的4～6倍。

野生和直播实生树的有效根系分布范围距主干较远，在计划挖掘前，应提前1～2年挖沟盘根，以培养可挖掘携带的有效根系。苗木起出后要注意保持根部湿润，避免因日晒风吹而失水干枯，并做到及时装运、及时种植。运距较远时，根系应打浆保护。

5. 带土球起挖

常绿树、名贵树和花灌木的起挖要带土球，土球直径不小于树干胸径的 6～8 倍，土球纵径通常为横径的 2/3；灌木的土球直径约为冠幅的 1/3～1/2。为防止挖掘时土球松散，如遇干燥天气，可提前一两天浇透水，以增加土壤的黏结力，便于操作。

（1）土球起挖。挖树时应在土球直径的外侧挖一条操作沟，沟深与土球高度相等，沟壁应垂直。按所需土球大小，先从外围向下挖掘，再掏空主根下部，截断主根及大根，并将伤口修平。遇到细根用铁锹斩断，胸径 3cm 以上的粗根，则须用手锯断根，以免振裂土球。切口要及时作涂漆或蜡封处理。土球上大下小呈苹果形，主根较深的树种土球呈倒卵形。在土球下部主根未切断前，不得扳动树干、硬推土球，以免土球破裂和根系裂损。如土球底部已松散，必须及时堵塞泥土或干草，并包扎紧实。挖掘高大的苗木或冠幅较大的苗木前应立好支柱，支稳苗木。应保证土球完好，尤其雨季更应该注意。

（2）土球修整。修整土球要用锋利的铁锹，遇到较粗的树根时，应用锯或剪将根切断，不要用铁锹直接插入到 1/2 深度。可逐步向里收底，直到缩小到土球直径的 1/3 为止。然后将土球表面修整平滑，下部修一小底。

（3）土球包扎。土球较小的苗木不必包扎，简单的方法是用草绳上下绕缠几圈，称为"西瓜皮"包扎，也可用塑料布或稻草包裹。

对于较大的土球，先用湿润的草绳将土球腰部捆绕，2 个人合作，边拉绳，边用槌敲打草绳，使绳略嵌入土球为宜。要使每圈草绳紧靠，总宽达土球高的 1/4～1/3（约 20cm），并系牢。

捆绕 10 圈左右，叫"打腰箍"，腰箍宽 20cm 左右。若为壤土和沙土，则要把土球以木板包严，保护好土球。另一根绳系在树干的适当位置（树干外用蒲包或麻袋片包裹），使吊起的树冠略呈向上倾斜姿态，土球向车厢前，树冠向车厢尾，缓慢下降放稳在车厢内。然后用枕木将土球支牢，树干与车厢板接触处垫以软物，另取绳索将树干和土球固定于车厢内，以防晃动。

（二）苗木的装运

装卸和运输过程中应保护好乔木，尤其是根系，土球应保证完好。

1. 吊装

（1）乔木挖掘包好后，必须当天吊出树穴。

（2）必须轻吊、轻放、不可拉拖，不得损伤树体和造成土球散落。

（3）树根放在车头部位，树冠在车尾部位，土球要垫稳，树身与车板接触处，必须垫软物，并作固定，以免在运输途中因颠簸而滚动。要用绳索最后绑扎固定，防止运输途中的相互摩擦碰撞和意外散落。

（4）起吊位置必须设置在重心部位，并有缆风绳等安全装置，软包装的泥球和起吊绳接触处须垫木板。

（5）起吊时，如发现有未断的底根，应立即停止上吊，切断底根后方可继续上吊。

（6）吊装裸根乔木，应特别注意保护好根部，减少根部劈裂、折断，装车后盖上湿草袋或以苫布遮盖加以保湿保护，卸车时应按顺序卸下。吊装竹类时，不得损伤竹竿与竹鞭之间的着生点和鞭芽。

（7）吊装带土球乔木时，应保护土球完整，不散坨。

2. 运输

取树后应及时运至甲方指定的下车地点；整个取运过程时间最好不要超过 24h，并应尽量保证乔木的树冠不受损伤。

路途远，气候过冷，风大或过热时，根部必须盖草包等物进行保护，并采取保水措施，使根系新鲜、湿润，防止曝晒风干。运输时车上必须有人押运，遇有电线等影响运输的障碍物必须排除后，方可继续运输。

乔木运到栽植地后必须检查树枝和泥球损伤情况。

（三）苗木的假植

如果移栽的大树不能及时进行定植，需要进行假植。假植的目的是为了保持苗木根部活力，维持树体水分代谢平衡。假植的地点应选择靠近栽植地点、排水良好、阴凉背风处。

1. 假植

假植大树前，要选好假植用土。一般选用沙质壤土，如菜田土、水稻土，若选用黏性大的红壤土，可加 25% 的木屑或泥炭土进行改良使用。为了将来假植大树，在工程施工时移栽定植方便，保证土球完整、不会再次重伤根系，提高种植成活率和园林的造景效果，最好用砖砌筑圆墩假植。砌墩的大小按大树的胸径大小和根系生长量来取定。除用砖墩假植外，一般胸径在 15～25cm 的大树还可以用坚韧的毛纺纤维布袋假植。也可采用移栽塘的方式进行假植。

移栽塘：移栽塘应根据所栽植株大小确定深度和宽度。一般树高 5m 以上，树冠 4m 以上，根系带的土球直径 2.5m 以上者，移植塘要挖深 2m，直径 4m 以上，并用 500kg 腐熟优质厩肥或 700kg 堆肥，5～8kg 过磷酸钙，与 4～5 倍疏松肥沃熟土拌匀，填入塘底和土球四周的根系分布区，为栽后新生的根系创造好向下生长和四周扩展的环境条件。

激素喷根：植株吊进移植塘后，依次解开包裹土球的包扎物，修整伤损根系，用 0.01% 的 ABT3 号生根粉或吲哚丁酸、萘乙酸液喷根，以促进栽后快发多发新根，加速恢复树势。这三种激素都不溶于水而溶于酒精，所以配制时应先用酒精溶解后，再兑水搅匀喷施。

2. 假植方法

开一条横沟，其深度和宽度根据苗木的高度而定，一般 40～60cm。将苗木逐株单行挨紧斜排在沟内，倾斜角度可掌握在 30°～45°，使树梢倾斜，然后将根部埋实，浇水保湿。

3. 加强假植期间的养护与管理

大树假植后，做好支撑，然后淋足第一次定根水，以后就要注意树干的保湿，最初 10 天内每天要对树干喷水 4～5 遍，以后保持 3～4 遍，直至大树重新生根发芽长出枝叶。假植成活后，为培养出较丰满的树冠，一般要将新长枝条短截 2～3 次，促进分生更多的枝条，长成树冠，培养树形。临时假植时间不宜过长，一般不超过 1 个月。

（四）苗木的定植

1. 定植前处理

（1）乔木在栽植前需加以检查，如在运输中有损伤的树枝和树根，必须加以修剪，大的修剪口应作防腐处理。

（2）种植前可摘叶的应摘去部分叶片，但不得伤害幼芽。同时，可在树冠喷布抗蒸腾剂，以调节树体水分平衡。

（3）种植前应进行乔木根系修剪，宜将劈裂根、病虫根、过长根剪除，剪口要平滑，并进行消毒处理，防止根系霉变腐烂。

（4）种植乔木（特别是裸根乔木）前应采取根部喷生根激素、增加浇水次数等措施，促使栽后的新根生长。

2. 苗木定植

苗木定植时，应注意将树冠丰满、完好的一面朝向作主要的观赏方向。对人员集散较多的广场、人行道，苗木种植后，种植池应铺设透气护栅。

1）带土球栽植

（1）种植的乔木应保持直立，不得倾斜，乔木定向应选丰满、完整的面，朝向主要视线。

（2）定植时土球（或种植穴）底部堆放 20～30cm 厚土层，以使土球底部透水透气，便于新根系的生长。

（3）乔木栽植深度应保证在土壤下沉后，根茎和地表面等高。移植处在低洼地面时，应堆土填高。

（4）不论带土球或裸根移植，坑内填土不得有空隙。

（5）带土球种植：先踏实穴底土层，然后将植株放入种植穴并定位，去掉包扎物，将细土填在土球四周，逐层捣实、浇水，直到填土略高于球面不再下沉后，做围堰并浇足定根水。整个过程不可破坏土球。

2）裸根栽植

将根群舒展在坑穴内，填入结构良好、疏松的土壤，并将乔木略向上提动、抖动，扶正后边培土，边分层夯实，不断填土、浇水，直到土面略为高出根茎 10cm 左右并不再下沉为止，做围堰并浇足定根水。

3）竹类栽植

竹类定植，填土分层压实时，靠近鞭芽处应轻压，以免竹芽受伤脱落。

4）在假山或岩缝间种植

应在种植土中掺入苔藓、泥炭等保湿透气材料。绿篱成块状群植时，应由中心向外顺序退植。坡式种植时应由上向下种植。大型块植或不同色彩丛植时，宜分区分块种植。

（五）大树的栽植

大树移植是指移植胸径在 15cm 以上的落叶苗木和胸径在 10cm 以上的常绿苗木。胸径 30cm 以上的快长树和胸径 25cm 以上的慢长树一般不宜移植。

（1）移植前应对移植大树的生长情况（生长势）、立地条件（土壤）、周围环境（光照，树冠、干阴阳面）、交通状况等作详细调查研究，制订移栽的技术方案。

（2）对移栽的大树必须在移栽前 1～2 年进行切根（缩坨）。切根范围按预定其挖土球的规格小 10cm，以树干为中心分年度环行交替切根；切根时间一般在春季苗木萌芽前，也可在夏季地上部分停止生长后或秋季落叶前根部生长期进行。

（3）栽植前应根据设计要求定点、定树、定位。栽植穴的直径应大于根盘或土球直径

50cm 以上，比土球高度深 30cm 以上。栽植穴底应施基肥，栽植土的理化性状要符合所植苗木的生长要求。

（4）大树栽植应严格按照苗木原生长方向，注意将丰满、完整的树冠面朝主观赏面。

（5）大树起吊栽植必须一次性到位，不得反复起吊，避免损坏土球，破坏根系。入穴定位后，应采用缆风绳对大树作临时固定。

（6）栽植培土前小心取下包装物，随后分层填土夯实，并沿树穴外缘用土培筑灌水堰。

（7）大树栽植后必须立即拆除缆风绳，设立支柱支撑，防止树身倾斜、摇动。

（8）大树栽植后必须立即浇水一遍，隔 2～3 天后再浇第二遍水，隔一周后再浇第三遍水，每次都要浇透，浇水后应及时封堰。

（9）大树移植后必须在主干和一、二级主枝用草绳或新型软性保湿材料卷干。

四、成活期的养护管理

乔木定植后必须配备专职技术人员精心养护管理两年，并填好养护管理日志。重庆每年 6 月下旬～9 月上旬注意防旱；4 月下旬、8 月上旬注意防风；3 月上旬～4 月下旬注意防寒潮；7、8 月注意防涝。

1. 浇水

（1）栽植后当时浇透第一遍水，三天内浇第二遍水，一周内完成第三遍水，浇水应缓浇慢渗，出现漏水、土壤下陷和乔木倾斜，应及时扶正、培土。

（2）土虽不干，但气温较高，水分蒸腾较大，应对地上部分树干、树冠包扎物及周围环境喷雾，早晚各一次，在上午 10 时前和下午 15 时后进行，达到湿润即可。同时可覆盖根部，向树冠喷施抗蒸腾剂，降低蒸腾强度。

（3）黏性土壤，宜适量浇水，根系不发达树种，浇水量宜较多；肉质根系树种，浇水量宜少。

（4）久雨或暴雨时造成的根部积水，必须立即开沟排除。

2. 适当施肥

移栽苗木的新根未形成和没有较强的吸收能力之前，可采用根外施肥，一般 10～20 天进行一次，重复 4～5 次，可用尿素、硫酸铵、磷酸二氢钾等速效性肥料配制成浓度为 0.5％～1％ 的肥液，选在阴天或晴天早晚进行叶面喷洒。

3. 树体裹干

常绿苗木和干径较大的落叶苗木，定植后需进行裹干，即用草绳、蒲包、苔藓等具有一定的保湿性和保温性的材料，严密包裹主干和比较粗壮的一、二级分枝。这样，一可避免强光直射和干风吹袭，减少干、枝的水分蒸腾；二可保存一定量的水分，使枝干经常保持湿润；三可调节枝干温度，减少夏季高温和冬季低温对枝干的伤害。

香樟、广玉兰等大多数常绿阔叶树种，定植后枝干包裹强度要大些，以提高栽植成活率。

4. 固定支撑

（1）定植灌水后，因土壤松软沉降，树体极易发生倾斜倒伏现象，需立即扶正。

（2）对新植苗木，在下过一场透雨后，必须进行一次全面的检查，发现树体已经晃动的应紧土夯实；树盘泥土下沉空缺的，应及时覆土填充，防止雨后积水引起烂根。

（3）在栽植季节有大风的地区，植后应立支架固定，支架不能打在土球或骨干根系上。

（4）裸根苗木栽植常采用标杆式支架，即在树干旁打一杆桩，用绳索将树干缚扎在杆桩上。

（5）带土球苗木在苗木两侧各打入一杆桩，杆桩上端用一横担缚联，将树干缚扎在横担上完成固定。三角桩或井字桩的固定作用最好，且有良好的装饰效果，在人流量较大的市区绿地中多用。

（6）当移植乔木随地面下沉时，应及时松动支撑，提高绑扎位置，避免吊桩。

5. 搭架遮阳

（1）大规格苗木移植初期或高温干燥季节栽植，要搭建阳棚遮阳，减少树体的水分蒸腾。

（2）体量较大的乔、灌木树种，要求全冠遮阳，阳棚上方及四周与树冠保持 30～50cm 间距，以保证棚内有一定的空气流动空间。

（3）遮阳度为 70% 左右，让树体接收一定的散射光，以保证树体光合作用的进行。

（4）成片栽植的低矮灌木，可打地桩拉网遮阳，网高距苗木顶部 20cm 左右。

6. 培土除草

（1）因浇水、降雨及人类活动等导致树盘土壤板结，影响苗木生长的，应及时松土，促进土壤与大气的气体交换。松土不能太深，以免伤及新根。

（2）种植穴内的土壤，出现低洼和积水现象时，必须培土，使根茎周围的土高出周围5cm 左右。

（3）人流量大的广场、人行道，还应在乔木根部铺设透气材料（树穴盖板）。

（4）种植后应当及时除草，否则会耗水、耗肥，藤蔓缠绕，妨碍苗木生长。

7. 除萌与修剪

（1）在苗木移栽中，经强度较大的修剪，树干或树枝上可能萌发出许多嫩芽、嫩枝，消耗营养，扰乱树形。在苗木萌芽以后，除选留长势较好、位置合适的嫩芽或幼枝外，其余应尽早抹除。

（2）树干部位的萌芽应全部剥除，对切口上萌生的丛生芽必须及时剥稀，保留树冠部位能形成树冠骨架形态的萌芽。

（3）常绿树种，除丛生枝、病虫枝、内膛过弱的枝外，当年可不必剥芽，到第二年修剪时进行。

8. 成活调查与补植

（1）定期检查乔木支撑设施，出现松动时及时加固，避免风倒等事故发生。

（2）发现病虫害时，必须及时防除。并加强看管维护，防止自然灾害与人为破坏。

（3）叶绿、有光泽，枝条水分充足，色泽正常，芽眼饱满或萌生枝正常，则可转入常规养护。

（4）防止苗木"假活"，一旦气温升高，水分亏损，这种"假活"植株就会出现萎蔫，若不及时救护，就会在高温干旱期间死亡。叶绿而失去光泽，枝条显干，发现有新梢叶片萎缩等现象，要及时查明原因，是否根部有空隙，水分不足或过多，有无病虫害，并采取相应的措施。

土干应立即浇水，土不干可进行叶面、树秆周围环境喷水。叶水分足，色黄、落叶，应及时排水。大量落叶，应及时抽稀修剪或剥芽。叶干枯，不落，应作特殊抢救处理。

（5）特殊抢救

根据乔木危险程度进行强修剪。气候干燥时，喷雾增加环境湿度，过多水分不宜流入土壤，宜在树根部覆盖塑料薄膜。用2‰～5‰的尿素或磷酸二氢钾等进行根外追肥。

（6）严禁在乔木根际附近堆放废液、废渣和倾倒污染物。

9．苗木常见死亡原因

（1）栽植材料质量差，枝叶多，根系不发达，挖掘时严重伤根，假土坨，根量过少；

（2）栽植时根系不舒展，甚至窝根；

（3）栽植过深、过浅或过松；

（4）土壤干旱失水或渍水，根底"吊空、出现气袋、吸水困难"，下雨后又严重积水以及人为活动的影响，严重的机械损伤等。

附：乔木栽植常用技术

1．"嫁肥"

在移栽前5～8天，根部施用0.2%～0.3%的尿素溶液，增加树体吸收营养。

2．叶面喷肥

乔木定植后对叶面喷施0.2%的尿素溶液，增加树体吸收营养。

3．灌根

在起挖前2～3天对所选定的植株挖宽20cm、深40cm的圆槽圈，浇灌浓度为6%的活力素水剂，保证起苗运输途中的养分和水分贮存。

4．活力素树干注射

乔木定植后通过树干注射活力素水剂，提高移植成活率。

5．保水剂蘸根

乔木起挖后用0.1%的保水剂（可溶入一定比例的促根剂）蘸根，再用塑料薄膜结合湿润麻片或草帘包扎，运输路途中适量浇水，保持根部新鲜、湿润。

6．ABT生根粉涂根

在乔木定植前，采取ABT生根粉涂根的措施，促进定植乔木根系萌发。

7．裹干保湿

乔木运输路途中，或乔木定植后成活期内，用麻片、草绳裹干，然后喷水湿润，再后用塑料薄膜适当包裹，用以降低树体水分蒸发。

8．地膜覆土

乔木定植浇水后，用塑料薄膜覆盖树穴部位，降低树穴土壤水分蒸发散失，保持土壤和根部湿润。

9．伤口涂抹剂

乔木移植过程中，对根部、枝条损伤部位进行消毒并施以伤口涂抹剂，保持切口水分，防止切口部位腐烂霉变。

10. 树冠抗蒸腾剂

乔木挖掘、修枝后，对乔木枝叶喷布抗蒸腾剂，降低树冠的蒸腾作用，保持树体水分和活力。

11. 活力素输液

通过输液的方式将活力素输入乔木体内，提高乔木成活率。

12. 树冠喷雾保湿

乔木定植后，定期对乔木树冠喷洒水雾，以便保持冠部湿润，调节树体水分平衡。

第三节　园林植物的养护管理

一、基本概念及原理

（一）基本概念

园林植物养护管理：对园林植物采取灌溉、排涝、修剪、防治病虫、防寒、支撑、除草、中耕、施肥等技术措施。

整形修剪：用剪、锯、疏、捆、绑、扎等手段，使树木长成特定形状的技术措施。

生长势：植物的生长强弱。泛指植物生长速度、整齐度、茎叶色泽、植株苗壮程度、分蘖或分枝的繁茂程度等。

分枝点：乔木主干上开始出现分枝的部位。

伤流：树木因修剪或其他创伤，造成伤口处流出大量树液的现象。

短截：在枝条上选留几个合适的芽后将枝条剪短，达到减少枝条，刺激侧芽萌发新梢的目的。

疏枝：将树木的枝条贴近着生部或地面剪除、冠内多余枝条疏整的修剪方法。

摘心、剪梢：将树木枝条剪去顶尖幼嫩部分的修剪方法。

修剪：对苗木的枝干和根系进行疏枝和短截。对枝干的修剪称修枝，对根的修剪称修根。

追肥：植物种植或栽植后，为弥补植物所需各种营养元素的不足而追加施用的肥料。

（二）养护原理

树体营养平衡原理：树体内的有机营养（蛋白质、淀粉等）总是处于一定的动态平衡状态，树木的各种生活器官（根、茎、叶等）无时无刻地在消耗这些营养，通过调节有机营养在树体各个器官中的动态协调分配，可以达到调控树体各个器官的生长，从而达到预期的景观设计效果。如，通过剪除植物的徒长枝条、病虫枝条，从而避免大量营养消耗，促进其他植物器官（其他枝条、叶片、花朵、根系等）的生长。

（三）养护管理工作的主要内容

1. 主要养护技术项目

包括灌溉与排水、施肥、修剪、病虫害防治、松土、除草、补植以及绿地容貌、绿地设施维护。

2．春季阶段的养护管理

3、4月，气温、地温逐渐升高，各种树木陆续发芽，展叶，开始生长，主要养护管理工作包括：

（1）修整树木围堰，开展灌溉工作。

（2）施肥：在树木发芽前结合灌溉，施入有机肥料，改善土壤肥力。

（3）病虫防治：详见园林植物的病虫害防治。

（4）修剪：在冬季修剪基础上，进行剥芽去蘖。

（5）补植缺株。

3．初夏阶段的养护管理

5、6月，气温高、湿度小，树木生长旺季，主要养护管理工作包括：

（1）灌溉：树木抽枝、展叶、开花，需要大量补足水分。

（2）病虫防治：详见园林植物的病虫害防治。

（3）追肥：以速效肥料为主，可采用根灌或叶面喷施，注意准确掌握用量。

（4）修剪：对灌木进行花后修剪，并对乔灌木进行剥芽，去除干蘖及根蘖。

（5）除草：在绿地和树堰内，及时除去杂草，防止雨季出现草荒。

4．盛夏阶段的养护管理

7～9月高温多雨，树木生长由旺盛逐渐变缓，主要养护工作包括：

（1）病虫防治：详见园林植物的病虫害防治。

（2）中耕除草。

（3）汛期排水防涝：组织防汛抢险队，对地势低洼和易涝树种在汛期前做好排涝准备工作。

（4）修剪：对树冠大、根系浅的树种采取疏、截结合的方法进行修剪，增强抗风力。配合架空线修剪和绿篱整形修剪。

（5）扶直：扶正倾斜树木，并进行支撑。

5．秋季阶段的养护管理

10、11月气温逐渐降低，树木将休眠越冬，主要养护工作包括：

（1）灌冻水：树木大部分落叶，土地封冻前普遍充足灌溉。

（2）防寒：对不耐寒的树种分别采取不同的防寒措施，确保树木安全越冬。

（3）施底肥：珍贵树种、古树名木复壮或重点地块在树木休眠后施入有机肥料。

（4）病虫防治：详见园林植物的病虫害防治。

（5）补植缺株：以耐寒树种为主。

（6）维护巡查。

（7）清理枯枝、树叶、干草，做好防火。

6．冬季阶段的养护管理

12月至翌年2月树木休眠期的主要养护、管理工作包括：

（1）整形修剪：落叶乔灌木在发芽前进行一次整形修剪（不宜冬剪树种除外）。

（2）病虫防治：详见园林植物的病虫害防治。

（3）堆雪：下大雪后及时堆在树根上，增加土壤水分，但不可堆放施过盐水的雪。

（4）清除积雪：要及时清除常绿树和竹子上的积雪，减少危害。

（5）园林机械检修：检修各种园林机械、专用车辆和工具，保养完备。

二、园林植物的土壤、水分和营养管理

（一）土壤类型的选择与管理

土壤是园林植物生活的介质之一，一般认为肥沃、疏松、排水良好的土壤适合于栽培多种园林植物。有些植物适应性强，对土壤要求不严格，而另一些则必须对土壤进行最低限度的改良才能正常生长。很少有其他因素比土质变化更能使植物的生长状况迅速受到影响的了。

土壤含有矿物质、水分、空气和生活有机体。尽管这些成分有的比例不同，但基本上还是相似的。一般认为植物的根固着在土壤中，同时由土壤供给植物所需要的水分、空气和营养。此外，土壤的热量与酸碱度也对植物的生活产生重要的影响。

土壤因素包括深度、肥沃度、质地与构造等，都会影响到植物根系的生长与分布。优良的园土应深达数米，富含各种营养成分，沙、粉沙和黏土的比例适当，有一定的空隙以利于通气和排水，持水与保肥能力强，还具有植物生长适宜的酸碱度、不含杂草、有害生物以及其他有毒物质。

理想的土壤是很少的。因此，在种植植物之前，应对土壤的 pH 值、营养元素含量、有机质含量进行检测，为栽培植物提供可靠信息。壤土是最好的园土，不过沙土和黏土也可以通过加入有机质或沙土进行改良。可加入的有机质包括堆肥、厩肥、锯末、腐叶、泥炭以及其他容易获得的有机物质。

土壤的酸碱度对园林植物的生长有较大的影响。例如，必需营养元素的可给性、土壤微生物的活动、根部吸水吸肥的能力以及有毒物质对根部的作用等，都与土壤的 pH 值有关。多数植物喜中性或微酸性土，即 pH 值在 6～7 之间。特别喜酸性土的植物如杜鹃花、山茶花、兰花、八仙花等要求 pH 值在 4.5～5.5 之间。

土壤过酸可加入适量的石灰，偏碱宜加入适量的硫酸亚铁来调整。

松土是植物栽培必不可少的管理措施，可与除草结合进行。用以防止土面板结和毛细管的形成，有利于保持水分和土壤中各种气体交换及微生物的活动。

（二）园林植物水分管理

水是植物的主要组成成分之一。植物的一切生理活动，都是在水的参与下完成的。没有水，生命就会停止。但各种植物由于长期生活在不同的水的条件下，需水量也不尽相同。同一植物在不同生长发育阶段或不同生长季节对水分的需求也不一样。在生产实践中，依每种植物的需水量采取适宜的灌溉与排水措施，以调控植物对水分的需求。

遇水分亏缺时给植物供水的行为就是灌水。灌水虽简单易行，但应考虑的问题还是很多的，如栽培植物的种和品种、土壤的类型与性质、地形、季节、光照强度、风、湿度以及地面有无覆盖等。因此，应有全面的了解。

土壤的性质影响灌水，壤土较易管理。优良的园土持水力强，多余的水也易排除。黏土持水性强，但孔隙小，水分渗入慢，灌水易引起流失，还会影响植物根部对氧气的吸收和造成土壤的板结。所以，对黏土应特别注意干湿的管理，湿以供植物所需足够的水分，干以利土壤空气含量的增加。沙土颗粒愈大，持水力愈差，粗略地测算，30cm 厚的沙土持水仅 0.6cm，沙壤土 2cm，细沙壤 3.2cm，而粉沙壤、黏壤、黏土持水达 6.3～7.6cm。

因此，不同的土壤需要不同的灌水量。

土壤不良或是管理不当，常是引起植物缺水的因素之一。增加土壤中的有机质，有利于土壤通气与增强持水力。

灌水量因土质而定，以根区渗透为宜。灌水次数和灌水量过多，植物根系反而生长不良，以致引起伤害，严重时造成根系腐烂，导致植株死亡。此外，灌水不足，水不能渗入底层，常使根系分布也浅，这样就会大大降低植物对干旱和高温的抗性。因此，应充分掌握两次灌水之间土壤变干所需要的时间。

遇表土浅薄，下有黏土层的情况，每次灌水量宜少，但次数增多；如为土层深厚的沙质壤土，灌水应一次灌足，待土干后再灌。黏土水分渗透慢，灌水时间应适当延长，最好采用间隙方式，留有渗入期，如灌水 10min，停灌 20min，再灌 10min 等，这是喷灌常用的方式，遇高温干旱时尤为适宜；并且场地应预先整平，以防水土流失。

对于一、二年生草花，灌水渗入土层的深度应达 30～35cm，草坪应达 30cm，一般灌木 45cm，乔木 60cm 以上，就能满足各类花卉苗木对水分的需要。

灌水的方式有：漫灌，适用于夏季高温地区大面积植物生长密的草坪、小苗；沟灌，适用于宽行距栽培的花卉、苗木，行间开沟灌水的方式，水能完全到达根区，但灌水后易引起土面的板结，应在土面现干后进行松土；浸灌，适用于容器栽培的花卉及育苗盘育苗，灌水充足可达饱和的程度，较省水，且不破坏土壤结构；喷灌，利用喷灌设备系统，使水在高压下，通过喷嘴将水喷至空中，呈雨点状落在周围植物上的一种灌溉方式，这种方式易于定时控制，节省用水，并能使植物枝叶保持清新状态，还可改善小气候环境，适合于盆花、花坛、草坪、地被植物、花灌木、小乔木等；滴灌，利用低压管道系统，使水分缓慢、不断地呈滴状浸润根系附近的土壤，可为植物提供定点、定量、定时的供水，而使其他土面保持相对干燥，防止杂草滋生，减少病虫危害，同时节约用水，其主要缺点是滴头易阻塞，且设备投资额较高。

一日之内何时灌水，一般认为清晨为宜，这时风小光弱，蒸腾较低；傍晚灌水，湿叶过夜，易引起病菌侵袭。但在夏季炎热高温下，也可于傍晚灌水；严寒冬季以中午灌水为宜。

（三）园林植物的营养管理

植物所需要的营养元素，碳素取自空气，氧氢由水中获得，氮在空气中含量虽高，植物却不能利用。土壤中虽有植物可资利用的含氮物质，但大部地区常感不足，因之必须施用氮肥来补充。此外，构成植物的矿质元素还有磷、钾、钙、镁、硫、铁等，由于成土母质不同，各种元素在土壤中含量不一，所以对缺少或不足的元素应及时补充。还有植物所必需的微量元素如硼、锰、铜、锌、钼等也是其生活必不可少的。影响肥效的常是含量最少的那一种。例如，在缺氮的情况下，即使基质中磷、钾含量再高，植物也无法利用，因此施肥应特别注意营养元素完全与均衡。

1. 肥料的类型

无论无机肥或有机肥，均不得含有毒物质。无机肥肥效高，常为有机肥的 10 倍以上。商品无机肥有氮肥，如尿素、硝酸铵、硫酸铵、碳酸氢铵等；磷肥，如过磷酸钙、磷酸二氢钠等；钾肥，如硫酸钾、磷酸二氢钾等。这些是基本肥料或称肥料三要素。此外，还有复活肥料，其中氮、磷、钾含量的百分比可能不同，但顺序不变，如肥料袋上标明 5—

10—10 的肥料，为含氮 5％，含钾 10％，含磷 10％；有的是说明三种要素之间的比例，如 2—1—1，意为氮的含量为磷、钾的 2 倍。近年有甲醛尿素问世，要在细菌作用下，才能逐渐释放出氮来为植物所利用，在土壤中有效期可达 2 年。国外花卉专用商品肥中有一种缓释肥，其优点是不会淋失和引起烧伤，肥效期长达 3～16 个月。

呈粉状、颗粒状或小球状的无机肥，施用时可撒于地面，随即灌水或耕埋入土壤。对液肥可加水稀释施用，还可于滴灌或灌水时同时施用，也可喷施叶面，肥效更快，当根部吸肥发生障碍时喷施效果更佳。有机肥来自动植物的遗体或排泄物，如堆肥、厩肥、饼肥、鱼粉、骨粉、屠宰场废弃物以及制糖残渣等。有机肥一般由于肥效慢，多作基肥使用，但以腐熟为宜，有效成分使用的时间长，即使无效成分也有改良土壤理化性质的作用，如提高土壤的疏松度，加速土与肥的融合，改善土壤中水、肥、气、热的状况等。堆肥还用于覆盖地面。有的无机肥，如过磷酸钙、硫酸钾等与枯枝落叶和粪肥、土杂肥混合施用效果更好。有机肥施用量因肥源不同，种类间差别大，应用时因地因植物种类制宜。在绝大多数情况下常感土壤中有机质不足。

2. 施肥的时期、用量与方法

植物施肥可分为基肥和追肥两种。

1）基肥

基肥又叫底肥，是在育苗前施入土壤的肥料。园林苗圃所施用的基肥，以有机肥料为主，在一定条件下，可混入部分无机肥料。

（1）基肥的作用。有机肥料含有苗木所必需的多种营养元素，肥效长，在整个苗木生长过程中，源源不断地提供一定数量的营养元素，以满足苗木生长的需要，并且能改善土壤的物理结构。尤其是施在渗水性差、通气困难、耕作不良的土壤中，所产生的效果更为明显。它还能增强土壤缓冲性能，降低土壤内毒害性因子的作用。基肥的不足之处是各种营养成分的数量和比例并不能完全保证各种苗木的需要，某些养分还需要无机肥料来补充。

（2）基肥的种类和性质。常用的基肥种类有人粪尿、栏肥等，其中人粪尿含氮量高，且极易被苗木吸收利用。在保存和施用时，不可与草木灰等碱性肥料混用，以防氨的挥发。栏肥主要指猪、牛、马、羊、鸡、鸭等饲养动物的排泄物，富含多种营养物质，是很好的有机肥。此外，还有其他农家肥如堆肥、绿肥等。工厂化生产的有机化肥，多为颗粒肥料，可直接撒施。

（3）基肥施用量。多数有机肥均需经过腐熟才能施用，以防肥料腐熟时发热伤及种子和幼苗。苗圃地施肥量依育苗种类、土壤状况和肥料种类而定。一般情况下，花卉苗圃每公顷基肥用量约为：栏肥 30000kg、绿肥 22500kg、人粪尿 10250kg、饼肥 1050kg。通常多施基肥有利于苗木生长，但基肥用量过多，也会对苗木生长造成不利影响，如烧根、徒长和营养比例失调等。因此，各苗圃根据具体情况决定基肥的施用量。

（4）基肥的施用方法。通常使用有机肥料作基肥，多采用全层施肥。即在耕地前将肥料均匀地撒在地面，在翻耕过程中，肥料埋入耕作层。播种区施用基肥时，可在做床前将肥料均匀地撒在地面，浅耕埋入耕作区的中、上部。

2）追肥

追肥是在苗木生长发育期施用速效肥料的措施。目的是及时补充苗木在生长发育旺盛时期对养分的大量需要，促进苗木的生长发育，提高苗木的质量。

（1）追肥的原则。要做到合理追肥，必须根据天气、土壤、苗木情况全面考虑，施肥三看，即"看天、看地、看树"，并要按比例施用氮、磷、钾和微量元素。其中，看天施肥，是指在气候炎热多雨时，少施、勤施；气候较冷时，施用经过充分腐熟后的有机肥作为追肥。当气温较正常年份偏高时，第一次追肥时间可提前。看地施肥，是指不同性质的土壤中所含有的营养元素的种类和数量有所不同，故应测土施肥，做到缺什么元素即施什么肥。如氮素充足的土壤就应多施磷、钾肥。土壤质地不同，营养条件也不同。在施用化肥时，沙土施用量宜少，黏土施用量可适当增加。同样的用肥量，沙土应分多次施用，黏土可加大每次施肥量，减少施肥次数。看苗施肥，因苗木种类不同，对各种营养元素的需求量也不相同，如针叶树比阔叶树需氮较多，需磷较少，花灌木比一般树种需磷量多。苗木不同发育期，对养分需求不同，在生长初期需氮肥和磷肥较多，速生期需要大量的氮、磷、钾，生长后期以钾为主，磷为辅，以促进枝茎木质化，增强苗木对环境的抵抗能力。苗木的生长情况不同，对养分的需求也不同。生长旺盛不必施肥，缺肥则要具体分析缺哪种元素，然后及时补充。

（2）追肥的种类、施肥量和追肥时间。常用作追肥的有人粪尿、草木灰、火土灰和化学肥料等速效性肥料。施肥量应随着苗龄的增长，由少到多，由稀到浓，适时适量。播种苗追肥要在幼苗具有数片真叶以后每隔 10～15 天追施一次，整个生长期约追肥 5～6 次。施肥量：稀粪 3000～4500kg/hm²，施时要掺水稀释，化肥 45～75kg/hm²。扦插苗的追肥应在生根或新根萌发后进行，初期浓度要稀，以后浓度逐渐增加。大苗类需肥量较大，应随物候情况而决定。大苗具体追肥情况如下：

生长初期：以叶片全部展开为准，时间约在 5 月中、下旬，这时要少量分次进行追肥，以氮肥为主。如施入腐熟的稀粪，其用量为 6000～7500kg/hm²，施时掺水。

生长旺盛期：时间约为 6～8 月，一般每月至少施肥一次，可施较浓的粪水，施量同上，或用氮素化肥，其用量为 150～187.5kg/hm²。

加粗生长期：大约 8～9 月大部分苗木进入加粗生长期，一般不应再施氮肥。为了增加干粗，促进组织成熟，有利于苗木越冬，应以速效磷肥为主，可施用过磷酸钙 75～150kg/hm²。

生长后期：各地从 10 月中下旬到翌春 2 月，酌情决定施肥时间及用量。如果单独追肥，应以磷肥为主，配合少量的氮、钾肥，大苗生产上常与施用迟效肥料相结合，使苗木安全越冬，并为翌春的生长发育打下基础。

3）追肥方法

追肥应在土壤稍干的晴天或阴天进行，不宜在雨天进行，以免养分流失。避开高温的中午追肥，不能让肥料与幼苗或叶面接触。追肥一般采用土壤追肥和根外追肥两种方法。

（1）土壤追肥。在施用人粪尿作追肥时，幼苗施用应大量稀释，浇洒苗床上，最好施后再灌一次少量的水，也可结合灌水一起施入苗床内。大苗则可直接施于根际周围，施后盖土。施用化肥作追肥，分为干施和湿施两种。前者为将化肥均匀撒在苗间，然后浅锄加以覆土或先在行间开沟，把化肥施入沟内，然后覆土。而湿施是将肥料溶解在水中，进行全面浇洒，施后再浇水一次，避免灼害。

（2）根外追肥。根外追肥是将速效性肥料的水溶液直接喷洒在苗木的叶片上，使营养通过叶片气孔或叶面角质层逐渐渗入体内，以供苗木的需要。根外追肥可避免肥料被土壤固定或淋失，肥料用量少，见效快，但由于叶面喷洒后容易干燥，浓度稍高就会灼伤苗木。另外，叶面不能吸入迟效性的肥料。目前，根外追肥主要用于下列情况：气温升高而地温尚低，苗木地上部分已开始生长而根系尚未正常活动；苗木刚栽植，根系受伤尚未恢复，苗木缺少某种微量元素，而该元素施入土壤会失效。

根外追肥的浓度和施用量因肥料种类、苗木大小而异。播种的小苗，一般每公顷每次施尿素 7.5～15kg，浓度为 0.2%～0.5%；过磷酸钙 22.5～66.5kg，浓度为 0.5%～1.0%；氯化钾或硫酸钾 7.5～15kg，浓度为 0.3%～0.5%；微量元素肥料可用 0.25%～0.5%。叶面喷施时间以早晚大气湿润或阴天时为宜。对于一些不易在叶面均匀分布的肥料，可适当加入少量粘着剂，以有利于药液在叶面分布均匀。喷洒时要在叶片正面和背面喷洒均匀。喷施次数通常为 2～3 次。如果喷后两天内遇雨，雨后还要补喷一次。

三、园林植物的病虫害防治

做好园林植物病、虫害的防治工作，是培育健壮、优良苗木的重要保证。病、虫害的防治工作应以预防为主，使病、虫害不发生或少发生，一旦发生要及时采取措施，把危害降至最低程度。

（一）主要虫害及其防治

1. 虫害种类

园林植物的虫害主要有地下害虫和地上害虫两类。地下害虫主要有地老虎、蝼蛄、蛴螬等，它们生活在土壤中，主要咬食根和幼苗，造成大量缺苗、死苗，严重影响苗木生产。地上害虫主要有尺蠖、蚜虫、粉虱等，它们蚕食树叶、刺吸汁液，破坏新梢顶芽，影响苗木生长。

2. 防治方法

1）地下害虫防治

（1）小地老虎

分类、分布与为害：属鳞翅目，夜蛾科。又名地蚕、土蚕，是我国主要的地下害虫之一，分布于全国各地，尤其在北方各地危害十分严重。以幼虫咬食各种苗木根、茎，常造成成片苗子死亡，缺株断垄。

形态特征：成虫体长 16～23mm，翅展 42～54mm，全体灰褐色。前翅具有两对横纹，将翅分为 3 个部分，顶端为黄褐色，中间暗褐色，近中间有一肾状纹，纹外有一个尖端向外的楔形黑斑。后翅灰白色，腹部为灰色。

发生规律：在华北一年 3～4 代，长江流域 4 代，华南 5～6 代。以蛹或老熟幼虫在土中越冬，每年 4 月上旬至 5 月初成虫羽化。幼虫在 5 月中、下旬为害最重，具有昼伏夜出习性。一般土壤湿度大，杂草多，为害严重。

防治方法：加强苗圃管理，及时进行中耕除草以减少苗圃中地老虎的数量，减轻为害。可用黑光灯诱蛾，亦可用糖醋液（糖 6 份、白酒 1 份、水 10 份、敌杀死等菊酯类农药 0.02 份）诱杀；将新鲜蔬菜、杂草拌药作毒饵诱杀。药物防治：用 50%辛硫磷乳油 2000 倍液，或 25%亚胺硫磷可湿性粉剂 250 倍液在小地老虎幼虫开始扩散为害前集中灌药于苗圃地边。

（2）蝼蛄

分类、分布与为害：属直翅目，蝼蛄科。常见的有华北蝼蛄和非洲蝼蛄，华北蝼蛄分布于全国，但多发生在北方；非洲蝼蛄全国各地均有分布。为园林苗圃的主要地下害虫之一，它以若虫和成虫咬食幼苗的根和嫩茎及刚发芽的种子，把土壤表层钻成许多隧道，常使苗木的根与土分离，造成缺苗断垄现象，严重影响苗木生产。

形态特征：华北蝼蛄成虫体长 40～45mm，茶褐色。翅短小，有尾须两根，前足扁平强壮，后足胫节内缘有一根刺，前胸背中央有一个心脏形暗红色斑点。非洲蝼蛄成虫体长 29～31mm，后足胫节内缘有刺 3～4 根。

发生规律：以若虫和成虫在土中过冬，在华北 3 月底 4 月初开始活动为害，4 月中下旬是为害盛期。以幼苗发芽生长初期为害最重，成虫昼伏夜出，有一定趋光性。

防治方法：用灯光诱杀成虫。撒毒土或毒饵防治，每平方米用 5％辛硫磷颗粒剂 0.5～5g，拌合 30 倍细土，均匀撒在苗床上，翻入土中；发现为害时，用 100 份新鲜杂草喷上 1 份 90％敌百虫原药，于傍晚分点堆放在苗间进行毒杀。

（3）蛴螬

分类、分布与为害：蛴螬为金龟子的幼虫，属鞘翅目，金龟子科。是园林苗圃的又一主要地下害虫，在我国大部分地区均有发生。该虫种类繁多，食性很杂，为害以咬食苗木的根部、茎部为主，造成苗木干枯死亡。

形态特征：体近圆筒形，常弯曲成"c"字形，乳白色，密被棕褐色细毛，尾部颜色较深，头橙黄色或黄褐色，有胸足 3 对，无腹足。

发生规律：以成虫或幼虫越冬。一般 4 月下旬开始为害，6～7 月为害最重。成虫趋光性弱，活动范围小。

防治方法：加强田间管理，深耕与合理灌溉。用榆树或杨树枝叶浸于 40％氧化乐果乳剂 30 倍液，傍晚放在苗圃田中诱杀。用 40％乐果或氧化乐果乳剂 800 倍液喷洒，防治效果较好。

（4）象甲

分类、分布与为害：又名象鼻虫，属鞘翅目，象甲科。全国各地普遍发生，是园林苗圃幼苗期间的一种主要食叶害虫。幼虫和成虫均可为害林木幼苗、幼芽、嫩茎，而以成虫为害期最长、最严重。

形态特征：成虫体长 8～12mm，卵圆形，全体灰黄色或灰黑色。鞘翅上有黑色斑纹。头管粗短，先端呈三角形凹入，表面是 3 条纵沟，复眼黑色。

发生规律：以成虫在土中过冬，次年 4 月上旬出来为害，一般白天藏在土缝里或土块下，傍晚出来为害。象甲为杂食性害虫，咬食各种幼苗的幼芽，致使苗木死亡。

防治方法：在为害期间向幼苗地面上喷 50％辛硫磷乳油 1000 倍液。结合整理苗床撒施 5％辛硫磷颗粒剂，每平方米用药 8g 左右。傍晚在幼苗上捕捉成虫杀死。

2）地上害虫防治

（1）蚜虫

分类、分布与为害：该类害虫属同翅目，蚜科。种类很多，大都个体细小，繁殖力强。以刺吸苗木根、茎、叶汁液为主，受害叶片叶缘向背面卷成长形瘤状，常使苗势减弱，枝梢畸形。

发生规律：一般每年可发生几代至几十代。特别在温暖地区，若温湿度适宜，几天就可完成一个世代。一般以卵（或若虫）在树枝缝中过冬，次年4月初冬卵开始孵化。

防治方法：虫量不多时，可喷清水冲洗或结合修剪，剪掉虫枝。喷2.5％的溴氰菊酯乳油2000倍液。注意保护和利用天敌。

（2）白粉虱

分类、分布与为害：属同翅目，粉虱科，主要为害花卉、树木。以成虫、若虫于植株上部嫩叶背面，刺吸汁液，使叶片褪绿变黄，萎蔫直至干枯死亡。此外，其大量分泌蜜露，导致煤污病严重发生。

发生规律：在南方白粉虱可以在自然条件下越冬，在北方则不能露地越冬，而只能在温室为害。在南方可常年为害，一年发生多代。

防治方法：熏蒸，于为害初期将带虫的花卉放在温室内（或将苗床用塑料薄膜扣严），按每10m用80％敌敌畏乳油25～50mL，加150倍水稀释后，密闭熏蒸3～5h。化学防治，喷2.5％溴氰菊酯乳油1500倍液杀幼虫，每隔7～10天喷一次，连喷2～3次。黄板诱杀，利用白粉虱有强烈的趋黄习性，在发生区设置黄板，并涂以重机油诱杀。

园林苗圃还因地域不同，有许多其他种类的地下和地上害虫发生，如种蝇、介壳虫、红蜘蛛、天牛等，可参照相关知识加以防治。

（二）主要病害及其防治

1. 病害种类

园林苗木的病害种类很多，按其病原可分两类：一类是生物性（传染性）病害。由真菌、细菌、病毒等病原物侵染引起，如苗木立枯病、苗木茎腐病、根腐病、褐斑病、锈病等，这类病害在环境条件适合时，可进行扩大再传染，造成更大的损失；生物性（传染性）病害，根据其在植株上的发病时期和发病部位，可分为苗期病害、叶部病害等。另一类是非生物性（非传染性）病害，是因为土壤、肥、水、温度、湿度以及其他非生物因子不适宜时造成植物生理失常，如日灼病、缺素症、寒害等，这类病害不能进行再传染。

在园林植物病害防治工作中，除了要准确识别病害类型外，还要熟悉防治对象的发生规律、传染途径，采取综合防治措施，达到事半功倍的效果。

2. 苗期病害的防治

1）种实霉烂病

症状与为害：园林植物种子的病害，主要是霉烂的问题，此病多发生在种子贮藏期、催芽期和播种期，种皮上生长出各种霉层物，种子有霉味。种子霉烂可降低出苗率，或使苗木生长衰弱，造成种源短缺。

发病规律：大多数霉烂菌类都是种实表面携带的，这些菌类多生存在贮藏容器和贮藏室里。在温湿度适宜，特别是种子受伤和含水量过高时，为害迅速。

防治方法：种子采收避免损伤，以减少侵染的伤口。贮藏的种子应干燥，一般种子含水量为10％～15％，贮藏前贮藏室要消毒，可用50％多菌灵可湿性粉剂200倍液喷雾。贮藏播种时种子应消毒。

2）立枯病

症状与为害：立枯病多在幼苗出土后的初期发生。发病时，病菌侵入幼苗的幼根或茎基部，先变成褐色，严重时韧皮部被破坏，根部成黑褐色腐烂。病株叶片发黄、萎蔫、枯死，但不倒伏。

发病规律：带菌土壤是主要侵染来源，病株残体、肥料也有传病可能，还可通过雨水、农具等传播。湿度大病害严重，多年连作发病也较重。

防治方法：轮作倒茬，严禁连作，做好苗圃地清园工作，及时清除杂草、病株。控制浇水，加强通风。幼苗期间，经常用0.3％的硫酸亚铁，每隔15～20天喷洒幼苗一次。如发现已有被感染发病的苗木，可用800倍的退菌特药液喷雾防治。

3）苗木茎腐病

症状与为害：主要发生在夏季高温地区，是我国长江流域及以南地区苗圃普遍发生的一种病害。幼苗发病初期，苗茎基部近地面处出现污褐色斑，此时叶片开始失绿并下垂，当病部包围整个茎基部时，全株开始死亡。此时，根部皮层腐烂，仅余木质部，如拔起病死苗，根部皮层往往完全脱落。

发病规律：病菌在病株残体或土壤中越冬，次年从植株伤口侵入。此病多在梅雨结束后开始发生，发生轻重与7～8月的气温、雨水有关。一般7～8月气温高，持续时间长，病害则严重。

防治方法：在高温季节采用遮阳网降温。加强田间管理，施有机肥、松土，促进苗木生长发育，增强其抗病能力。在发病前及发病初期，喷1：1：160波尔多液，每隔10～15天喷一次。

4）根腐病

症状与为害：根腐病在全国各地苗圃几乎都有发生，针、阔叶苗木均可受害。病菌侵染幼苗根部和茎基部，病部下陷缢缩，根部皮层逐渐腐烂，呈暗色，染病幼苗常自地面倒伏，形成猝倒现象。若苗木组织已木质化，则地上部表现为失绿，顶部枯萎，以至全株枯死。此病主要为害当年生苗木。

发病规律：病菌在土壤及病残组织上越冬，主要侵害出苗3个月以上的苗木。在苗床上常常是点状或片状发生，然后向四周蔓延。此病在高温、高湿条件下发病严重。

防治方法：选择高燥的地方作苗圃地。田间发现此类病苗时，应立即带土挖除，并在周围1m的范围内进行土壤消毒。用500～1000倍的恶霉灵药液灌根。

3. 叶部病害的防治

1）白粉病

症状与为害：白粉病是园林苗圃中常见的一种病害，可侵害叶片、嫩枝、花等。叶片发病初期出现褪绿斑，并产生白粉状物，叶片不平整，卷曲。幼嫩枝梢发育畸形，生长停滞，严重时枝叶干枯，甚至可造成全株死亡。

发病规律：此病主要发生在春秋两季，以秋季较为严重，在气候较干燥、温暖时发病严重，栽培管理不善，植物生长势弱时，较易感病。

防治方法：清除病原，及时清扫落叶残体并烧毁。合理密植、施肥，加强通风透光。用25％的粉锈宁2000倍液喷洒，连续2～3次（间隔15～20天）能起到较理想的防治效果。

2）锈病

症状与为害：锈病也是园林苗圃中常见的一种病害，锈病大多数侵害叶和茎，发病时叶上产生大量锈色、橙色或黄色的斑点，严重时叶片枯黄、死亡。

发病规律：多发生于温暖湿润的季节，在雨水多、通风差的苗圃发生严重。

防治方法：清除带病残体、减少病原。苗木发芽前喷波美 3～5 度的石硫合剂。发病时喷 25％的粉锈宁可湿性粉剂 1500 倍液，效果较好。

3）褐斑病

症状与为害：主要发生在叶部，也为害枝干、花和果实，发病严重时引起叶枯、落叶或穿孔。病斑多为圆形或不规则多角形，红褐、紫褐至暗褐色，病斑中央产生小黑点（子囊壳），后期病斑相连成片，使叶片和植株枯死。

发病规律：病菌以菌丝体或分生孢子器在病株残体越冬，一般翌年 5 月上旬，孢子借风力传播，实现侵染。6～7 月雨水多，湿度大，发病重。

防治方法：清除病株，清扫苗圃落叶，集中烧毁。在发病初期喷 75％代森锰锌 500 倍液或 50％多菌灵可湿性粉剂 500 倍液，连续喷 2～3 次，每次间隔 1～15 天，效果较好。

4）黄化病

症状与为害：又称失绿病，是园林植物中常见的一种生理性病害，主要是由于缺铁、镁、铜等微量元素或缺乏养分所造成。苗木发生黄化后，缺少叶绿素，不能进行正常的光合作用，停止制造有机营养，影响苗木生长发育，病害严重时，叶片出现叶缘枯焦以至死亡。

防治方法：此病宜早治，严重后不易治疗。为防止此病发生，土壤中应多施有机肥，降低土壤 pH 值。发病初期喷 0.2％～0.5％的硫酸亚铁或喷镁、锌等微量元素，每隔 7～10 天喷一次，连续喷 3 次，一般叶片可恢复正常。

（三）常用农药及使用

农药的品种很多，作用不同。如何选择最合适的农药品种，要根据防治的病、虫的种类、危害性和农药的性能来确定。由于我国幅员辽阔，各地自然条件差异很大，一些农药在不同的地区、不同时期使用效果也不同。因此，使用农药之前必须准确识别防治对象、有害生物的发育期和农药的性能、使用方法，才能做到科学施药，取得好的防治效果。

1. 杀虫剂

杀虫剂是农药中品种比较多的一类，它们的作用和性质各不相同，使用时必须很好地了解每一种杀虫剂的特性、用途和防治对象，才能充分发挥其高效作用。一般同属于杀虫剂的一些农药品种，有时可以互相换用，但必须仔细阅读说明书或参考资料。

杀虫剂按其作用方式和原理可分为胃毒剂、触杀剂、熏蒸剂和内吸剂四大类。

（1）胃毒剂。杀虫剂经过害虫口腔进入虫体，被消化道吸收后引起中毒死亡，这种作用称胃毒作用，有这种作用的杀虫剂称胃毒剂。

（2）触杀剂。杀虫剂与虫体接触后，经过虫体体壁渗透到体内，引起中毒死亡，这种作用称触杀作用，有这种作用的杀虫剂称触杀剂。

（3）熏蒸剂。药剂在常温下挥发成气体，经害虫的气孔进入虫体内，引起中毒死亡。这种作用称熏蒸作用，有这种作用的杀虫剂称熏蒸剂。

（4）内吸剂。杀虫剂能被植物的根、茎、叶或种子吸收并传导至其他部位。当害虫咬食植物或吸食植物汁液时，引起中毒死亡，这种作用称内吸作用，有这种作用的农药称内吸剂。

2. 杀菌剂

杀菌剂种类繁多，差异很大，尤其对光照、温度、湿度反应敏感，不稳定，易分解，在贮藏和使用时应注意。

1）杀菌剂的类型

杀菌剂按其作用原理和方式，可划分为保护性杀菌剂、内吸性杀菌剂、治疗性杀菌剂三种类型。

（1）保护性杀菌剂。在植物体表或体外，直接与病原菌接触，抑制病原，保护植物免受其害，如波尔多液、福美胂、石灰涂白剂等。

（2）内吸性杀菌剂。药剂施于植物体的一部分（根部、叶部等），被植物吸收后传导到植物各处，发挥杀菌作用，如甲基托布津、多菌灵等。

（3）治疗性杀菌剂。当病原菌侵入植物体或已使植物体感病后，施用它能抑制病原菌继续发展或能杀灭病原菌的药剂，如百菌清、石硫合剂等。

2）常用杀菌剂

（1）粉锈宁。粉锈宁是一种有保护、治疗作用的内吸杀菌剂，对白粉病、锈病有特效，不但能防止病菌侵染，而且能将初发生的病斑铲除掉。对人畜低毒，残效期15～20天。使用方法：用15％的粉锈宁可湿性粉剂1000～1500倍液喷雾，可防治蔷薇、月季、芍药、荷兰菊等植物的白粉病及部分植物的锈病。

（2）多菌灵。为氨基甲酸甲酯杂环化合物，是一种高效、低毒、广谱性的内吸杀菌剂，具有保护和治疗作用，能防治多种真菌引起的园林植物病害。对人畜低毒，残效期7天左右。使用方法：用50％的多菌灵可湿性粉剂500～1000倍液喷雾，可防治月季黑斑病、菊花斑枯病、幼苗立枯病、茎腐病等。

（3）甲基托布津。是一种广谱性内吸杀菌剂，对人畜低毒，遇碱较稳定，药效期持久。使用方法，用70％的甲基托布津可湿性粉剂700～1500倍液喷雾，可防治园林花木（苗木）的白粉病、叶斑病等真菌病害。

（4）瑞毒霉。为内吸性杀菌剂，对植物有保护和治疗作用，对人畜低毒，对疫病、腐霉病、霜霉病有良好防治效果。使用方法：用25％的瑞毒霉可湿性粉剂600～800倍液喷雾，也可与杀虫剂、杀螨剂混用。

（5）波尔多液。是一种广泛使用的无机杀菌剂，又是一种保护剂，喷在植物体上能形成一层薄膜，可以抑制病菌侵入植物体内。选择优质石灰和硫酸铜按防治病的类型配制药液，一般应随配随用，药效期15～30天。可作为园林苗圃中常用的防病保护剂使用，1：1：（150～200）倍等量式波尔多液可以防治立枯病、锈病、叶斑病等。

四、园林植物的整形修剪

1. 原则

修剪应以树种习性、设计意图、养护季节、景观效果为原则，达到均衡树势、调节生长、姿态优美、花繁叶茂的目的。

2. 修剪技术

修剪包括除芽、去蘖、摘心、摘芽、疏枝、短截、整形、更冠等技术。

3. 养护性修剪

养护性修剪分常规修剪和造型（整形）修剪两类。常规修剪以保持自然树形为基本要求，按照"多疏少截"的原则及时剥芽、去蘖、合理短截并疏剪内膛枝、重叠枝、交叉枝、下垂枝、腐枯枝、病虫枝、徒长枝、衰弱枝和损伤枝，保持内膛通风透光，树冠丰满。造型修剪以剪、锯、捆、扎等手段，将树冠整修成特定的形状，达到外形轮廓清晰、树冠表面平整、圆滑、不露空缺、不露枝干、不露捆扎物。

4. 苗木的修剪

一般只进行常规修枝，对主、侧枝尚未定型的苗木可采取短截技术逐年形成三级分枝骨架。庭荫树的分枝点应随着苗木生长逐步提高，树冠与树干高度的比例应在 7：3 至 6：4 之间。行道树在同一路段的分枝点高低、树高、冠幅大小应基本一致，上方有架空电力线时，应按电力部门的相关规定及时剪除影响安全的枝条。

5. 灌木的修剪

一般以保持其自然姿态，疏剪过密枝条，保持内膛通风、透光为原则。对丛生灌木的衰老主枝，应本着"留新去老"的原则培养徒长枝或分期短截老枝进行更新。观花灌木和观花小苗木的修剪应掌握花芽发育规律，对当年新梢上开花的花木应于早春萌发前修剪，短截上年的已花枝条，促使新枝萌发。对当年形成花芽，次年早春开花的花木，应在开花后适度修剪，对着花率低的老枝要进行逐年更新。在多年生枝上开花的花木，应保持培养老枝，剪去过密新枝。

6. 绿篱和造型灌木（含色块灌木）的修剪

一般按造型修剪的方法进行，按照规定的形状和高度修剪。每次修剪应保持形状轮廓线条清晰、表面平整、圆滑。修剪后新梢生长超过 10cm 时，应进行第二次修剪。若生长过密影响通风、透光时，要进行内膛疏剪。当生长高度影响景观效果时要进行强度修剪，强度修剪宜在休眠期进行。

7. 藤本的修剪

藤本每年常规修剪一次，每隔 2～3 年应理藤一次，彻底清理枯死藤蔓、理顺分布方向，使叶幕分布均匀、厚度相等。

8. 草坪的修剪

草坪的修剪高度应保持在 6～8cm，当草高超过 12cm 时必须进行修剪。混播草坪修剪次数不少于 20 次/年，结缕草不少于 5 次/年。

9. 修剪时间

落叶乔、灌木在冬季休眠期进行，常绿乔、灌木在生长间隙期进行，亚热带植物在早春萌发前进行。绿篱、造型灌木、色块灌木、草坪等按养护要求及时进行。

10. 修剪次数

苗木不少于 1 次/年，灌木不少于 2 次/年，绿篱、造型灌木不少于 12 次/年，色块灌木不少于 8 次/年。

11. 注意事项

修剪的剪口或锯口平整、光滑，不得劈裂、不留短桩。

修剪应按技术操作规程的要求进行，须特别注意安全。

五、园林古树名木养护技术

《中国农业百科全书》对古树名木的内涵界定为："树龄在百年以上的大树，具有历史、文化、科学或社会意义的木本植物"。

(一) 一般养护与管理

1. 树体加固

古树由于年代久远，主干或有中空，主枝常有死亡，造成树冠失去均衡，树体容易倾斜；又因树体衰老，枝条容易下垂，因而需用他物支撑。如北京故宫御花园的龙爪槐、古松均用钢管呈棚架式支撑，钢管下端用混凝土基加固，干裂的树干用扁钢箍起，收效良好。

2. 树干疗伤

古树名木进入衰老年龄后，对各种伤害的恢复能力减弱，更应注意及时处理。对于枝干上因病、虫、冻、日灼或修剪等造成的伤口，首先应当用锋利的刀刮净削平四周，使皮层边缘呈弧形，然后用药剂（2%～5%的硫酸铜溶液，0.1%的升汞溶液，石硫合剂原液等）消毒。修剪造成的伤口，应将伤口削平然后涂以保护剂，选用的保护剂要求容易涂抹，粘着性好，受热不融化，不透雨水，不腐蚀树体组织，同时又有防腐消毒的作用，如铅油、接蜡等均可。大量应用时也可用黏土和鲜牛粪加少量石硫合剂的混合物作为涂抹剂，如用激素涂剂对伤口的愈合更有利，用含有0.01%～0.1%的萘乙酸膏涂在伤口表面，可促进伤口愈合。由于雷击使枝干受伤的苗木，应将烧伤部位锯除并涂保护剂。

3. 树洞修补

若古树名木的伤口长久不愈合，长期外露的木质部受雨水浸渍，逐渐腐烂，形成树洞，一般苗木的树洞处理在上一章已作介绍，目前对古树的树洞处理主要有以下几种。

1) 开放法

如孔洞不深、无填充的必要时，可将洞内腐烂木质部彻底清除，刮去洞口边缘的死组织，直至露出新的组织为止，用药剂消毒，并涂防护剂，防护剂每隔半年左右重涂1次。同时改变洞形，以利排水；也可在树洞最下端插入排水管，并注意经常检查排水情况，以免堵塞。如果树洞很大，给人以奇树之感，欲留作观赏时可采用此法。

2) 封闭法

对较窄的树洞，可在洞口表面覆以金属薄片，待其愈合后嵌入树体而封闭树洞。也可将树洞经处理消毒后，在洞口表面钉上板条，以油灰和麻刀灰封闭（油灰是用生石灰和熟桐油以1:0.35混合而成），再涂以白灰乳胶、颜料粉面，以增加美观，还可以在上面压树皮状纹或钉上一层真树皮。

3) 填充法

填充物最好是水泥和小石砾的混合物。填充材料必须压实，为加强填料与木质部连接，洞内可钉若干电镀铁钉，并在洞口内两侧挖一道深约4cm的凹槽。填充物从底部开始，每20～25cm为一层用油毡隔开，每层表面都向外略斜，以利排水，外层用石灰、乳胶、颜色粉涂抹，为了增加美观，富有真实感，在最外面钉一层真树皮。

4. 设避雷针

据调查，千年古银杏大部分曾遭过雷击，受伤的苗木生长受到严重影响，树势衰退，如不及时采取补救措施甚至可能很快死亡。所以，高大的古树应加避雷针，如果遭受雷击应立即将伤口刮平，涂上保护剂并堵好树洞。

5. 灌水、松土、施肥

春、夏干旱季节灌水防旱，秋、冬季浇水防冻，灌水后应松土，一方面保墒，同时也增加土壤的通透性。古树施肥要慎重，一般在树冠投影部分开沟（深0.3m、宽0.7m），沟内施腐殖土加稀粪，或适量施化肥等增加土壤的肥力，但要严格控制肥料的用量，绝不能造成古树生长过旺，特别是原来树势衰弱的苗木，如果在短时间内生长过盛会加重根系的负担，造成树冠与树干及根系的平衡失调，后果适得其反。

6. 树体喷水

由于城市空气浮尘污染，古树的树体截留灰尘极多，特别是在枝叶部位，不仅影响观赏效果，更减少叶片对光照的吸收而影响光合作用。可采用喷水法加以清洗，此项措施费工费水，一般只在重点区采用。

7. 整形修剪

古树名木的整形修剪必须慎重处置，一般情况下，以基本保持原有树形为原则，尽量减少修剪量，避免增加伤口数。对病虫枝、枯弱枝、交叉重叠枝进行修剪时，应注意修剪手法，以疏剪为主，以利通风透光，减少病虫害滋生。必须进行更新、复壮修剪时，可适当短截，促发新枝。

8. 防治病虫害

古树衰老，容易招来致病，加速死亡。应更加注意对病虫害的防治，如黄山迎客松有专人看护监测红蜘蛛的发生情况，一旦发现即作处理。北京天坛公园针对天牛是古柏的主要害虫，从天牛的生活史着手，抓住每年3月中旬左右天牛要从树内到树皮上产卵的时机，往古柏上打二二三乳剂，称之为"封树"。5月份易发生蚜虫、红蜘蛛，要及时喷药加以控制。7月份注意树干害虫为害。

9. 设围栏、堆土、筑台

在人为活动频繁的立地环境中的古树，要设围栏进行保护。围栏一般要距树干3～4m，或在树冠的投影范围之外，在人流密度大、苗木根系延伸较长时，对围栏外的地面也要作透气性的铺装处理；在古树干基堆土或筑台可起保护作用，也有防涝效果，砌台比堆土收效尤佳，应在台边留孔排水，切忌围栏造成根部积水。

10. 立标示牌

安装标志，标明树种、树龄、等级、编号，明确养护管理负责单位，设立宣传牌，介绍古树名木的重大意义与现况，又可起到宣传教育、发动群众保护古树名木的作用。

（二）古树复壮

古树名木的共同特点是树龄较高、树势衰老，自体生理机能下降，根系吸收水分、养分的能力和新根再生的能力下降，树冠枝叶的生长速率也较缓慢，如遇外部环境的不适或剧烈变化，极易导致树体生长衰弱或死亡。所谓更新复壮是运用科学合理的养护管理技术，使原本衰弱的树体重新恢复正常生长，延缓其生命的衰老进程。必须指出的是，古树名木更新复壮技术的运用是有前提的，它只对那些虽说年老体衰，但仍在其生命极限之内的树体有效。

我国在古树复壮方面的研究处于较高的水平，在1980、1990年代，北京、泰山、黄山等地对古树复壮的研究与实践就已取得较大的成果，抢救与复壮了不少古树。如北京市园林科学研究所，针对北京市公园、皇家园林中古松、柏、古槐等生长衰弱的根本原因是土壤密实、营养及通气性不良、主要病虫害严重等，采取了以下复壮措施，效果良好。

1. 埋条促根

在古树根系范围内，填埋适量的树枝、熟土等有机材料，改善土壤的通气性以及肥力条件，主要有放射沟埋条法和长沟埋条法。多年实践证明，古树的根可在枝条内穿伸生长，具体做法是：在树冠投影外侧挖放射状沟4～12条，每条沟长120cm左右，宽为40～70cm，深80cm。沟内先垫放10cm厚的松土，再把截成长40cm枝段的苹果、海棠、紫穗槐等树枝缚成捆，平铺一层，每捆直径20cm左右，上撒少量松土，每沟施麻酱渣1kg、尿素50g，为了补充磷肥可放少量动物骨头和贝壳等，覆土10cm后放第二层树枝捆，最后覆土踏平。如果树体间相距较远，可采用长沟埋条，沟宽70～80cm，深80cm，长200cm左右，然后分层埋树条、施肥、覆盖踏平。

复壮基质也可采用松、栎的自然落叶，取60％腐熟加40％半腐熟的落叶混合，再加少量氮、磷、铁、锰等元素配制而成，硫酸亚铁（$FeSO_4$）使用剂量按长1m、宽0.8m复壮沟内施入0.1～0.2kg为宜。配置后的复壮基质，pH值控制在7.1～7.8范围，富含多种矿质元素、胡敏素、胡敏酸和黄腐酸，可有效促进土壤微生物活动，促进古树名木的根系生长。有机物逐年分解后与土壤胶合成团粒结构，其中固定的多种元素可逐年释放出来，施后3～5年内土壤有效孔隙度可保持在12％～15％以上，有效改善了土壤的物理性状。

2. 地面处理

采用根基土壤铺梯形砖、带孔石板或种植地被的方法，目的是改变土壤表面受人为践踏的状况，使土壤能与外界保持正常的水汽交换。

在铺梯形砖时，下层用沙衬垫，砖与砖之间不勾缝，留足透气通道；北京采用石灰、沙子、锯末配制比例为1：1：0.5的材料衬垫，在其他地方要注意土壤pH值的变化，尽量不用石灰为好。许多风景区采用带孔或有空花条纹的水泥砖或铺铁筛盖，如黄山玉屏楼景点，用此法处理"陪客松"的土壤表面，效果很好。采用栽植地被植物措施，对其下层土壤可作与上述埋条法相同的处理，并设围栏禁止游人践踏。

3. 换土

若因古树名木的生长位置受到地形、生长空间等立地条件的限制，而无法实施上述的复壮措施，可考虑更新土壤的办法。如北京市故宫园林科用换土的方法抢救古树，使老树复壮。典型的范例有：皇极门内宁寿门外的1株古松，当时幼芽萎缩，叶片枯黄，好似被火烧焦一般。职工们在树冠投影范围内，对主根部位的土壤进行换土，挖土深0.5m（随时将暴露出来的根用浸湿的草袋盖上），以原来的土壤与沙土、腐叶土、锯末、粪肥、少量化肥混合均匀之后填埋其中，换土半年之后，这株古松重新长出新梢，地下部分长出2～3cm的须根，复壮成功。

4. 病虫防治

1）浇灌法

利用内吸剂通过根系吸收、经过输导组织至全树而达到杀虫、杀螨等作用的原理，解决古树病虫害防治经常遇到的分散、高大、立地条件复杂等情况而造成的喷药难，以及喷药次数、杀伤天敌、污染空气等问题。具体方法是，在树冠垂直投影边缘的根系分布区内挖 3～5 个深 20crn、宽 50cm 的弧形沟，然后将药剂浇入沟内，待药液渗完后封土。

2）埋施法

利用固体的内吸杀虫、杀螨剂埋施根部的方法，以达到杀虫、杀螨和长时间保持药效的目的。方法与上述相同，将固体颗粒均匀撒在沟内，然后覆土浇足水。

3）注射法

对于周围环境复杂、障碍物较多，而且吸收根区很难寻找的古树，利用其他方法很难解决防治问题的，可以通过此法解决。此方法是通过向树体内注射内吸杀虫、杀螨药剂，经过苗木的输导组织至苗木全身达到较长时间的杀虫、杀螨目的。具体方法见苗木的一般养护。

4）化学药剂疏花疏果

当植物在缺乏营养，或生长衰退时出现多花多果的情况，这是植物生长过程中的自我调节现象，但结果却是造成植物营养的进一步失调，古树发生这种现象时后果更为严重。如采用疏花疏果则可降低古树的生殖生长，扩大营养生长，恢复树势而达到复壮的效果。疏花疏果的关键是疏花，可采用喷施化学药剂来达到目的，一般喷洒的时间以秋末、冬季或早春为好。如在国槐开花期喷施 50mg/L 的萘乙酸加 3000mg/L 的西维因或 200mg/L 的赤霉素效果较好；对于侧柏和龙柏（或桧柏），若在秋末喷施，侧柏以 400mg/L 的萘乙酸为好，龙柏以 800mg/L 的萘乙酸为好，但从经济角度出发，200mg/L 的萘乙酸对抑制二者第二年产生雌雄球花的效果也很有效；若在春季喷施，以 800～1000mg/L 的萘乙酸、800mg/L 的 2,4-D、400～6600mg/L 的吲哚丁酸为宜，对于油松，若春季喷施，可采用 400～1000mg/L 的萘乙酸。

5）喷施或灌施生物混合制剂

据雷增普等报道（1995），用生物混合剂（"五四零六"细胞分裂素、农抗 120、农丰菌、生物固氮肥相混合）对古圆柏、古侧柏实施叶面喷施和灌根处理，明显促进了古柏枝、叶与根系的生长，增加了枝叶中叶绿素量及磷含量，也增加了耐旱力。

复习思考题

1. 名词解释：种子繁殖、营养繁殖、古树名木。
2. 比较种子繁殖育苗与营养繁殖育苗的优缺点。
3. 种子繁殖育苗的关键环节有哪些？
4. 种子催芽处理有哪些方法？
5. 种子播种量该如何计算？播种方法有哪些常见类型？
6. 播种育苗苗期抚育管理有哪些关键环节？
7. 园林植物的营养繁殖类型有哪些？
8. 扦插繁殖育苗有哪些方式？根据扦插材料的不同扦插方法有哪些类型？
9. 园林苗木质量评价的指标有哪些？
10. 熟悉园林植物施工栽植基本术语的含义。
11. 简述苗木栽植的成活原理。
12. 简述苗木栽植的三适原则。

13. 举例说明重庆地区哪些园林树种对根际积水极为敏感？

14. 举例说明哪些树种苗木移植分别适用于裸根移植与带土球移植？

15. 苗木栽植前应做好哪些准备工作？

16. 大树移栽前应做好哪些准备工作？

17. 大树移栽前应提前多长时间切根？切根的范围应该多大？

18. 分别举例说明哪些树种在移栽前应进行截干、修剪处理？并说明处理的技术要点。

19. 简述树穴开挖的关键环节与技术要点。

20. 苗木起挖后应进行哪些处理？装运环节应注意哪些问题？

21. 什么是苗木的假植？其目的是什么？其技术要点有哪些？

22. 简述大树栽植的技术要点。

23. 乔木定植后成活期管理有哪些关键环节？

24. 熟悉园林植物养护管理的常用术语。

25. 简述园林植物养护管理工作的主要内容。

26. 简述园林植物水分、营养管理的主要内容，并说明施肥管理的常用方式。

27. 举例说明园林植物地下虫害、地上虫害常见的害虫。

28. 园林植物苗期病害、叶部病害有哪些常见类型？

29. 园林植物整形修剪的原则有哪些？并说明修剪的技术类型。

30. 简述常规养护型修剪、苗木修剪的技术要点。

31. 简述古树名木的养护技术要点。

第四章 园林植物造景设计

第一节 植物造景设计的基本原则

植物造景就是将观赏植物材料进行科学的、艺术的组合，充分发挥乔木、灌木、藤本、草本及水生植物本身的形体、线条、色彩等自然美，以满足城市环境绿地各种功能和审美的要求，创造出生机盎然的园林意境和优美亮丽的植物景观。植物造景讲究科学性与艺术性的统一，在进行植物造景时，必须熟练掌握观赏植物的生态学和生物学特性，运用美学原理，根据不同的环境绿地功能以及人文景观、社会经济等方面的要求进行通盘考虑。

一、科学性原则

植物造景设计首先应遵循生态学原理，满足植物与环境在生态适应性上的统一，科学地配置园林植物，使植物正常生长，并保持一定的稳定性，实现园林植物的各种功能和效益，创造理想的园林效果。

1. 地域性

任何区域的植物对本地区环境都具有较强的适应能力，这些经过长期的自然选择而存活下来的适应当地气候和土壤等环境条件的植物就是地带性植物，也称乡土植物。在城市园林建设和植物造景设计中，园林植物选择应以本地域的乡土植物为主。此外，还有一些外来植物，经过长期驯化，已经融入本地植物群体之中，是本地绿化树种的有益补充。

2. 适地适树

如果地域性是针对大环境而言，那么适地适树则是针对植物配置场所的具体环境条件（包括土壤、温度、湿度、光照、水分等各种条件），每种植物都有自身的生长习性，对光照、水分、温度、土壤、空气等环境因子都有不同的要求。植物配置时，必须充分了解植物的生态学特性，根据立地环境条件选择适宜的植物，如在阳光充足的地方可选喜光的阳性植物，而在庇荫的地方可栽植耐阴性的植物；在干旱瘠薄的地方可选耐旱性强的植物，或者通过引种驯化或改变立地生长条件，达到适地适树的目的。

3. 物种多样性

天然形成的植物群落一般由多物种组成，与单一物种的植物群落相比具有更大的稳定性，能更有效地利用环境资源，其生态环境效益更好。城市中多为人工植物群落，因此在进行植物配置时，应该注重物种多样性原则，尽量避免采用单一物种的配置形式，同时设计创造各式各样的园林景观斑块，丰富城市园林景观和物种的多样性。

4. 植物群落的稳定性

在植物造景设计人工植物群落的构建过程中，应根据植物群落演替的规律，充分考虑群落的物种组成，正确处理植物群落的组成、结构，选配生态位重叠较少的物种，并利用不同生态位植物对环境资源需求的差异，确定合理的种植密度和结构，以保持群落的稳定性，增强群落自我调节能力，减少病虫害的发生，维持植物群落平衡与稳定的发展。

二、功能性原则

园林设计与植物配置旨在解决问题，满足特定功能，因而设计者无论是选择植物种类，还是确定布局形式，都不能仅以个人喜好为依据，应根据绿地类型，充分发挥植物的各种生态功能、游憩功能、景观功能，结合设计目的进行植物配置。

1. 绿地生态功能要求

植物作为城市中的特殊群体，对城市生态环境的维护和改善起着重要作用，植物配置应视具体绿地的生态要求，选择适宜的植物种类，如作为城市防护林的植物必须具备生长迅速、寿命较长、根系发达、易栽易活、管理粗放、病虫害少等特性；污染严重的厂矿，应选择能抗有害气体、吸附烟尘的植物，如皂荚、臭椿、夹竹桃等；在医院可考虑种植杀菌能力较强的植物种类。

2. 绿地游憩功能要求

城市各种园林绿地常常也是城市居民的休闲游憩场所。在植物配置时，应考虑园林绿地的使用群体和游憩功能，进行人性化设计。设计时应充分考虑人的需要和人体尺度，符合人的行为和人们的生活习惯（图4-1）。如在幼儿园、小学等儿童活动频繁的场所，应选择玩耍价值高、耐踩踏能力强、无危险性的植物，尽可能地保留一块没有设计而保持其自然状况的绿地，允许孩子们在杂草丛生的地方挖土、攀爬、探险；在以老年群体为主要服务对象的园林绿地中，配置时更应注意选用花色鲜艳、香味浓郁的植物为骨干树种，不仅使环境更容易被感知，还能使老年人感官机能得到锻炼，使身在其中的使用者获得心理上的快乐。

图4-1　树荫下的游憩交往（重庆北碚，某小游园）

3. 绿地景观功能要求

在植物配置上，做到"因材制宜"，充分利用各种园林植物的色、香、姿、声、韵等方面的观赏特性，根据功能需求，合理布置，构成观形、赏色、闻香、听声的植物景观，最大限度地发挥园林植物的"美"的魅力。要注意根据不同绿地环境、地形、景点、建筑物的性质、功能，"因地制宜"，体现不同风格的植物景观。此外，在植物配置时既要注意保持景观的相对稳定性，又应充分了解植物的季相变化，"因时制宜"，创造四时有景可赏，多方景胜的园林景观。

三、艺术性原则

植物配置作为造景手法，在保证植物对环境适应的同时，更应注重要符合艺术美规律，合理进行搭配，通过艺术构图体现植物个体和群体的形式美，以及巧妙地运用植物寓意体现园林的意境美，实现园林科学性与艺术性的高度统一。

1. 植物造景设计形式美的艺术原则

对于园林植物景观的形式美而言，同样需要一定的艺术组合规律，巧妙充分地利用构景要素，即园林植物的形貌、色彩、线条和质感来进行构图，并通过植物的季相及生命周期的变化，使之成为一幅活的动态构图。在此，一些园林造型的艺术原理有着广泛的适用性，主要表现在以下几个方面。

1）统一与多样

统一主要表现在两个方面：一是植物造景时植物自身从各个方面的协调统一；二是植物与其他园林要素及整体环境的协调统一。凡是同一树种成片栽植，最易形成统一的气氛，在风景园林规划中常用单一树种大量种植形成气势恢宏的景观，以震撼人的心灵，如竹林、竹海景观。园林植物景观中的多样，主要表现在，植物本身以及植物与其他要素的组合具有丰富的多样性。在一个植物群落中，植物种类多样，加上不同的植物形态各异，为植物造景提供了非常富于变化的客观条件，所以在进行植物景观配置时，要利用不同植物的形态变化，以及轮廓线、天际线的变化，创造形态和谐而又富有变化的植物景观。

2）对比与调和

植物造景中，通过植物色彩、形貌、线条、质感和体量、构图等的对比能够创造强烈的视觉效果，激发人们的美感体验。而调和则强调采用类似的色调和风格，显得含蓄而幽雅。植物配置中常用对比的手法来烘托气氛、突出主题或引导游人视线。其中，尤以色彩的对比最为醒目，如"万绿丛中一点红"。运用色彩构图中对比色产生的原理，色彩对比强烈时，可创造跳跃、新鲜、醒目的效果，而运用色彩调和则可获得宁静、稳定与舒适优美的环境。

3）均衡与稳定

在园林植物造景时，将体量、质感各异的植物种类按均衡的原则配植，景观就会显得很稳定，而稳定正是使人们获得放松和享受的基本形象。均衡分对称均衡和不对称均衡，对称是最简单的均衡，对称均衡给人以整齐庄重感（图4-2），显得稳定而有条理；在规则式的植物配置中，植物材料的种植位置和造型均以对称均衡的形式布置，给人一种平衡、整齐、稳定的感觉，如西方园林布局。而不对称均衡是自然界普遍的、基本的存在形式，它赋予景观以自然生动的感觉，大多数园林更常采用的是不对称均衡。如在自然式园路的两旁，一边若种植一株体量较大的乔木，则另一边须植以数量较多而体量较小的灌木，以求得自然的均

图4-2　对称均衡的种植（昆明，昙华寺）

衡感和稳定感。

4）韵律与节奏

在园林植物造景中，有规律的变化，就会产生韵律感，可以避免单调。比如路边连续较长的带状花坛，如果毫无变化就会使人感到十分单调，而如果将其连续不断的形象打破，形成大、小花坛交替出现的情况，则就会使人的视觉产生富于变化的节奏、韵律感。韵律可以简单地表现，称为简单韵律、交替韵律、渐变韵律等，如一种树等距离排列、一种乔木和一种花灌木相间排列等都是如此（图4-3）；也可以较为复杂，称为起伏韵律、交错韵律等，如路旁用多种植物布置成高低起伏、疏密相间的具有复杂变化的构图。

2. **植物景观的意境美**

意境是中国文学和绘画艺术的重要表现形式，同时也贯穿于园林艺术表现之中，即借植物特有的形、色、香、声、韵之美，表现人的思想、品格、意志，创造出寄情于景和触景生情的意境，赋予植物人格化，这一从形态美到意境美的升华，不但含义深邃，而且达到了"天人合一"的境界（图4-4）。在古典私家园林中，常种植玉兰、海棠、迎春、牡丹、桂花来象征"玉堂春富贵"，这种由人及物，又由物及人的造景手法在今天仍然值得借鉴。

图4-3 列植树木的韵律与节奏（昆明，大观园）　　图4-4 具有意境美的竹子配置（昆明，园博园）

四、可持续原则

在植物造景设计和配置过程中，应充分考虑到群落的稳定性原则，既要考虑目前的园林效果，又要充分考虑长远的效果，预见今后植物景观的变化，以保持园林植物景观的相对稳定性和可持续性。在平面上要有合理的种植密度，使植物有足够的营养空间和生长空间，一般应该根据成年树木树冠大小来决定种植距离。为了在短期内达到较好的配置效果，可适当缩小种植距离，几年以后再间移，还可以适当选用大树栽植。此外，合理地安排快生树和慢生树的比例，在竖向设计上，注意将喜光与耐阴、深根性与浅根性等不同类型的植物合理搭配，在满足植物生态条件下创造稳定的植物景观。

城市园林绿化还须遵循生态经济原则，在节约成本、方便管理、低养护的基础上，尽可能以最少的投入获得最大的生态效益和社会效益。尽量选用适应性强、苗木易得的乡土树种，多选用寿命长、生长速度中等、耐粗放管理、耐修剪的植物。还可选择一些经济价值高、观赏效果好的经济林果，使观赏性与经济效益有机结合起来。

总之，城市园林中植物配置的科学性原则是设计的前提和基础，艺术性原则是设计的手法，功能性原则和可持续性原则是设计的目的，四者缺一不可，只有如此，才能充分发挥植物的多种功能，实现景观、生态、社会等多方效益的统一。

第二节　园林植物造景设计的常见形式

一、以群体美为观赏对象的造景形式

1. 林植

凡成片、成块大面积栽植乔灌木，以形成林地和森林景观的应用方式称为林植，也叫树林。林植多用于大面积公园的安静区、风景游览区或休、疗养区、生态防护区以及卫生防护林带等，树林可分为密林和疏林两种形式。

1）密林

密林的郁闭度在 0.6 以上，阳光很少透入林下，林中湿度大，地被植物含水量高，组织柔软，不耐践踏，不便于游人活动。密林又可分为单纯密林和混交密林。

单纯密林是由一个树种组成，如水杉林、毛竹林、马尾松林等，纯林树种单一，具有简洁之美。

混交密林是一个不同树种混栽的具有乔、灌、草多层结构的森林群落，其富有季相美，林冠线高低起伏，林缘线凹凸变化有致。混交密林浓荫蔽日，略显阴森，可在林缘局部地段种色彩亮丽的观花、观叶灌木或草本花卉，以增加亮度，提高观赏性。

密林种植，大面积的可采用片状混交，小面积的多采用点状混交，一般不用带状混交。要注意常绿与落叶，乔木与灌木的配合比例，还有植物对生态因子的要求等。从生物学的特性来看，混交密林比单纯密林好，园林中纯林不宜太多。

2）疏林

疏林的郁闭度在 0.2～0.4 之间，林内可配置由乔木组成的纯林，或由乔、灌、草组成的多层次结构、疏密有致的风景林，它常与草地结合，故又称草地疏林。疏林中的树种应树体高大、树冠舒展、树荫疏朗、生长强健、花和叶的色彩丰富，具有较高的观赏价值。常绿树与落叶树的搭配要合适。林下草坪应坚韧、耐践踏，最好秋季不枯黄，尽可能地让游人在草坪上多活动，林地边缘或林下栽宿根花卉作观赏。

2. 群植

群植是由多数乔灌木（一般在 20～30 株以上）混合成群栽植而成的类型。树群所表现的主要为群体美，对树种个体美的要求不严格。树群也像孤植树和树丛一样，通常可作构图的主景，用于观赏。树群应该布置在有足够观赏视距的开敞场地上，如靠近林缘的大草坪、林中空地、小岛屿、水滨、山坡、山丘等地方。树群规模不宜太大，在构图上要四面空旷，树群主立面的前方，至少在树群高度的四倍、树宽度的一倍半距离上，要留出空地，以便游人欣赏。树群也常用作背景或配景，以衬托环境、遮蔽不良视线、围合或隔离空间。

树群配置首先应满足各个树木的生态习性，注意耐阴种类的选择与应用。第一层大乔木，应该是阳性树，第二层亚乔木可以是半阴性的，而种植在乔木庇荫下及北面的灌木则是半阴性、阴性的。其次，从景观角度考虑，要注意树群林冠线起伏，林缘线有变化，主从分明，高低错落，有立体空间层次，色彩季相丰富，四季有景可赏。常采用常绿与落叶搭配、针叶与阔叶搭配、乔木与灌木搭配。

3. 列植

列植或行列栽植，即乔灌木按一定的株行距成排成行地种植，或在行内株距有变化。行列栽植形成的景观比较整齐、单纯、气势宏大。行列栽植是规则式园林绿地以及道路广场、工矿区、居住区、办公大楼绿化应用最多的基本栽植形式，行列栽植具有施工、管理方便的优点。列植树木常起到引导视线、提供遮荫、作背景、衬托气氛等功效，如幽密的行道树，既提供荫凉，还体现整齐的对称美感。假如前方有观赏景点，列植树木还起到夹景作用。

4. 风景林

风景林是由不同类型的森林植物群落组成，以发挥森林游憩、欣赏和疗养为主要经营目的，林内蕴藏较多的珍稀动植物，是生物学、林学、生态学和其他自然科学开展科研活动的理想场所（图4-5）。

图4-5 具有观赏价值的风景林（重庆石柱黄水国家森林公园）

风景林按树种组成分类，可分为以下几种类：

常绿针叶树风景林：树种组成以常绿针叶树为主，如庐山、天目山大片的柳杉林、秦岭华山的华山松林。

落叶针叶树风景林：江南的金钱松林以及广泛分布的水杉、池杉、落羽杉林，形成山岳、平川绿化的景观特色。

落叶阔叶树风景林：特点是季相色彩变化丰富，夏季绿荫蔽日，冬季则呈萧疏寒林景象。常见的落叶阔叶林有栎类林（如蒙古栎、槲栎、白栎、栓皮栎等）。

常绿阔叶树风景林：南方此类林较多，特点是四季常青，一片浓绿，郁闭而阴暗，花果期有色彩的变化，如槠类林、青冈栎林等。

竹类风景林：南方多丛生竹，长江流域及其以北地区多为散生竹，高山地区则有华箬竹、玉山竹及箭竹等。竹林具有独特景观，色调一致，林相整齐。远看如竹海、声响如竹涛、起伏如竹浪，雨后有清韵，日出有清阴。

花灌木风景林：在山林植被景观中，不同季节的花灌木点缀林地，令人十分悦目，如南方低山丘陵的映山红。

二、以个体美为观赏对象的造景形式

1. 孤植

孤植是中西园林中广为采用的一种自然式种植形式（图4-6）。在园林的功能上，一是单纯作为构图艺术上的孤植树；二是作为园林中庇荫和构图艺术相结合的孤植树。

图 4-6　园林树木孤植（重庆大学校园）

孤植树主要表现植株个体特点，突出树木个体美，如奇特的姿态、丰富的线条、浓艳的花朵、硕大的果实等。因此，在选择树种时，孤植树应选择那些具有枝条开展、姿态优美、轮廓鲜明、生长旺盛、成荫效果好、寿命长等特点的树种，如银杏、悬铃木等。孤植树种栽植的地点，要求比较开阔，不仅要保证树冠有足够的空间，而且要有比较合适的观赏视距和观赏点，让人们有足够的活动场地和恰当的欣赏位置。庇荫孤植最好是布置在开敞的大草坪之中；孤植树也可以配植在开阔的河边、湖畔，以明朗的水色作背景。孤植树还适宜配植在可以透视辽阔远景的高地上和山岗上。孤植树还可以作为自然式园林的焦点树、诱导树，种植在园路的转折处或假山磴道口，以诱导游人进入另一景区。

2. 庭荫树

冠大荫浓，在园林居住区或其他风景区中起庇荫和装点空间作用的乔木，中国园林中常见的庭荫树有梧桐、银杏、广玉兰、香樟、榕树、油松、三角枫、五角枫等。

3. 标本式（盆景式）种植形式

盆景是中国独有的艺术形式，它主要运用咫尺千里、缩龙成寸等"以小见大"的手法，把树木花草、山石水土等物质材料进行艺术加工后布局在盆盎里，以优美的造型和深远的意境，再现出名山大川及诗情画意的图景。树木并非都能入盆景、入画，盆景对植物材料的选择有一个较一致的标准，传统上讲风韵、重姿态，并喜欢将花木人格化。讲求植物的个体造型艺术，个体植物材料与山石等材料的艺术配置，使用流动的无灭点的透视，主与次、疏与密、聚与散、虚与实、曲与直、大与小、高与低、俯与仰、粗与细、形与神等对比与夸张的手法。

三、以形式美为观赏对象的造景形式

1. 对植

对植是指用两株或两丛相同或相似的树，按照一定的轴线关系，作相互对称或均衡的种植方式，主要用于强调公园、建筑、道路、广场的出入口，在构图上形成配景和夹景。

同孤植树不同，对植很少作主景。在规则式种植中，利用同一树种、同一规格的树木依主体景物轴线作对称布置，两树连线与轴线垂直并被轴线等分，这在园林的入口、建筑入口和道路两旁是经常运用的。

2. 丛植

丛植指将两三株至二十株相同或相似种类的乔灌木高低错落、紧密地种植在一起，使其林冠线彼此密接而形成一个整体的外轮廓线。丛植有较强的整体感，所以要处理株间、种间关系，如疏密远近、生态习性等方面的协调关系。同时，树丛的群体美又通过个体的组合来体现，每一个植株都能在统一的构图中表现出其个体美。因此，组成树丛的单株树木应在树姿、色彩、芳香、遮荫等方面有特殊的观赏价值。

树丛通常主要用于观赏，作主景，也可作配景、背景或蔽荫用。

丛植的配植形式有：两株树丛的配合、三株树丛的配合、四株树丛的配合、五株树丛的配合。

3. 花坛

1) 花坛的几种形式与特点

花坛是一种最常见的花卉应用形式。它是指在几何轮廓的植床内种植各色花卉和观叶植物，组成华丽或色彩鲜艳的图案，以体现花卉的群体美。它以突出鲜艳的色彩或精美华丽的图案来体现装饰效果。

(1) 独立花坛

独立花坛，即单体花坛，常设在局部构图中心、轴线的交点、道路交叉口或大小建筑前的广场上，其形状一般为规则的几何形。独立花坛因其表现的内容主题及材料的不同，又可有以下几种形式：

① 盛花花坛。盛花花坛又称花丛花坛。以开花繁茂、色彩艳丽、花期一致的一二年生花卉为主体，表现花卉本身华丽的群体色彩美。所选花卉应高矮一致，花期较长，花朵盛开时达到见花不见叶的效果。

② 模纹花坛。模纹花坛，又称镶嵌花坛、图案式花坛，作为花坛的一种表现形式，不单纯追求群体花卉的色彩美和绚丽的景观，其表现的内容更为丰富。模纹花坛包括毛毡花坛和浮雕花坛等，毛毡花坛是由各种观叶植物组成精美的装饰图案，植物修剪成同一高度，表面平整，宛如华丽的地毯；浮雕花坛是依纹样变化，植物高度有所不同，部分纹样凸起或凹陷也可以通过修剪，使同种植物因高度不同而呈现凸凹，整体上具有浮雕的效果。

③ 混合花坛。混合花坛是盛花花坛和模纹花坛的混合使用，由修剪整齐的矮篱和亮丽的鲜花组成，兼有华丽的色彩与精美的图案。

(2) 带状花坛

带状花坛的外形为狭长形，一般宽度在 1m 以上，长短轴之比大于三比一。带状花坛可作为主景或配景，常设于道路中央或两旁，广场周围以及建筑物的基部，或草坪、观赏花坛的镶边，或以树墙、围墙、建筑为背景，形成境栽花坛。

(3) 花坛群

由许多花坛组成一个不可分割的构图整体，称之为花坛群。

花坛群宜布置在大型建筑前的广场上或大型规则式园林中央。花坛群内部的场地及道路，可允许游人进入活动；在大规模的铺装花坛群内部可设置座椅、花架以供游人休息之用。

2）花坛设计的层次与背景

花坛设计的层次宜采用内高外低的形式，使花坛形成自然斜面，便于观赏者看清完整的花纹。一般宜采用不同高度的花卉相互搭配，使各种花卉互不遮挡，纹样突出。如果花苗的高度较相同时，可将土壤整出适当（约30°）的斜坡。若是面积较大的花坛，打破花坛立面的平淡、单调感，应用株高相同的花卉时，可在花坛中心部位或四角或周边适当配置较高的植物，适于花坛中央的有苏铁、黄杨、散尾葵等，四角或周边可点植龙舌兰、扫帚草、一品红等，以丰富花坛景观层次，使之富有高低错落的视觉美。可在大面积花坛群中心配高大乔木，如雪松、桧柏及开花灌木如紫薇、连翘等。

花坛设计与背景设计及花材选择应同时考虑，其原则是花坛色彩在背景色的衬托下，突出而醒目。例如，以建筑物为背景时，所选花材的色彩应与建筑物的色彩有明显的区别；以绿色植物为背景如树墙时，宜选花材鲜艳的或以浅色调为宜，与较暗的绿色协调；以山石为背景时，花材以紫、红、粉、橙等色与山石的灰色协调。

4. 花境

花境是作为从规则式构图到自然式构图的一种过渡的半自然的种植形式，是以多年生花卉为主，外沿呈带状，内部花卉栽植呈自然式块状混交，以模拟自然界林地边缘地带多种野生花卉交错生长的状态的一种花卉应用形式。

花境的平面轮廓类似带状花坛，长短轴比可超过三比一。其宽度一般为2～6m，矮小的草本植物花境宽度可小些。花境的构图是沿着长轴的方向连续演进，是竖向和水平景观的组合。从平面上看是各种花卉的块状混植，从立面上看高低错落。在园林中，不仅增加自然景观，还有分隔空间、组织游览等作用；常用于建筑物前，围墙的墙基、园路边缘、绿篱、栏杆、棚架、台阶等处以及草坪上或树丛间。

花境的植物选择，要能体现出植物的形体与色彩，主要观赏其群体的自然美。一般宜选能露天过冬、不需特殊管理的宿根花卉、部分花灌木和一二年生花卉，球根花卉多作为填充材料。这些花卉要有较高的观赏价值，且花期较长，除一二年生草花需年年栽种外，应能保持3～5年的景观效果，枝叶过密或过疏都不宜多用。也可布置成专类花境，如菊花花境。要四季美观又能季相交替。

5. 绿篱种植

凡是由灌木和小乔木以近距离的株行距密植，栽成单行或双行的，其结构紧密的规则种植形式称为绿篱或绿墙。

1）绿篱的类型

根据高度的不同，可以分为绿墙、高绿篱、绿篱和矮绿篱四种。

根据功能要求与观赏要求不同，可分为常绿绿篱、花篱（图4-7）、果篱、刺篱、落叶篱、蔓篱与编篱等。

2）绿篱的园林用途及景观配置

（1）范围与围护作用。在园林绿地中，常以绿篱作防范的边界，例如用刺篱、高篱或绿篱内加铁丝。绿篱可用作组织游览路线。

（2）分隔空间和屏障视线。园林的空间有限，往往又需要安排多种活动用地，为减少

图 4-7　花篱（重庆，某居住区）

互相干扰，常用绿篱或绿墙进行分区，这样才能减少互相干扰。局部规则式的空间，也可用绿篱隔离，这样对比强烈、风格不同的布局形式可以得到缓和。

（3）作为规则式园林的区划线。以中篱作分界线，以矮篱作花境的边缘，或作花坛和观赏草坪的图案花纹。一般装饰性矮篱选用的植物材料有黄杨、大叶黄杨、桧柏、日本花柏、雀舌黄杨等。其中以雀舌黄杨最为理想，纹样不易走样。

（4）作为花境、喷泉、雕像的背景。园林中常用常绿树修剪成各种形式的绿墙，作为喷泉和雕像的背景，其高度一般要与喷泉和雕塑的高度相称，色彩以选用没有反光的暗绿色树种为宜，作为花境背景的绿篱一般均为常绿的高篱及中篱。

（5）美化挡土墙。在各种绿地中，为避免挡土墙立面的枯燥，常在挡土墙前方栽植绿篱，以便把挡土墙的立面美化起来。

（6）作色带。中矮篱的应用，按绿篱栽植的密度，其宽窄随设计纹样而定，但宽度过大将不利于修剪操作，设计时应考虑工作小道。在大草坪和坡地上可以利用不同的观叶木本植物（灌木如小叶黄杨、红叶小檗、金叶女贞、桧柏、红枫等），组成具有气势、尺度大、效果好的纹样。

3）绿篱的种植密度

绿篱的种植密度根据使用的目的性、所选树种、苗木规格和种植地带的宽度而定。矮篱、一般绿篱，株距为 30～50cm，行距为 40～60cm，双行式绿篱成三角交叉排列。绿墙的株距可采用 100～150cm，行距 150～200cm。绿篱的起点和终点应作尽端处理，从侧面看来比较厚实、美观。

四、园林植物与其他要素的常见搭配形式

园林中植物不仅可以提供荫蔽、独自成景、体现季相，还可以与建筑物、山石、水体、园路搭配，创造出协调的景观。从美学原则上讲，植物配置在园林中起到联系景物、画龙点睛的作用，在一个景区里，如果缺乏植物种植，就少了那种勃勃生机、灵动、风韵和整体感，就显得呆板；此外，园林植物还可以起到突出景观、衬托景点、引导视线的作用。

1. 园林植物与建筑的配置

优秀的建筑物在园林中本身就是一景，但因其建成之后在风格、色彩、体量等方面已固定不变，是一座呆板的景物，缺乏活力。若用适当的植物与之搭配，则可弥补这些不足，两者相得益彰。

（1）依据建筑物的形体、大小。建筑物在园林中作为景点时，植物的体量应远远小于建筑物。例如，政府办公大楼周围尽量选用低矮的灌木组成模纹花坛或选用草坪、地被以突显出建筑物的宏伟、高大；若为功能性建筑物，则应尽量软化它，不显出其笨重和呆板，植物形体上可选与之对比度大的，如几何形建筑物周围配圆锥形、尖塔形、圆球形、钟形、垂枝形及拱枝形的植物；高耸的建筑物周围用圆球形、卵圆形、伞形的植物。

（2）依据建筑物的性质。在纪念性建筑物或构筑物的周围，气氛庄严肃穆，宜选用常绿针叶树，并且规则式种植，如南京中山陵选用大量雪松、龙柏；在政府办公建筑物周围，宜选圆球形、卵圆形或尖塔形的树种，以规则式或自然式种植；用作景点的园林建筑，如亭、廊、榭等，其周围应选形体柔软、轻巧的树种，点缀旁边或为其提供荫蔽；对大型标志性建筑物，用草坪、地被、花坛等来烘托和修饰；对小卖部、厕所等功能性建筑，尽量用高于人视线的灌木丛、绿墙、树丛等进行部分或全部遮掩；寺庙建筑物附近常对植、列植或林植松、柏、青檀、七叶树、国槐、玉兰、菩提树、竹子等，以烘托气氛；雕塑、园林小品需用植物作背景时，色彩对比度要大，如青铜色的雕塑宜用浅绿色作背景；对于活动的设施附近，首先应考虑用大乔木遮荫，其次是安全性，枝干上无刺，无过敏性花粉，不污染衣物及用树丛、绿篱进行分割。

（3）依据建筑物的色彩。用建筑墙面作背景配置植物时，植物的叶、花、果实的颜色不宜与建筑物的颜色一致或近似，宜与之形成对比，以突出其景观上的效果。如在北京古典园林中，红色建筑、围墙的前面不宜选用红花、红果、红叶植物，灰白色建筑物、围墙前不宜选用开白色花的种类。

（4）依据建筑物的朝向。建筑物的各个方位不同，其生境条件有很大差异，对植物的选择也应区别对待。

（5）屋顶的植物配置：因条件特殊，土层较薄，阳光充足，风大，浇水受限，宜选喜光、耐干旱贫瘠、耐寒、浅根系但根系发达的灌木或地被植物。

（6）建筑物的门、窗、角隅的植物配置：建筑物的大门入口处作为景区的起点，位置十分重要，可通过前景树的掩、映和后景树的露、藏，把远处的山、水、路衔接起来，构成框景；窗户阳台上可摆放盆栽植物，窗户外可种植形态特征明显、枝叶花色或果实较特异的植物，引导人的视线向外界拓展、延伸。

2. 园林植物与山石的配置

"风景以山石为骨架，以水为血脉，以草木为毛发，以烟云为神采。故山得水而活，得草木而华，得烟云而秀媚。""山，骨于石，褥于林，灵于水。""山有四时之色，春山艳冶而如笑，夏山苍翠而如滴，秋山明净而如洗，冬山惨淡而如睡。"这都说明了山石因为有了植物才秀美，才有四季不同的景色，植物赋予了山石以生命和活力。

1）土山

在园林工程中，因地势平坦而挖湖堆山所形成的多为土山，此类山体一般都要用植物覆盖。此外，原地形保留下来的较低矮的山体（山丘），或裸露，或有稀疏植被，但多为人工栽种，相对于有自然植被的山体而言很大的不同，人工山体高差不大，为突出其山体高度及造型，山脊线附近应植以高大的乔木，山坡、山沟、山麓则应选较为低矮的植物，山顶植以大片花木或色叶树，可以有较好的远视效果。山坡植物配置应强调山体的整体性及成片效果，可配以色叶树、花木林、常绿林、常绿落叶混交林，景观以春季山花烂漫、夏季郁郁葱葱、秋季漫山红叶、冬季苍绿雄浑为佳。山谷地形曲折幽深，环境阴湿，应选耐阴树种，如配置成松云峡、梨花峪、樱桃沟等。

2）石山

假山全部用石，体形较小，或如屏如峰置于庭院内、走廊旁，或依墙而建，兼作登楼磴道。由于山上无土，植物配于山脚，为了显示山之峭拔，树木既要数量疏少，又要形体低矮，姿态虬曲的松、朴和紫薇等是较好的树种。因设计意境的不同而配以不同的植物，像扬州个园，以竹子为主体植物，用不同石材来体现春、夏、秋、冬四季假山，与之相对应配置的植物亦有不同。春山，用湖石叠花坛，花坛内植散生翠竹，竹间置剑石（形状似竹笋），春梅、翠竹、迎春、芍药、海棠等花木，姹紫嫣红一片春色；夏山，太湖石配水，植古松、槐树、广玉兰、紫薇、石榴、紫藤等；秋山，黄石，松、柏、玉兰（常绿树的厚重与黄石的稳重相协调）衬托出红枫、青枫的"霜叶红于二月花"秋色图；冬山，以南天竹、蜡梅为主，与宣石一起组成"岁寒三友"图。

3）石壁

石壁植物宜奇崛苍古，或倚崖斜出，虬枝盘曲，或苍藤攀悬，坚柔相衬。如苏州园华步小筑庭院，于正对着绿荫的院墙上堆垒以石壁，点缀以南天竹、藤蔓，恰似一幅图画；拙政园海棠春坞庭院，于南面院墙嵌以山石，并种植海棠及慈孝竹，嫣红苍翠，雅致清丽。

4）石峰

石峰是石块的单个欣赏，其形态尤须"玲珑有致"，以透、瘦、漏为美，所立之峰宜上小下大，其植物配置宜以低矮的花木为宜，如杜鹃、菠萝花、南天竹、瓜子杨、羽毛枫等。如留园冠云峰庭落，内有三峰：冠云峰、瑞云峰与岫云峰，以冠云峰为主，居于园的中部，其余分立左右，峰下植以书带草、丛菊，衬托出石峰的高峻挺拔。有时在庭园的一角伫立石峰，配以修竹，在粉壁的素绢上画上一幅优美的竹石图。

5）置石

中国古典园林中出现较多的是置石与植物的配植。在入口、拐角、路边、亭旁、窗前、花台等处，置石一块，配上姿、形与之匹配的植物即是一幅优美的画。能与置石协调的植物种类有：南天竹、凤尾竹、磬竹、松、芭蕉、十大功劳、扶芳藤、金丝桃、鸢尾、沿阶草、菖蒲、石菖蒲、旱伞草、兰花等。

3. 园林植物与水体的配置

1）各类水体的植物配置

园林中的水体依静、动态来分有湖、池等静态水景和河、溪、瀑、泉等动态水景，依形状有规则式和自然式水体。此外，水体还有大小和深浅之分。

（1）湖。湖是园林中常见的水体景观。一般湖面辽阔，视野宽广。水边种植时多以群植为主，注重群落林冠线的丰富和色彩的搭配（图4-8）。

（2）池。在较小的园林中常建池，为了获得"小中见大"的效果，植物配置常突出个体姿态或色彩，多以孤植为主，创造宁静的气氛。中国传统园林中常建池。在现代园林中，在规则式的区域，其形状多为几何形，常以花坛或圆球形等规则式树形相配。

图 4-8　湖的植物造景（浙江林业学院新校区）

（3）溪。人们习惯上将从山谷中流出来的小股水流称为溪流。但现在的园林中，多为人工形成的溪流。溪是一种动态景观，但往往处理成动中取静的效果。两旁多植以密林或群植。溪在林中若隐若现，为了与水的动态相呼应，亦可形成落花景观，将李、梨、苹果等单个花瓣下落的植物配于溪旁。此外，秋色叶植物也是最佳选择。林下溪边配喜阴湿的植物，如蕨类、天南星科、黄菖蒲、虎耳草、冷水花、千屈菜、旱伞草等。

（4）河。河分为天然河流和人工河流两大类，其本质是流动着的水。相对河宽来说，若河岸的建筑物和树林较高，产生的是被包围的景观；反之，则产生开放感的景观。河流景观的特点之一是能映照在水面上。园林中的河流多为经过人工改造的自然河流。对于水位变化不大的相对静止的河流，两边植以高大的植物群落形成丰富的林冠线和季相变化；而以防汛为主的河流，则宜以固土护坡能力强的地被植物为主，如白三叶、禾本科、莎草科、紫花地丁、蒲公英等。

（5）泉。泉是地下水的天然露头和一种重要的排泄方式。由于泉水喷吐跳跃，吸引了人们的视线，可作为景点的主题，再配置合适的植物加以烘托、陪衬，效果更佳。

（6）喷泉、叠水。喷泉、叠水多置于规则式园林中，配置以花坛、草坪、花台或圆球形灌木。

2）堤、岛的植物配置

水体中设置堤、岛是划分水面空间的重要手段，而堤、岛上的植物配置不仅增添了水面空间的层次，而且丰富了水面空间的色彩，倒影成为主要的景观。

（1）堤。堤在园林中虽不多见，但杭州的苏堤、白堤，北京颐和园的西堤，广州流花湖公园都有长短不同的堤。堤常与桥相连，故也是重要的游览路线之一。苏堤、白堤除桃红、柳绿、碧草的景色之外，各桥头配植不同植物，长度较长的苏堤上隔一段距离换一些种类，以打破单调和沉闷。

（2）岛。一般分为孤岛和半岛。孤岛上，人一般不入内活动，只远距离欣赏，要求四面有景可赏，可选择多层次的群落结构形成封闭空间，以树形、叶色造景为主，注意季相的变化和天际线的起伏。半岛上，可入内活动，远、近距离均可观赏，多设树林以供游人活动或休息；临水边或透或封，若隐若现，种植密度不能太大，能透出视线去观景，半岛在植物配置时还应考虑到有导游路线，不能妨碍交通。

3）水边植物配置

（1）紧靠水边的植物配置

水边植物是水面空间的重要组成部分，它与其他园林要素组合的艺术构图对水面空间景观起着主要的作用，它必须建立在选择耐水湿的植物材料和符合植物生态条件的基础上，再配合美学的配置形式，方得以成功。

（2）水边植物配置艺术构图

水边植物配置时应注意透景线、色彩、线条等构图，充分发挥这些艺术因素的感染力。

透景线：水边的植物应遵循"嘉则收之，俗则摒之"的原则，有疏有密，有断有续。可人的风景要通过疏朗的植物间隙透逸出来。

色彩构图：由于水色清碧偏绿，要用其他色彩丰富的植物来点缀美化，使水色与植物相映成趣。

线条构图：由于水平面平直，"文如看山不宜平"，植物配置同样在平面和立面上都应有远近、高低、错落等变化，要有林冠线的起伏变化和景深层次。可通过配植具有各种树形及线条的植物，丰富线条构图。我国园林中自古水边主张植以垂柳，形成柔条拂水、湖上新春的景色。此外，在水边种植落羽松、池杉、水杉及具有下垂气根的小叶榕均能起到线条构图的作用。另外，水边植物栽植的方式，探向水面的枝条，或平伸，或斜展，或拱曲，在水面上都可形成优美的线条。苏州天平山湖岸高耸的枫香，横出的乌桕，或疏密有致，或远近变化，丰富了水体景致。

（3）驳岸的植物配置

自然式。自然式土岸边的植物应结合地形、道路和曲折的岸线，配置成有远有近、疏密有致的自然效果。英国园林中自然式土岸边的植物配植，多半以草坪为底色，种植大量的宿根、球根花卉，引导游人到水边赏花。若须赏倒影，则在岸边植以大量花灌木及姿态优美的孤立树，特别是变色叶树种，可在水中产生虚幻的斑斓色彩。自然式石岸的岸石，有美有丑，植物配植时要本着露美遮丑的原则进行。

规则式。规则式的石岸线条生硬，应用柔和的植物造型来破其平板，使画面流畅、生动。如杭州西泠印社竹阁、柏堂前的莲池，池壁缠满络石、薜荔等植物，使僵直的石壁有了自然的生气。

（4）水边绿化树种选择

水边绿化树种，首先要具备一定的耐水湿能力，另外还应符合设计中构图的要求，如水松、落羽松、池杉、水杉等。

4）水面的植物配置

成片布满型。在小池或水池的某一区域，全部分布某一水生植物，漫漫一片，蔚为壮观。杭州曲院风荷湖上一边全是荷花，盛夏产生"接天莲叶无穷碧，映日荷花别样红"的壮观场面。

部分栽种型。按水面的情况灵活配置水生植物，若作近观，则栽于路边。如杭州中山公园通向西湖天下景的九曲桥边，睡莲贴近岸边，细小花朵历历可数，或用植物表达园林意境，如苏州拙政园留听阁边的池中植以荷花，深秋"留得枯荷听雨声"。若作远赏，则可选株高品种，如荷花、芦苇等。

岸边有亭、台、楼、阁、榭、塔等园林建筑时，则水中植物配置切忌拥塞，留出足够空旷的水面来展示倒影。

水体植物造景设计时，植物种类的选择和搭配要因地制宜，按植物的生态习性设置深水、中水及浅水栽植区。通常深水区在中央，渐至岸边分别做中水、浅水和沼生、湿生植物区；可以是单纯一种，如在较大水面种植荷花等，也可以几种混植，混植时的植物搭配除了要考虑植物生态要求外，在美化效果上还要考虑有主次之分，以形成一定的特色，在植物间形体、高矮、姿态、叶形、叶色的特点及花期、花色上能相互对比调和。此外，还应考虑水体环境生态功能的维护，如湿地公园的植物造景时，应确保各种类型的植物为各类动物提供了食物、休息和繁殖的场所，增加了生物多样性，以及对园林水体水质的净化改善作用。随着时代的发展，水体植物造景应向水域景观与水质处理系统相结合的方向发展，向水域景观生态系统保护的方向发展。

4. 园林植物与园路的配置

园林道路是园林的骨架和脉络，不仅起到导游的作用，还是联系各景区、景点的纽带，起着交通、导游、构景的作用。按其作用和性质的不同，一般分为主要道路（主路）、次要道路（径路）、散步小道（小路）三种类型。植物与之有相应的配置方法。

1）主路的植物配置

主路是指从园林入口通向全园各景区中心、各主要广场、主要建筑、主要景点及管理区的道路。因游人量大，必要时还要通行少量管理车，所以其宽度以 4～6m 为宜。道路两旁应充分绿化，形成树木交冠的庇荫效果，其两旁多布置左右不对称的不需截顶的行道树和修剪整形的灌木，利于游人观望其他景区，也可结合花境或花坛布置成自然式树丛、树群，从而丰富园内景观；若主路边有座椅，可在其附近种植高大的落叶阔叶庭荫树，以利于遮荫。对平坦笔直的主路，常用规则式配植，便于设置对景，构成一点透视。而对蜿蜒曲折的主路，则宜以自然式配植，使之有疏密、高低、闭敞等变化，利用道路的转折、树干的姿态、树冠的高度将远景拉入道路上来。园路旁的树种应选择主干优美、树冠浓密、高低适度，能起画框作用的树种。对过长的主路应按不同的路段配置以不同的树种，使之变化丰富，但在一段中树种不宜过多过杂，在丰富多彩中保持统一、和谐。或以某一树种为主，间以其他树种，于统一中求变化。

2）径路的植物配置

径路是主路的辅助道路，分散在各区范围内，连接各景区内的景点，通向各主要建筑，一般宽 2～4m。径路可运用丰富多彩的植物，多为自然式或规则式布置，离道路或远或近设置孤植树、树丛、灌丛、花丛或花径（图 4-9）等，亦可布置行道树。在人流稀少、幽静、自然的环境之中，适宜配置树姿自然、体形高大的树种，间以山石、茅亭，产生"虽由人作，宛若天工"的"野趣之路"的自然效果；在山中林间穿路，宁静幽深，极富山林之趣；翠竹摇曳、绿荫满地的竹径；选择开花丰满、花形美丽、花色鲜明，或有香味、花期较长的树种，如玉兰、樱花、桃花和桂花等，全部以花的姿色来营造气氛，鲜花簇拥、艳丽芬芳的花径，产生不同趣味的园林意境。

3）小路（游步道）的植物配置

小路主要供散步、休息，引导游人更深入地到达园林的各个角落，如山上、水边、疏

图 4-9　花径（引自 http//www. photo. landscape. cn）

林中，多曲折自由布置，宽度一般在 1m 左右。常设在山际、水边或树林深处，多为自然式布置于疏林草地、缀花草坪、花径、镶嵌草坪等。如穿过树丛，在高大的浓荫树下，自由地散置着几块石头，形成野趣之路，凡是林中所辟小路郁密度较高，有山林之趣。散步道旁可配置乔、灌木，形成色彩丰富的树丛，还可布置花境，创造出一种真正具有游憩功能的幽雅环境。

如松、竹、梅被誉为岁寒三友，因为松苍劲耐寒、竹虚心有节、梅迎雪怒放，所以常用来比拟文人志士坚贞不屈、高风亮节的品格；荷花"出淤泥而不染，濯清涟而不妖"，象征廉洁朴素、一身正气，菊花"高情守幽贞，大节凛介刚"，象征离尘居隐，临危不惧；此外，在民间桃花象征幸福、理想，石榴和葡萄因果实籽多象征多子多福；在古典私家园林中，常种植玉兰、海棠、迎春、牡丹、桂花来象征"玉堂春富贵"，这种由人及物，又由物及人的造景手法在今天仍然值得借鉴。

第三节　主要园林绿地类型的植物造景设计

一、城市公园绿地植物造景设计

（一）城市公园绿地的特点

1. 绿地功能

城市公园绿地不但担负着保护和改善城市生态环境的功能，而且还能绿化、美化和香化城市环境，给市民提供一个舒适、休闲的活动空间，满足人们游憩、欣赏的需求。人们在景观优美的绿地中可以放松心情、调节自我，对改善和提高人们的生活质量起着重要作用。

2. 栽培环境

城市公园绿地较宽广，无污染，栽培环境好，适应植物种类较多。植物造景设计所选植物应当体现物种的多样性，满足人对景观的多样性心理需求，选择色、香、味、品等具有丰富景观价值的多种植物种类。

（二）城市公园绿地植物造景设计

营造一个优美的植物景观，既涉及植物本身的观赏性和植物大小、形状、质感、色彩等美学特征的艺术组合，又涉及植物群落理论和植物对立地环境条件的要求。所以，公园绿地质量和艺术水平的提高，很大程度上取决于园林植物的选择和配置问题，植物造景已成为城市公园绿地建设的重要内容之一。

公园的植物配置应根据各景区的特点配置相应的植物材料以突出主题。结合植物的姿态、色彩、花果以及季相变化等特点，以生态园林植物群落景观为主，以期建成一个别具风格的自然风光花园。在树种选择上以乡土树种为主，并注重植物品种多样化（图 4-10）。众多的植物材料丰富了公园的植物景观和物种多样性。

图 4-10　公园的植物配置（昆明，金殿植物园）

公园周边密植树木，为公园提供绿色背景和对外起到隔离、防护作用；园内各景区和景点之间的植物配置主要是结合地形地貌进行有疏有密、有开有合的布局，形成密林、疏林和缀花草地等不同景观。其中，乔木、灌木和地被植物搭配，形成复层混交形式，以丰富植物景观层次，提高绿量，改善生态环境。

一个完美的公园绿地植物造景必须具备科学性与艺术性两个方面的高度统一，即既要满足植物与环境在生态适应性上的统一，又要通过艺术构图原理体现出植物个体及群体的形式美及人们在欣赏时所产生的意境美，植物造景具有复杂性。因此，需要在具体的园林工程中突出城市公园植物造景的以下几个性质：

（1）植物造景的主题性。一个公园绿地的植物造景能否引起人们的共鸣，很重要的一点是植物造景是否具有主题性。主题就是特色，植物造景的主题可以是植物种类，也可以是绿化形式。

（2）植物造景的求异性。公园与公园之间、公园内各个园区间和各个园区内，在植物造景中满足景观统一感的同时，还须求得生动变化。基调树种因种类少、用量大，易形成特色，起到统一作用，而一般树种则种类多，每种用量少，五彩缤纷，起到变化的作用。利用植物的季相及生命周期的变化，可以形成动态构图，如植物园中的山水园等。这一特性既是自然植物群落景观的规律，也是人对美的一种追求。

（3）植物造景的美学性。植物具有一定的大小、形状、质感和色彩，这些美学特征按一定的美学原则加以组合才能达到较为理想的效果。

（4）植物造景的生态性。适宜的生态环境条件是植物良好生长的前提，营造植物景观的多样性，实际上也是对植物的生态要求的尊重。在植物造景过程中一方面应根据每种植物的生态要求选择适宜的立地条件，另一方面应根据不同的立地条件选择适宜的造景植物，同时还应积极采用乡土植物，这既能满足植物的生态性，又能形成植物造景特色。

（5）植物造景的功能性。植物造景的目的是为人们创造舒适、休闲的活动空间，体现一个"以人为本"的设计思想。为了满足人们休闲的需要，植物造景的空间组合应当有开有合、有疏有密，植物的层次有高有矮、有错有落。

强调以植物造景为主，是现代园林设计的基本原则。重视植物造景，能提高园林生态效益和审美效益，给社会带来极大的好处。充分运用绿色植物的色、香、姿、韵营造一个具有生命气息的、富于时空变化的生态园林景观，是城市风景园林建设的必然趋势。

1. 城市公园儿童活动区植物造景设计

天然材料给予儿童接触自然的机会，在野外大自然中能力和创造力的培养是很重要的。所以，儿童活动区的植物选择很重要，植物种类应比较丰富，一些具有奇特叶、花、果之类的植物，尤其适用于该区，以引起儿童对自然界的兴趣。但不宜采用带刺的树木，更不能用枝、叶等有毒的植物。

儿童活动区周围应用紧密的林带或绿篱、树墙与其他区分开，游乐设施附近应有高大的庭荫树提供良好的遮荫，也可把游乐设施分散在疏林之中。儿童活动区的植物布置，最好能体现出童话色彩，配置一些童话中的动物或人物雕像、茅草屋、石洞等。利用色彩进行景观营造是国内外儿童活动区内常用的造景方法，如可用灰白色的多浆植物配植于鹅卵石旁，产生新奇的对比效果，也可用鲜红色的路面铺装，直接营造出欢快的气氛。

儿童活动区应采用生长健壮、冠大荫浓的多种乔木来绿化，有刺、有毒或有强烈刺激性、粘手、有污染的植物要避免使用。在儿童活动区的出入口可以配置一些雕像、花坛、山、石或小喷泉等，配以体形优美、奇特，色彩鲜艳的灌木和花卉，活动场地铺设草坪，以增加儿童的活动兴趣。本区的四周要用密林或树墙与其他区域相隔离。本区植物配置以自然式绿化配置为主，但与儿童的心理有很大的关系，儿童好奇，好探险，有的时候可以在某些地段密植树丛，在光线上给人以黑暗，预示着危险，其实没有危险，对较大的儿童是个极大的吸引，大多可以吸引他们去探险，从而带来了游玩的刺激性，让他们去接触大自然的质感，对他们的成长有利。植物的选择使儿童的感觉刺激最大化，植物提供了兴奋挑战性，可以设计有攀爬的树、可以探险的野生区。同时，注意植物用以调节风和太阳的影响以及植物的教学功能，不同叶子、植物对鸟类的吸引等。

儿童公园一般都位于城市生活区内，环境条件多不理想。为了创造良好的自然环境，在公园四周均应以浓密的乔、灌木和绿墙屏障加以隔离。园内各区之间有一定的分隔，以保证相互不干扰。在树种选择和配置上应注意以下四方面的问题：

（1）忌用植物。忌用有毒植物，凡花、叶、果有毒或散发难闻气味的植物，如凌霄、夹竹桃、苦楝、漆树等。忌用有刺植物，易刺伤儿童皮肤和刺破儿童衣服的植物，如枸骨、刺槐、蔷薇等。忌用有过多飞絮的植物，此类植物易引起儿童患呼吸道疾病，如杨、柳、悬铃木等。忌用易招致病虫害的植物及浆果植物，如乌桕、柿树等。

（2）应选用叶、花、果形状奇特、色彩新鲜、能引起儿童兴趣的树木，如马褂木、扶桑、白玉兰、竹类等。

（3）乔木宜选用高大荫浓的树种，分枝点不宜低于1.8m。灌木宜选用萌发力强、直立生长的中、高型树种，这些树种生存能力强、占地面积小，不会影响儿童的游戏活动。

（4）在植物的配置上要有完整的主调和基调，以造成全园既有变化但又完整统一的绿色环境。

2. 城市公园老人活动区植物造景设计

老人活动区应选在背风向阳之处，为老人们提供充足的阳光。地形选择也要求平坦为宜，不应有较大的地形变化。

老人活动区的植物景观营造应把老人的怀旧心理同返老还童的趣味性心理结合起来考虑，如可选择一两株苍劲的古树点明主题。在植物选择上，应选一些具有杀菌能力或花朵芳香的植物，如桉树、侧柏、肉桂、柠檬、黄栌、雪松等能分泌杀菌素，净化活动区的空气；玉兰、蜡梅、含笑、米兰、栀子、茉莉等能分泌芳香性物质，利于老人消除疲劳，保持愉悦的心情。

老人运动区的植物配置方式应以多种植物组成的落叶阔叶林为主，因它们不仅能营造夏季丰富的景观和荫凉的环境，而且能使冬季有较充足的阳光。另外，在一些道路的转弯处，应配植色彩鲜明的树种，如红枫、金叶刺槐等，起到点缀、指示、引导的作用。

3. 城市公园体育运动区植物造景设计

体育运动区位置可在公园的次入口处，既可防止人流过于拥挤，又方便了专门至公园运动的居民。该区地势应比较平坦，土壤坚实，便于铺装，利于排水。也可结合大面积的水面开展水上运动。

在运动场区内，应尽量用草坪覆盖，有条件的地方可直接把运动场地安排在大面积的草坪之中。在运动场的附近，尤其是林丛之中，应设座椅、花架等设施，配植美丽的观花植物，利于运动员休息。树种宜选择速生、高大挺拔、冠下整齐的。树种的色调要求单一化，不宜种植那些落花、落果和产生飞絮的树种，如悬铃木、垂柳、杨树等。球类运动场周围的绿化地，要离运动场5~6m。在游泳池附近绿化可以设置一些花廊、花架，不要种植带刺或夏季落花、落果的花木和易染病虫害、分蘖强的树种。日光浴场周围，应铺设柔软而耐踩踏的草坪。本功能区最好用乔、灌木混交林相围，与其他功能区隔离开。本区绿化基本上采用规则式的绿化配置。

二、居住区附属绿地植物造景设计

（一）居住区绿地特点

1. 绿地功能

居住区绿化是直接为居民提供享受、与大自然相和谐的一种生态环境，满足居住区不同人群的休闲娱乐、邻里交往、身心放松需求。要求居住区绿地有足够绿量，四季花不断，植物配置形式灵活多样，达到夏有大树遮荫，冬日阳光普照。

2. 栽培环境

居住区绿地较宽广，污染少，栽培环境较好，适应植物种类较多。植物造景设计所选植物应当有足够的绿量，四季色彩丰富，突出季相变化，体现居住文化及人的个性需求，多选用乡土植物。

（二）居住区绿地植物造景设计

1. 植物选择

1）充分考虑居民享用绿地的需求，建设人工植物群落

人工植物群落多种多样，从居民享用绿地的需求这方面来考虑，有以下几种形式：有益于身心健康的保健植物群落，如松柏林、银杏林、香樟林、枇杷林、柑橘林、榆树林；有益于消除疲劳的香花植物群落，如栀子花丛、月季灌丛、松竹梅三友林、丁香树丛、银杏—桂花丛林等，以及有益于招引鸟类的"鸟语林"植物群落，如海棠林、火棘林、松柏林等。利用植物群落生态系统的循环和再生功能，维护小区生态平衡。

2）因地制宜地搭配树木

要乔木、灌木与藤蔓植物结合，常绿植物和落叶植物、速生植物和慢生植物相结合，适当地配植和点缀时令花卉草坪。在树种的搭配上，既要满足生物学特性，又要考虑绿化景观效果，要绿化与美化相结合，树立植物造景的观念，创造出安静和优美的人居环境。

3）植物种类多样统一，避免单调、雷同

在居住区建造植物群落生态绿地、中心绿地、休闲绿地、标志功能绿地、防护绿地等，要按功能要求选择不同树种，使居住区内既美观生动又别具一格。

4）在统一基调的基础上，树种力求变化

注重选用不同树形的植物，如塔形、柱形、球形和垂枝形等。树种如雪松、水杉、龙柏、香樟、广玉兰、银杏、龙爪槐和垂枝碧桃等，构成变化强烈的林冠线；不同高度的植物，构成变化适中的林冠线；利用地形高差变化，布置不同的植物，获得相应的林冠线变化。通过花灌木近边缘栽植棣棠、海桐、杜鹃、金丝桃等，采用密植，使之形成一条自然变化的曲线。植物要富于特色，乔灌木最好以乡土树种为主。

2. 植物配置形式

1）采取规则式与自然式相结合的配置手法

一般居住区内道路两侧各植1～2行行道树，并规则式地配置一些耐阴花灌木，裸露地面用草坪或地被植物覆盖铺装。其他绿地可采取自然式的植物配置手法，或丛植，或群植，组合成错落有致、四季不同的植物景观。适当运用对景、框景等造园手法，装饰性绿地和开放性绿地相结合，创造出丰富的绿地景观。

2）充分利用植物的观赏特性，进行色彩组合与协调

通过植物叶、花、果实、枝条和干皮等色彩，创造季相景观。如由迎春花、垂丝海棠、桃花、白玉兰、棣棠、丁香、紫藤等组成的春季景观；由紫薇、栀子花、合欢、花石榴等组成的夏季景观；由桂花、红枫、银杏、木芙蓉等组成的秋季景观；由蜡梅、忍冬、火棘、南天竹等组成的冬季景观。

3）树木的平面安排要与建筑组合有机联系

构图互为补充，形成富于变化、构图严谨的平面布置。例如，以树木丰富和填充建筑的空间组合，以绿化树群构成建筑组群的构图中心，以植物绿化丰富住宅区的沿街立面，以绿树有规律地填补沿街的零碎空间，以绿化打破沿街山墙的单调感。

3. 宅旁绿地植物造景设计

宅旁绿化中以植物配置为主，植物选材又是植物配置中的重要一环。行列式住宅之间较狭长，主层以乔木为主，乔木配置与密度应适宜。以灌木、多年生宿根花卉为主进行第

二、三层配植，营造疏朗、明快的住宅环境空间。

宅旁绿化植物选材还要考虑季相的变化，应做到四季有花、四季常青，让居民感知物候的更替。如以杜鹃、迎春、山茶、紫荆、海棠等体现春的鲜花烂漫；以花石榴、紫薇等来表达夏的骄阳似火；以桂花、银杏等来表现秋的丹桂飘香，绚丽多姿；以梅、蜡梅来表现冬的洗练、凝重。

行列式住宅因层次多，建筑物北面的空间大部分处于阴影之中，光照少，植物配置时应注意选用耐阴植物，如桃叶珊瑚、罗汉松、十大功劳、金丝桃、珍珠梅、八仙花等，以保证阴影部分良好的绿化效果。

植物配置的方式宜多样化，以孤植、丛植、密植、对植、列植等多种多样的配置方式，结合丰富多彩的植物种类，形成绚丽多姿的植物景观。既可打破行列式住宅单调、呆板的格局，又可作为识别住宅栋次的标志。住宅四周管线较密集，一般有给水排水管、电力线、煤气管和化粪池等，树木栽植时必须保持足够的距离，乔木离管线至少1m，灌木至少0.5m。为了不影响居室内的通风采光，窗台前不宜植乔木。

行列式住宅单元入口一般开在北面，入口处的绿化宜对植或丛植耐阴灌木，如金丝桃、十大功劳、海桐球等，不宜栽植带尖刺的植物，如凤尾兰、月季等，以免伤害出入的居民。有毒有刺的植物无论在什么场所都应慎重使用。注重对儿童和老年人的绿色保护。

住宅两侧山墙绿化时，要考虑能遮挡夏日西晒。一是利用攀缘植物如爬墙虎、络石、常春藤等垂直绿化墙面，可有效地降低墙面温度和室内气温，还可美化墙面；二是在西墙外栽植高大的落叶乔木，如水杉、池杉、胡杨等。盛夏之时，以一面绿墙遮挡西晒。

4. 屋顶花园植物造景设计

屋顶花园的构造分层自上而下为植物层、栽培基质层、过滤层、排水、防水层、保温隔热层和结构承重层。

1) 植物选择

由于屋顶花园夏季气温高、风大、土层保湿性能差，冬季则保温性差，大部分地方为全日照直射，种植层较薄。因而应选择耐旱、抗寒性强的矮灌木和草本植物，阳性、耐瘠薄的浅根性植物，抗风、不易倒伏、耐积水、以常绿为主、冬季能露地越冬的植物。设计时尽量选用乡土植物，适当引种绿化新品种。同时，考虑到屋顶花园的面积一般较小，为将其布置得较为精致，可选用一些观赏价值较高的新品种。

2) 常用植物造景形式

(1) 乔灌木的丛植、孤植。乔灌木应是屋顶园林中的主体，其种植形式以丛植、孤植为主。丛植可形成富于变化的造型，表达某一意境，如玉兰与紫薇的丛植等。孤植多是将花期较长且花色俱佳的小乔木单独种植在人们视线集中的地方，如海棠、蜡梅等。同时，植物的选择还要注意不同地区和气候的影响，要看实际情况而定。栽植时要注意选土。花池选土要选择兼有沙土和黏土的优点，透气透水性好，保水保肥力强，土温较稳的壤土，并施以腐殖质土作基肥。大部分花草都适应弱酸性及中性土壤。也有例外，如茶花适应强酸性土，扶郎花、香豆适应碱性土，花池土壤pH值以4~7为宜。同时，过滤层对于种植土的保护有很大作用，其材料种类较多，常选用稻草、粗沙和玻璃化纤布。

(2) 花坛、花台设计。在有微地形变化的自由种植区，建花坛、花台。花坛采用方形、圆形、长方形、菱形、梅花形等，可用单独或连续带状，也可用成群组合类型。所用花草要经常保持鲜艳的色彩与整齐的轮廓。多选用植株低矮、株形紧凑、开花繁茂、色系丰富、花期较长的种类，如报春、三色堇、百日草、一串红、万寿菊、金盏菊、四季海棠、郁金香、风信子、矮牵牛等。而花台，是将花卉栽植于高出屋顶平面的台座上，类似花坛但面积较小。也可将花台布置成"盆景式"，常以松、竹、梅、杜鹃、牡丹等为主，并配以山石小草。

（3）巧设花境及草坪。以树丛、绿篱、矮墙或建筑小品作背景的带状自然式花卉配置。花境的边缘，依屋顶环境地段的不同，可以是自然曲线，也可以采用直线，而各种花卉的配置是自然混交。草坪种植不宜单独成景，而是"见缝插绿"或在丛植、孤植乔灌木的屋面铺设，以形成"生物地毯"，起到点缀作用。

（4）注意配景。除在主景外围采用花盆、花桶等，点线面分散组成绿化区域或沿建筑物屋顶周边布置，增加气氛和景观外，还应在曲径、草地边和较高的植株下。摆放 $1\sim2$ 块形状特异的奇石等，以体现刚柔相济的内涵，收到丰富园林景观的效果。

5. 中庭植物造景设计

1）中庭与植物

现代建筑师一直致力于"人—环境—建筑"这一课题，力求使建筑环境与人的心理以及文化达到三位一体的和谐关系。绿色中庭可使人消除疲劳、解除身体的紧张并能享受到大自然的气息。而且，绿量的增加，使中庭的空气质量明显好于居室。在讲求绿色建筑的今天，现代中庭产生并具有如此旺盛的生命力就不足为奇了。将植物引入中庭很早以前就已经实现，发展到现在人们普遍认为这是一种室内绿化。由于玻璃的运用，使得中庭植物比一般的室内植物能够享受到更多的自然光，为其生长提供了良好的条件。一个缺少植物的中庭始终是不够完美的。因此，植物造景对于现代中庭来说显得极其重要。

2）植物选择

中庭的植物因地区的不同而不同，也可以引用一些新品种。比如草坪，现今常用的台湾草、马尼拉草，均是喜光植物，在中庭内长势一般。耐阴的可选用沿阶草，但它的姿态一般，而且近看有空隙。西北地区有一种叫做"狐茅"的植物，尤其能耐阴（郁闭度80%），但不大耐炎热高温，可以试用。还有一种北方品种"冬绿"，冬季能保持绿色，抗锈病，适用于有空调调节温度的中庭。

同时，中庭以垂直空间为主，里面的乔木在体量上应该与之配合。以华南地区为例，华南地区棕榈科植物能够反映地区特色，理所当然成为主要乔木的首选。高大粗壮的大王椰子，秀气挺拔的假槟榔，多姿多彩的酒瓶椰、金山葵、海枣等也都是上佳之选。此外，榕属的植物也是华南特色，大叶榕、细叶榕、高山榕、洒金榕、花叶榕等在广东长势都很好。对于大体量的中庭，种植一棵高山榕才能与之相配。选择地被植物可以解决许多实质性的难题，并能使景物之间统一与协调，甚至可以突出局部景观。地被植物在中庭的角落、背风处、种植困难的地方均可栽植。它的范围相当广泛，包括蔓性植物、丛生植物、草甸植物以及藤本植物等，都能在栽种之后很快地将地面盖满，形成一层茂密的枝叶，起到稳定土层的作用，同时有深浅不一的绿色和美丽的花色供人欣赏，管理起来也不费力气。

3）注意事项

植物的生长与中庭环境是相互矛盾的，这是因为植物是大自然的产物，它受阳光、水分、土壤和气候的制约。而建筑是人类征服自然的一种活动成果，是硬质的材料，是各种无机、有机化合物的合成品。所以，由于立地条件的限制，再好的中庭也不能完全满足植物的生长要求。因此，我们有理由在中庭设计的出发点上加上一条：为植物生长创造条件。当然，更多的时候我们需要根据中庭的实际情况对植物栽培与造景进行设计和操作。所以，中庭植物造景还需要从植物生长的要素出发，同时也要把二者结合起来。

（1）采光。植物对阳光的好恶，各异其趣，有喜光、喜阴之分，大多数中庭都考虑到了这点，因此大多数中庭采光较好。植物有趋光性，有的中庭侧面来光，则容易影响植物的姿态。而完全靠灯光是不可取的，这会降低植物的抗性。

（2）通风。不要认为种植植物后中庭一定会降温。据克罗基特（J. U. Crockett，1971）测试，一片 3m 高的树林，中午来风时，树冠上的温度为 18℃，而树林背风面附近 15m 宽的无风窝，温度反而升至 21.5℃。再远至 75m 范围内，又降到 16～17.5℃。也就是说，一个通风不好的中庭，大量种植植物之后会由于通风不良而闷热起来。

（3）土壤。中庭种植土基本上用轻质土，掺加肥泥，所以营养问题基本上可以解决，只是大乔木有严格的覆土深度要求。另外，土的排水与含水量对植物生长也有很大的影响。

（4）水分。大多采用自来水灌溉，所以土质易硬化。所以，要尽量多用地表水进行浇灌。

（5）风。风是很重要的因素，也是容易被忽略的因素。建筑师往往着重考虑建筑本身的通风问题，却忽略植物也需要风。清爽的东南风和适宜的北风都能促进植物健康成长。

4）其他

有的中庭较大，而且地势不是很平坦，如重庆地区一些居住小区的中庭，这时对于中庭植物造景我们还要考虑到小区的文化和地形等因素。总之，在不同情况下我们要考虑很多其他实际因素，这对于中庭植物造景是非常重要的。

三、单位附属绿地植物造景设计

（一）单位附属绿地的特点

1. 绿地功能

单位绿地发挥植物的生态功能，充分发挥植物功效（降解粉尘、吸收有毒气体等），净化空气。通过种植树木、花草，营造一个绿树成荫、空气清新、优美舒适的工作环境。一方面，可以减缓人的工作压力，舒缓心境，提高工作质量和效率，达到绿化兼美化的效果。另一方面，可以起到单位生产防护作用，一旦发生突发事件，可以最大限度地减缓污染，将损失降低到最小限度。

2. 栽培环境

单位附属绿地的绿地率一般要求较高，绿地面积较大，从绿地面积上讲栽培条件较好，适合大多数植物种类生长。但由于不同单位生产的产品性质不同，其在生产过程中产生的污染物质不同，要求在选择绿化植物时应当以此为依据，选择适应此环境的、能最大限度地降低环境污染的植物种类。

（二）高校植物造景设计

高校校园绿化是构成校园外部环境空间的重要元素，一流的校园环境建设是一流大学的重要指标体系。建设一流的校园环境要遵循现代化、生态化、园林化的原则，要创造特色空间，满足多种功能需求。

1. 突出教育，富有趣味

校园环境应寓教于绿、寓教于乐，它应创造良好的人文环境和自然环境。校园绿化规划要尽可能创造一个和谐美丽的意境环境，使它既有视觉效果，又能使置身于此环境的人产生心理联想。这里的一草一花一木都孕育着丰富的思想内涵，有着高度的启迪感。在校园环境中可以充分利用花草树木的丰富知识对学生进行爱国主义教育，如我国具有世界园林之母的美誉；水杉是国家级保护植物，是我国珍贵孑遗树种之一，被誉为"活化石"；银杏是世界上现存的种子植物中最古老的植物，为我国特有的珍贵树种等。在我们使用的花木中，很多花木都有着美丽动人的故事或传说，这些更增加了花木的神秘感和亲切感，通过对花木的挂牌介绍，可增加学生的园林知识。

2. 以绿为主，绿中求美

追求绿色、获取绿色是人类一种生命的本能。校园环境主要是由花草树木的绿色空间、建筑空间、道路、广场等组成，它充满绿色，清新、美丽、宜人。校园园林设计应以绿为主，采取各种绿化手段，尽一切可能创造更多的绿色空间；而在绿化校园的同时，也要创造一个丰富的、多元化的、体现一种自然美、艺术美、生活美、园林美、社会美的境界。美，存在于大自然之中。美的校园环境是通过园林工作者的巧妙构思，将自然美与加工的艺术美相结合的产物。在以绿色树木、草坪为主的色调中，点缀四时开花的灌木与花卉，可使校园内呈现出春花烂漫、夏荫浓郁、秋色绚丽、风景苍翠的优美景象（图4-11）。

图 4-11　西南大学共青团花园绿化景观

3. 因地制宜，体现特色

校园绿化设计的目的是巧妙地利用自然，将花草树木、园路、场地、园林小品、水体、自然界的风雨霜雪、日月阴晴等有机地编织在园林绿地之中，使之呈现出一个有明有暗、有动有静、有隐有现、有开有合、有远有近、极富感染力的无声大课堂。在大学校园，要充分利用地势、地形、水面及校园外的景色造景，以形成自己的特色。

4. 以人为本，注重功能

校园环境的使用功能往往大于其观赏功能，生活在校园中的师生是一个群体，他们需要更多的交流、聚集的空间场所。所以，在校园绿化中要充分体现"以人为本"的思想，设计首先要尊重人的行为心理，满足师生的各种需要。师生在校园里主要是学习、工作、生活，并非单纯地游赏，故在校园绿化规划时要恰当、合理地设置供休息、休闲的园林小品，如园桌、园椅、花架、亭、廊等，以满足师生课外交流、学习和休息之用。

5. 经济实用，景观长久

校园环境是育人的环境，不求奢华，但求朴素大方，切忌盲目追求档次。一般说来，学校的经费较紧张，而且校园绿化管理人员相对缺少，不可能像公园的管理那样到位。所以，在校园绿化时要以最少的投资来创造最大限度的绿色空间，要充分利用地形，切忌大动土方。树木的品种应就地取材，多采用乡土树种，选用抗性强、便于管理、栽植成活率高的树木。应尽可能地采用垂直绿化，创造更多的绿色空间。同时，绿化过程中也要注意乔木和灌木、常绿树种与落叶树种、速生树种与慢生树种的比例，并且适当点缀珍奇花木，充分利用植物的季相演变，形成"春天繁花盛开，夏季绿树成荫，秋季硕果累累，冬季枝干苍劲"的不同景象，创造一个四季常青、四季有花、冬暖夏凉的清洁、舒适、美观、高雅的校园环境。

6. 高校植物造景应注意的几个问题

由于校园人口密度大，集中绿地的主要功能是为大家提供休闲、娱乐、学习的场所，既要有休息学习处，还应有一定的容纳量，形成开放式园林，树种应以常绿的大高乔木为主。

楼前楼后要注意一楼住房的采光，应以低矮植物为主，不宜种植高大乔木。

每块绿化区域的观赏性应各有特点，不能千篇一律，做到常绿、落叶搭配，乔木与灌木搭配，依季节配置，体现绿地地块特色。

集中绿化的设计要突出主题，考虑四季的形貌、色彩对观赏者的影响，同时要反映学校特点和文化品位。

占地面积较小的绿化可以考虑以造型为主，突出观赏性、艺术性。

四、道路附属绿地植物造景设计

（一）道路绿地特点

1. 绿地功能

道路绿地是城市园林绿地系统的重要组成部分，是改善城市生态环境，丰富城市景观，提高城市生活质量的重要因素。对于道路绿化功能，要求不妨碍交通，不影响视线，各路段绿化景观最好有序列变化。

2. 栽培环境

道路绿地的汽车尾气、粉尘污染严重、土壤贫瘠、干旱板结，道路地下管线复杂，地上车流、人流干扰严重和栽培环境恶劣。

（二）道路绿地植物造景设计

1. 城市道路绿地景观设计要求

城市道路绿地是城市园林绿地系统的重要组成部分，是改善城市生态环境，丰富道路景观，提高城市生活质量的重要因素，道路的带状绿地可以使城市的其他绿地通过它"线"的作用串联成一个整体，同时，道路绿地还可以美化道路的空间环境，展示城市景观面貌，也是体现城市文明程度的标志，在日益重视城市景观空间和城市生态环境质量的今天，有着举足轻重的作用（图4-12）。

图 4-12 道路转盘绿地植物造景设计

1）道路绿地功能要求

满足交通功能，以及道路环境和建筑特点等方面的要求，并把道路绿地作为道路空间环境整体的一部分来考虑。

不同功能和不同尺度的绿地景观设计应有所区别，道路绿地的组成和类型应符合不同道路的特点，所选择的树种在高度、树形和种植方式上也应有所不同，有助于加强道路特征，形成自己的景观风格。

城市道路绿地的设计在满足交通功能和生态功能的前提下，应与城市自然景色、历史文化和现代建筑结合，创造有特色、有时代感的城市街景。

2）生态要求

要考虑城市道路绿地的生态防护功能，从保持生物多样性的原则出发，进行乔木、灌木、地被植物的复层混交种植，形成相对稳定的植物群落，发挥良好的生态作用。

城市道路绿地从长远考虑，可建设成为城市范围内的生态廊，植物配置时应建立起合理的植物群落让其自行发展，为一些小的野生动物或多种鸟类提供一个有吸引力的栖身之地，同时又可成为城市建筑的绿色背景。

3）市民使用要求

道路绿地的设计应结合城市的交通设施、公用设施及道路小品进行考虑，保证树木有适宜的立地条件和足够的生长空间，同时让道路的空间里渗透着生活的气氛，使道路更富有生活气息，丰富和美化城市道路景观，方便居民就近使用，充分发挥道路绿地的公共空间的作用。

道路绿地应与交通组织相协调，设计要符合行车视线要求和行车净空要求，要充分发挥道路绿地的隔离、屏障和范围界定等交通组织功能。

2. 树种选择

树种选择应适合当地条件，形成优美、稳定的绿地景观，有浓郁的地方特色。街道绿地的季相变化也是影响街景的一个重要因素，选用适宜的植物种类，要做到三季有花、四季常青。树种选择与配置要针对原来道路绿地现状存在的问题及在城市发展过程中会出现的一些弊端，结合城市的自然地理条件，提出规划方案和实施措施，形成能体现城市风貌，改善城市环境的街道绿地景观。

（1）尽量采用乡土树种，适当引种一些能适应当地自然条件，景观好，不易染病招虫，管理方便的异地树种，在适地适树的原则下，增加植物种类，丰富街道景观。

（2）根据城市生态环境特点选择树种。如重庆冬季光照不足，街道绿地植物特别是行道树应以落叶树为主，增加落叶树的比例，增加冬季重庆街道亮度。

（3）筛选十多种树种作为道路绿地的基调树种，使道路绿地形成和谐一致的景观，中、低层植物可丰富一些，做到统一当中有变化。

（4）中、低层以选择色叶、枝奇、花繁、花期长的树种为主，隔离带的整形修剪应有主题，定期修剪，形成整齐美观、协调一致的造型，统一街景。

（5）要让市树市花，在街道绿地中占有一定比重，特别是城区主干道和入城的路口，增加市树市花的配置数量，体现地方特色。

3. 城市干道的植物造景设计

城市干道具有实现交通、组织街景、改善小气候的三大功能，并以丰富的景观效果、多样的绿地形式和多变的季相色彩影响着城市景观空间和景观视线。城市干道分为一般城市干道、景观游憩型干道、防护型干道、高速公路、高架道路等类型。各种类型城市干道的绿化设计都应该在遵循生态学原理的基础上，根据美学特征和人的行为游憩学原理来进行植物配置，体现各自的特色。

1）景观游憩型干道的植物配置

景观游憩型干道的植物配置应兼顾其观赏和游憩功能，从人的需求出发，兼顾植物群落的自然性和系统性来设计可供游人参与游赏的道路。有城市林荫道之称的肇嘉浜路中间有宽21m的绿化带，种植了大量的香樟、雪松、水杉、女贞等乔木；林下配置了各种灌木和花草，同时绿地内设置了游憩步道，其间点缀各种雕塑和园林小品，发挥其观赏和休闲功能。

2）防护型干道的植物配置

道路与街道两侧的高层建筑形成了城市大气下垫面内的狭长低谷，不利于汽车尾气的排放。直接危害两侧的行人和建筑内的居民，对人的危害相当严重。基于隔离防护主导功能的道路绿化主要发挥其隔离有害有毒气体、噪声的功能，兼顾观赏功能。绿化设计选择具有耐污染、抗污染、滞尘、吸收噪声的植物，如雪松、圆柏、桂花、珊瑚树、夹竹桃等，采用由乔木群落向小乔木群落、灌木群落、草坪过渡的形式形成立体层次感，起到良好的防护作用和景观效果。

3）高速公路的植物配置

良好的高速公路植物配置可以减轻驾驶员的疲劳，丰富的植物景观也为旅客带来了轻松、愉快的旅途。高速公路的绿化由中央隔离带绿化、边坡绿化和互通绿化组成。

中央隔离带内一般不成行种植乔木，避免投影到车道上的树影干扰司机的视线，树冠太大的树种也不宜选用。隔离带内可种植修剪整齐、具有丰富视觉韵律感的大色块模纹绿带，绿带中选择的植物品种不宜过多，色彩搭配不宜过艳，重复频率不宜太高，节奏感也不宜太强烈，一般可以根据分隔带宽度每隔30～70m重复一段，色块灌木品种选用3～6种，中间可以间植多种形态的开花或常绿植物使景观富于变化。

边坡绿化的主要目的是固土护坡、防止冲刷，其植物配置应尽量不破坏自然地形地貌和植被，选择根系发达、易于成活、便于管理、兼顾景观效果的树种。

互通绿化位于高速公路的交叉口，最容易成为人们视觉上的焦点，其绿化形式主要有两种：一种是大型的模纹图案，花灌木根据不同的线条造型种植，形成大气、简洁的植物景观。另一种是苗圃景观模式，人工植物群落按乔、灌、草的种植形式种植，密度相对较高，在发挥其生态和景观功能的同时，还兼顾了经济功能，为城市绿化发展所需的苗木提供了有力的保障。

五、城市防护绿地植物造景设计

（一）城市防护绿地特点

1. 绿地功能

城市防护绿地承担的是防护功能，即对城市工业区、高压走廊、滨水沿岸、快速通道等城市重要功能设施起防护、隔离和保护的作用，预防、减轻自然灾害及人为灾害对城市功能设施的影响。

2. 栽培环境

城市防护绿地地块一般比较完整，植物栽培环境相对较好，适合大多数植物种类的生长。

（二）城市滨江防护绿地植物造景设计

遍及国内外的城市滨水空间规划与建设清晰地表明：恢复城市水空间，还其优美、宜人、充满生机的原貌，创造适应现代城市生活的城市滨水空间形象，是当今世界城市建设发展的趋势。

1. 滨江防护绿地的生态要求

1）采用自然化的滨江绿地设计。

2）保护江岸的溪沟、湿地、开放水面和植物群落，构成一个连接城区与郊野的连续畅通的带状空间，利用它把郊外自然空气和凉风引入市区，改善城市大气环境质量。

3）培育地方性的耐水性植物或水生植物。植物的搭配，地被、花草、低矮灌丛与高大树木的层次和组合应尽量符合水滨自然植被群落的结构，避免采用几何式的造园绿化方式。在水滨生态敏感区引入天然植被要素，比如在合适地区植树造林恢复自然林地，在河口和河流分合处创建湿地，培育形成自然草地，以及建立多种野生生物栖息地。

4）地面铺装可采用透水砖等具有良好的透水、透气性能的材料，可吸收水分和热量，减轻城市排水和防洪压力，减少雨后路面积水。采用卵石排水沟，可以使雨水迅速渗入地下，补充土壤水和地下水，保持土壤湿度，改善城市地面植物和土壤微生物的生存条件。

2. 滨江防护绿地的植物选择

1）滨水绿地中开敞空间的植物选择

城市滨水绿地中开敞空间是该地区内主要的游人活动空间。有水域空间、滨水广场、滨水步行通道、水滨商业街、林荫绿地等。该区域的植物选择应当突出水滨的环境特点，植物的绿化需要保证视线的通透和空间的开敞效果。

具有垂直枝条和硕大叶片的树种往往会阻碍视线，影响其他植物的生长，适宜选择抗风性较强，其植株个体比较优美的树木，在开敞空间少量地选择作孤植点缀，不作密集的栽植，如白桦、榉树、桤木、枫香、香樟、皂荚、槐树等。

阳性和稍耐阴的花灌木与色叶小乔木具有较强的亲和性，组景和独立成景都能取得良好的效果，适合较多地选择在绿地中作丛植和孤植，丰富开敞空间的层次和色调，如桂花、蜡梅、金丝桃、紫荆、紫薇、碧桃、梅花、樱花、山茶、石榴、含笑、绣线菊、栀子、紫叶李、红枫、红檵木等。

开敞空间因为具有许多人为活动空间，还需要现代花坛和草坪的点缀做成色块和季节效果，选择常绿的小叶黄杨、六月雪、紫叶小檗等形成永久性模纹花坛或小绿篱；现代的时令鲜花多摆放在广场、商业街等地区，渲染气氛；而选择适宜在当地生长的花卉沿水滨地区露地栽培，则能突出一种田园野趣，又体现当地四季的自然特性；水滨绿地中的草坪选择多采用冷季型草种，因为冷季型草坪草绿期长，品种较多，选择耐践踏的草坪草，为游人提供完全的可达性空间，如细叶结缕草、狗牙根、马蹄筋等。

2）滨水绿地中生活场所的植物选择

城市滨水绿地要为市民创造可亲水的场所和空间，并提供具有生活情趣的水体环境。即建立戏水、亲水空间，设置绿地与水体的联系通道，如水滨沙滩、亲水台阶、跨水小桥等。生活场所的植物选择适宜体量适中、枝叶密集或开花繁密，并具有蓬松的生长形式的植物，以给人亲切感，如迎春、金丝桃、凤尾竹、雪柳、万寿菊、芦苇等。

3）滨水绿地中岸线的植物选择

水滨岸线的植物选择应当将耐水湿、抗风与景观效果结合起来考虑。水滨岸线中要求植物具有保护岸线的功能，应将乔、灌、草结合起来考虑。选择具有一定抗风能力，又具有良好的线条特点的植物，与耐水湿的阴生草本，有利于保护滨水区良好的岸线形态和视线通透，再以阴生灌木加以点缀，形成高低错落、远近不同的景观。如水杉、池杉、落羽松、水松、垂柳、柽柳、乌桕、枫香、棟树、白蜡、慈竹等乔木，与旱伞草、菖蒲、鸢尾、千屈菜等草本结合，点缀桃花、梅花、夹竹桃、木芙蓉、紫穗槐、栀子等体量较小的木本，能有力地保护水岸的稳定。

4）水生植物的选择

城市滨水绿地中在水流平缓的地段，紧靠水岸线的边缘应适当种植水生植物，丰富原有水际植物的物种，同时创造难得的水生态环境。常常选择适应在当地生长的具有一定观赏性的水生或水际植物。我国大部分水滨可以采用的有香蒲、菖蒲、萍蓬草、水芋、慈姑等。

3. 滨江绿地的植物群落营造

1）遵从"生态位"原则，搞好植物配置

滨江园林绿化植物的选配，实际上取决于生态位的配置，直接关系到园林绿地系统景观审美价值的高低和综合功能的发挥，生态位置是指一个物种在生态系统中的功能、作用以及它在时间和空间中的地位，反映了物种与物种之间、物种与环境之间的关系。

在滨江园林绿地建设中，应充分考虑物种的生态位特征，合理选配植物种类，避免种间直接竞争，形成结构合理、功能健全、种群稳定的复层群落结构，以利种间互相补充，既充分利用环境资源，又能形成优美的景观。在特定的生态环境条件下，应将抗污吸污、抗旱、耐寒、耐贫瘠、抗病虫害、耐粗放管理等作为植物选择的标准。在绿化建设中，可以利用不同物种在空间、时间和营养生态位上的差异来配置植物，保证群落和景观的稳定。

2）遵从"互惠共生"，协调植物之间的关系两个物种长期共同生活在一起，彼此相互依存，双方获利。如地衣即是藻与菌的结合体。豆科、兰科、杜鹃花科、龙胆科中的不少植物都有与真菌共生的例子。一些植物种的分泌物对另一些植物的生长发育是有利的，如黑接骨木对云杉根的分布有利，白蜡与七里香等在一起生长时，互相都有显著的促进作用；但另一些植物的分泌物则对其他植物的生长不利，如松树与云杉、白桦与松树等不宜种在一起，森林群落的林下植物狗脊和里白则对大多数其他植物幼苗的生长发育不利。

3）保持"物种多样性"，模拟自然群落结构

物种多样性理论不仅反映了群落或环境中物种的丰富度、变化程度或均匀度，也反映了群落的动态与稳定性，以及不同的自然环境条件与群落的相互关系。生态学家们认为，在一个稳定的群落中，各种群对群落的时空条件、资源利用等方面都趋向于互相补充而不是直接竞争，系统愈复杂愈稳定（图4-13）。

4）充分借鉴景观生态规划与设计的相关原则

图4-13　滨水绿地植物造景设计
（昆明，黑龙潭）

整体优化原则：景观是一系列生态系统组成的具有一定结构与功能的整体，在规划设计中应把景观作为一个单位来思考和管理，达到整体最佳状态，实现优化利用。

异质性原则：异质性是景观的重要属性，景观之间异质性的维持与发展是景观生态规划的重要原则。

多样性原则：景观多样性是描述生态镶嵌式结构拼块的复杂性、多样性，可以采用多度、均匀度和连通度等加以描述。

景观个性原则：每个景观都具有与其他景观不同的个性特征，即不同的景观具有不同的结构与功能。

遗留地保护原则：即绝对保护自然保留地和宝贵的历史文化遗迹。

生态关系协调原则：指人与环境，生物与环境，生物与生物，社会经济发展与资源环境，景观利用的人为结构、自然结构及生态系统与生态系统网的协调。把社会经济的持续发展建立在良好的生态环境基础上，实现人与自然共生。

综合性原则：景观是自然与文化生活系统的载体，景观生态规划需要运用多门学科知识，综合多种因素以满足人类各方面的需求。

第四节　园林植物造景设计的意境营造

意境是中国文学与绘画艺术的重要美学特征，也贯穿于"诗情画意写入园林"的园林艺术表现中。园林意境最早是从诗与画创作而来，是意与境的结合，这种结合不仅给人们环境舒适、心旷神怡的物境感受，还可使不同审美经验的人产生不同的审美心理。中国园林植物配置深受中国文学和绘画艺术的影响，形式上注重植物的色、香、姿、韵、声，手法上常用比拟、寓意的方式，将园林植物美的要素及园林植物特有的生态学特性人格化，借

以表达人的思想品格、意志、世界观，使观赏者在感知植物表象美的基础上通过情感、联想、理解等审美活动获得植物景观内在的美，从而因景而生情、寓情于景、情景交融，达到赏心悦目、陶冶情操，使园林更富有意境。中国传统园林由于其园林植物造景设计注重立意，使园林环境充满诗情画意，蕴涵着人文意境美，而在世界园林之林中独具魅力和风韵。

一、植物景观配置的"意"

植物景观不只是一片有限的风景，而是具有象外之象，景外之景，就像诗歌和绘画那样，"境生于象外"。这种象外之境，即意境，它是"情"和"景"的结晶。刘勰在《文心雕龙》中曾说："神用象通，情变所孕。物以貌求，心以理应"。强调了情景交融，以景动情，以情去感染人，让人在与景的情感交流中领略精神的愉悦和心理的满足，达到审美的高层次境界。

意境是植物造景所追求的最终目的，是作品的灵魂。意境的组成因素是生活中的景物和人的情感。它的产生是物对心的刺激和心对物的感受反映的结果。景和景点是由植物空间构成的艺术品，具有完整而生动的外形。观赏者通过对"景"的欣赏而产生思想感情，思想感情又转化为一种"意"。植物景观配置的"意"是植物自身的文化内涵、园主（造园者）的宇宙观、人格观、审美观的互相融合，并使之反映在园林空间之中，成为园林景观体系中最有生气的，最能反映天地自然与园主内心世界的一种景观。如果把植物材料看做是景观的躯体的话，那么使之配置成景的"意"便是景观的灵魂，是植物景观文化内涵的反映，是造园者宇宙观、审美观在植物配置中的综合影响。在作为意境载体的绿色植物空间中，设计者通过对客观形象的表现，以"意"这种"语言"告诉人们其所要表达的思想、感情、品格和气质。

好的植物造景既有美的形体，又有美的灵魂，具有"形"与"意"相结合的美妙意境。美的意境给人以艺术享受，能引人入胜，耐人寻味，意味无穷，并对人有所启示，具有深刻的感染力，使人们浮想联翩。充分挖掘植物意境美的本质，可为营造意境美提供积极的指导。

二、植物材料的文化内涵

传统造园的植物造景十分注重文化内涵，自古以来，中国人就崇尚自然，把植物作为自然的化身和象征，对其怀有深厚的感情，并深入到生活的方方面面，甚至把树木看做是民族江山的象征，如松、柏、栗为夏后氏、殷、周的社稷之木，为该三氏族之精神所系。这说明了古人对树木的崇敬，后世更是把树木性格化，把树木的某些特性作为"比德"对象的文化渊源，而对其吟诵传颂。《诗经》在用比兴手法咏志、抒情时，就已引用了逾百种植物，这些植物渗透着人们的好恶和爱憎，成为某种精神寄托。这种植物方面的美感意识，影响非常深远，已成为中国优良的文化传统。在人们的眼中，许多园林植物都含有特殊的意义。长期以来，这些园林植物被赋予了特别的文化内涵。于是，赏颂植物成为典出有据、风雅倍加的韵事。许多人结合自身的感受、文化素养、伦理观念等，各抒己见地赋诗感怀，极大地丰富了赏颂植物的文化色彩。《群芳谱》、《广群芳谱》所录之赏颂诗词，已难以计数。将这些植物加以归纳分类，大致可以分为三类。

1. "比德"赏颂型

由于某些植物特有的生态学特性和形态特征而被赋予人格的象征，比德于君子的品德和性格，作为人们修身养性的极好榜样，加以赏颂。如松柏，孔子曰："岁寒，然后知松柏之后凋"，以松柏耐寒、常青的特性比德于君子的坚强性格，常被用于"比德"赏颂的植物还有：象征洁身自好的"出淤泥而不染、香远益清"的花中君子——荷花；虚心有节、贤德、孝义象征的竹；代表贤能、栋梁之材的樟；高贵、文化象征的槐、楸；文明源泉、生命保障的榆；象征学识、医德的杏；象征身行惠德、寓意送别之情的柳；兆示祥瑞的梧桐；"霜霰不改柯"、象征贞德的女贞；比喻君子的"不以无人而不芳"的兰等。

2. 吟咏雅趣型

传统园林营造时，园主常根据自身的爱好，选取具有一定色、香、姿、韵、声的形式美的，适于观赏、吟诵的植物，配置在园中适宜的位置，依照植物时序景观季相的变化，可以四时八节地邀约知友，欣赏唱和，雅趣逸情，与园景互相辉映，令人陶醉。较具代表性的花木有：梅、木兰、桃、李、山茶、杜鹃、海棠、牡丹、芍药、紫薇、栀子、木槿、木犀、蜡梅、菊花等。

3. 形实兼丽型

这类植物常常具有优美的形色姿态，美丽可供观赏的果实，以及丰富的文化内涵，其中许多都是实用、观赏兼备的果树或由果树演化培育出来的，如枇杷、石榴、柿、柑橘、枣、葡萄等。

三、植物景观配置意境的营造

园林植物不仅给人以环境舒适、赏心悦目的感受，还可使人产生不同审美心理的思想内涵。人们在欣赏自然植物美的同时，逐渐将形象美人格化，借以表达人的思想、品格意志，作为情感的寄托。挖掘植物材料的文化内涵，突出主题立意，营造蕴涵诗情画意的人文意境美，是建设可持续园林景观的必然要求。在进行植物景观意境营造时应继承发展传统园林的营造手法，根据当今社会的发展趋势、文化背景，创造出具有当代文化特色的植物景观意境。

1. 创造园林意境主题，构成意境

主题设计是在园林空间中创造出符合人们生活各方面需要的、多元化的、具有一定思想内涵的植物空间。以植物造景的形式来表现当代社会的主题，是一个庞大、复杂的综合过程，融合了行为学、文化学、历史学、心理学、风俗学、艺术、科技等众多学科的理论，并且相互交叉渗透。人们通过对植物空间的观赏，可以引发对当代社会某种现象的情感、意趣、联想、移情等心理活动。通过充分利用植物自身的文化内涵，合理配置各种植物，来表达时代主题、纪念主题、休闲主题、爱情主题、教育主题、音乐主题等不同的思想内涵，营造不同氛围的空间，也是园林空间植物造景所追求的意境效果之一。

2. 发挥园林植物的色、香、姿、声、韵的观赏特性，结合地域环境特征，营造怡人景观

园林植物景观的意境美，不仅能使人从视觉上获得诗情画意，而且还能从听觉、嗅觉等感官方面来得到感受。如苏州拙政园的"听雨轩"（图4-14）、"留听阁"借芭蕉、残荷在风吹雨打的条件下所产生的声响效果而给人以艺术感受；承德避暑山庄中的"万壑松风"景点（图4-15），也是借风掠松林发出的瑟瑟涛声而感染人的。而苏州留园的"闻木樨香轩"、拙政园的"远香益清"（远香堂）、承德避暑山庄的"香远益清"、"冷香亭"等景观，则是借桂花、荷花的香气而抒发某种感情。总之，这些反映出季节和时令

变化的植物景观，往往能营造出感人的典型环境，并化为某种意境深深地感染人们。园林植物造景设计应以地域风格、地域文化、地域特色、地域历史作为意境创作的主旨，结合地形、环境条件和其他园林要素，大量采用当地的乡土树种，充分发挥其观形、赏色、闻香、听声、品韵的特性，突出当地的植物风格，创造出具有地域特色的植物景观意境。

图 4-14 "芭蕉叶上潇潇雨，梦里犹闻碎玉声"—— 拙政园"听雨轩"（引自 http//www.1736.cn）

图 4-15 承德避暑山庄之"万壑松风" （引自 http//www.cdtour.com）

3. 按诗格、画理取裁，将植物的诗情画意写入园林

诗词书画、园林题咏与中国园林自古就有着不解之缘，许多园林景观都有赖于诗词书画、园林题咏的点缀和发挥，更有直接取材于诗文画卷者（图 4-16）。园林中的植物景观亦是如此，明代陆绍珩的《醉鼓堂剑扫》中说："栽花种草全凭诗格取裁"，即是说种植花草（也包括树木），应符合诗意，要包含文气，能引发诗情，形成诗的氛围。而画理者是符合中国自然山水、风景画的原理和技法，绘画经验总结，运用"神似"的画理，结合植物文化内涵，"以少胜多"地表现自然一角，使园景融进了画意。中国传统园林深受诗歌和山水画的影响，在植物配置上力求深远、诗情画意、精巧玲珑，追求与场所空间的和谐，喜欢模仿自然状态，错落有致地搭配植物群落，体现了很高的文化品位（图 4-17）。中国的传统诗词歌赋和山水画中有许多关于园林植物景观的内容，这些诗文、画境为我们提供了丰富的园林造景的素材，因此，可结合环境，择要取裁，选用与诗情、画境相配的植物，配置在适宜的位置上，达到触景生情、寄情于景的效果，情境、生境、意境的统一。如苏州狮子林的暗香疏影楼，其植物配置就按照"疏影横斜水清浅，暗香浮动月黄昏"诗句的意境进行取裁；西湖三潭印月中有一亭，题名为"亭亭亭"，点出亭前荷花亭亭玉立之意，在丰富景观欣赏内容的同时，也增添了意境之美。扬州个园有副袁枚撰写的楹联："月映竹成千个字；霜高梅孕一身花"，咏竹吟梅，点染出一幅情趣盎然的水墨画，同时也隐含了作者对君子品格的一种崇仰和追求，赋予了植物景观以诗情画意的意境美。

图 4-16 苏州拙政园之梧竹幽居，亭旁有梧桐遮荫、翠竹生情。
匾额为文徵明题"梧竹幽居"。对联为清末名书家赵之谦撰书
"爽借清风明借月，动观流水静观山"，点出小桥流水、
湖光山色、梧竹清韵的优美意境
（引自 http：www.shiy.net 综合性花卉园林网站）

图 4-17 苏州园林之见山楼，其周围植物造景与
建筑交相辉映，构图均衡，十分具有画意
（引自 http：www.shiy.net 综合性花卉园林网站）

复习思考题

1. 名词解释：意境、林植、密林、疏林、群植、列植、孤植、对植、丛植、花境、带状花坛。

2. 植物造景设计的基本原则有哪些？

3. 简述植物造景设计形式美的艺术原则。

4. 举例说明植物景观意境营造的主要手段与方法。

5. 表现群体美、个体美、形式美的造景形式分别有哪些类型？各有何特点？

6. 风景林根据树种组成特点可分为哪些类型？并举例说明。

7. 列举孤植树、庭荫树的常用树种，并说明其作用及其要求特点。

8. 比较对植与丛植在形式、功能上的区别。

9. 花坛有哪些常见形式？独立花坛有哪些类型？

10. 带状花坛与花境有哪些方面的不同？

11. 简述绿篱的功能作用与常见类型。

12. 简述园林植物与建筑的配置要点。

13. 水体边配置园林植物时要注意哪些构图方面的问题？

14. 简述园路的园林植物配置要点。

15. 简述城市公园绿地、居住区绿地、道路绿地、城市防护绿地的功能、栽培环境特点。

16. 比较城市公园儿童活动区、老人活动区、体育运动区在植物造景设计方面的不同点。

17. 简述居住区绿化在植物选择方面的要求。

18. 比较居住区宅旁绿地、屋顶花园的植物造景设计要点。

19. 简述高校植物造景设计的原则与设计要点。

20. 道路绿化的树种选择应注意哪些问题或遵循哪些原则？

21. 简述高速公路中央隔离带、边坡、互通绿化的植物配置特点。

22. 列举常见树种，说明景观游憩型干道、防护型干道在树种选择方面有何不同？

23. 简述城市滨江防护型绿地植物造景设计的要点或生态要求。

24. 表现植物材料文化内涵的植物类型有哪些？分别列举常用植物。

25. 举例说明利用园林植物听声、闻香特性营造意境美的方式。

参考文献

[1] 包满珠. 花卉学 [M]. 北京：中国农业出版社，2003.

[2] 陈小华，张利权. 基于 GIS 的厦门市沿海岸线景观生态规划 [J]. 海洋环境科学，2005，24（2）：53-58.

[3] 陈月华. 植物景观设计 [M]. 长沙：国防科技大学出版社，2005.

[4] 陈有民. 园林树木学 [M]. 北京：中国林业出版社，1990.

[5] 戴天兴. 城市环境生态学 [M]. 北京：中国建材工业出版社，2002.

[6] 冯采芹. 绿化环境效应研究（国内篇）[M]. 北京：中国环境科学出版社，1992.

[7] 傅立国等. 中国高等植物 [M]. 青岛：青岛出版社，2000.

[8] 何平，彭重华. 城市绿地植物配置及其造景 [M]. 北京：中国林业出版社，2001.

[9] 冷平生. 园林生态学 [M]. 第二版. 北京：中国农业出版社，2011.

[10] 冷平生. 城市植物生态学 [M]. 北京：中国建筑工业出版社，1995.

[11] 李合生. 现代植物生理学 [M]. 北京：高等教育出版社，2004.

[12] 李嘉乐. 园林绿化小百科 [M]. 北京：中国建筑工业出版社，1999.

[13] 李志洪. 土壤学 [M]. 北京：化学工业出版社，2005.

[14] 柳骅，夏宜平. 水生植物造景 [J]. 中国园林，2003（3）：59-62.

[15] 建设部. 城市绿化工程施工及验收规范 [M]. 北京：中国农业出版社，1999.

[16] 彭一刚. 中国古典园林分析 [M]. 北京：中国建筑工业出版社，1986.

[17] 苏雪痕. 植物造景 [M]. 北京：中国林业出版社，1994.

[18] 吴国芳等. 植物学（下册）[M]. 北京：高等教育出版社，1991.

[19] 吴家骅. 景观形态学 [M]. 北京：中国建筑工业出版社，1999.

[20] 吴泽民. 园林树木栽培学 [M]. 北京：中国农业出版社，2003.

[21] 肖笃宁，李秀珍，高峻，常禹，李团胜. 景观生态学 [M]. 北京：科学出版社，2003.

[22] 肖和忠，张玉兰. 试论园林建筑的植物配置 [J]. 河北农业技术师范学院学报，1998（4）：51-54.

[23] 熊济华. 观赏树木学 [M]. 北京：中国农业出版社，1998.

[24] 徐德嘉，周武忠. 植物景观意匠 [M]. 南京：东南大学出版社，2002.

[25] 徐汉卿. 植物学 [M]. 北京：中国农业出版社，1994.

[26] 叶德敏，雷国红，张奇. 城市绿地空间景观生态设计研究——以浙江师范大学附属中学为研究案例 [J]. 西北林学院学报，2006，21（3）：150-153.

[27] 张吉祥. 园林植物种植设计 [M]. 北京：中国建筑工业出版社，2001.

[28] 张明华. 城市林业 [M]. 北京：中国环境出版社，2001.

[29] 赵爱华等. 园林植物景观的形式美与意境美浅析 [J]. 西北林学院学报，2004（4）：170-173.

[30] 赵梁军. 观赏植物生物学 [M]. 北京：中国农业大学出版社，2002.

[31] 中国农业百科全书编委会. 中国农业百科全书（观赏园艺卷）[M]. 北京：农业出版社，1996.

[32] 中国大百科全书编委会. 中国大百科全书（建筑·园林·城市规划卷）[M]. 北京：中国大百科全书出版社，1988.

[33] 周武忠. 园林植物配置 [M]. 北京：中国农业出版社，2006.

［34］ 周云龙．植物生物学［M］．北京：高等教育出版社，1999．

［35］ 朱丹粤．城市园林绿地植物配置原则［J］． 华东森林经理，2002（2）：54-56．

［36］ 卓丽环，陈龙清．园林树木学［M］．北京：中国农业出版社，2005．

［37］ （英）B·克劳斯顿．风景园林植物配置［M］．陈自新，许慈安．北京：中国建筑工业出版社，1992．

［38］ 弗雷德里克·斯坦纳．生命的景观——景观规划的生态学途径［M］．周年兴，李小凌，俞孔坚．北京：中国建筑工业出版社，2004．

［39］ Henry F. Arnold. Trees in Urban Design［M］. New York：Van Nostrand Reinhold Company，1980.